U0218255

高职高专"十三五"规划教材
卓越系列·21世纪高职高专精品规划教材

电路分析及应用

主　　编　吕文珍　冯　华
副 主 编　耿青涛　杨书华
参　　编　周　敬
行业指导　徐美生
主　　审　李玉香

天津大学出版社
TIANJIN UNIVERSITY PRESS

内 容 提 要

本教材从冶金行业的技术领域和职业岗位群的任职需求出发,以生产实际为主线,理论与实践相结合,突出职业能力和操作技能的训练,注重培养学生分析和解决实际问题的能力和工程实践的能力。

全书共分三个学习领域,包括:电路初级应用;三相交流电的输配、测量与应用;动态电路、磁路、异步电动机及应用。书中收集了大量的生产生活实例,参阅并吸纳了冶金行业先进的生产技术,既有基础理论知识,又有实际操作技能。在编写过程中充分考虑到高职高专学生的文化素质,本书力求深入浅出,通俗易懂,理论联系实际。本书可作为高等职业院校电类专业的教材、非电类专业"一专多能"的教材,也可作为从事电气、电子技术工作的工程技术人员的参考书。

图书在版编目(CIP)数据

电路分析及应用/吕文珍,冯华主编 . —天津:天津大学出版社,2009.8(2016.8 重印)

ISBN 978 - 7 - 5618 - 3180 - 9

Ⅰ.电… Ⅱ.①吕…②冯… Ⅲ.电路分析 Ⅳ.TM133

中国版本图书馆 CIP 数据核字(2009)第 151206 号

出版发行	天津大学出版社
地　　址	天津市卫津路 92 号天津大学内(邮编:300072)
电　　话	发行部:022 - 27403647
网　　址	publish. tju. edu. cn
印　　刷	天津泰宇印务有限公司
经　　销	全国各地新华书店
开　　本	185mm×260mm
印　　张	17.25
字　　数	431 千
版　　次	2009 年 8 月第 1 版
印　　次	2016 年 8 月第 3 次
定　　价	34.00 元

凡购本书,如有缺页、倒页、脱页等质量问题,请向我社发行部门联系调换

版权所有　　侵权必究

前 言

为了更好地适应高职高专教育教学改革和发展的需要,有效地提高教育教学质量,实现高技能人才的培养目标,作者根据深入生产第一线调查了解到的企业、工厂及冶金行业对从业人员的专业知识和技术水平的要求,结合本人长期从事电气自动化、应用电子、机电一体化等技术领域的实践工作经验和相关专业课程的教学经验,参照相关的职业资格标准,在行业专家的指导下编写了这本基于工作过程、以项目为导向、采用任务驱动式、集"教、学、做"于一体的《电路分析及应用》教材。

本书具有以下一些特点。

(1)以职业能力培养为重点,以行业、企业发展需要和完成职业岗位实际工作任务所需要的知识、能力、素质为要求,用工程观点删繁就简,把职业岗位所必需的知识编入教材,满足了特定职业岗位或岗位群对专业知识的所需所求,充分地体现出高职高专教材的职业性和实践性。

(2)破除了大段文字叙述的传统模式,借鉴和吸收国内外优秀教材的特点,在重点保证基础理论、基本知识够用的前提下,注重实际应用。书中以图文并茂的形式增加了很多应用实例,特别是将冶金工业生产中的真实任务及其工作程序化到教材之中,为工学结合、工学交替奠定了基础。

(3)将课堂讲授、技能训练有机结合并融为一体,充分调动学生学习的积极性和主动性,加深对理论知识的理解与掌握,加强理论教学与实践教学的结合,注意理论内容与实践内容的分工和互补,实现教、学、做一体化,边讲边练,培养学生的工程思维方法和应用所学知识解决实际问题的能力。

(4)教材内容取舍得当,遵循理论教学"必须"、"够用"的原则,注重新方法、新技术、新工艺的应用,联系工程实际培养学生的创新精神与实践能力,使学生在掌握理论知识的基础上能够学以致用,融汇贯通。

为了满足工学结合、工学交替的教学模式的需要,突出对学生的实践能力的培养,我们还编写了与本书配套的教材《电路分析及其应用学习指导》,它包括了常用电气仪器仪表的使用、常用电路的检测及难题解析等。

本书由天津冶金职业技术学院教师共同编写。其中,学习领域一由冯华编写,学习领域二由吕文珍、周敬编写,学习领域三由耿青涛编写。《电路分析及应用学习指导》由杨书华、吕文珍、冯华、刘振泉编写。全书由吕文珍任主编并统稿,由天津冶金职业技术学院李玉香副院长主审,原天钢集团有限公司设计院院长徐美生总工程师进行行业指导。他们对本书提出了很多宝贵的意见和建议,天津大学出版社的相关编辑也对本书出版及编写给予了大力支持,在此一并表示衷心的感谢。

  书中难免有疏漏和不妥之处,恳请读者给予批评指正。

编者

2009 年 5 月

目　　录

学习领域一

电路初级应用

子学习领域 1　电路入门

布置任务

1. 知识目标

(1)了解电路和电路模型的基本概念。

(2)理解电路基本物理量的概念,电压、电流的参考方向,掌握电压、电流、电位、电功率等基本物理量的计算。

(3)理解电阻元件的基本概念,掌握欧姆定律。

(4)理解理想电压源和理想电流源的基本特性,掌握实际电压源模型和电流源模型。

(5)理解基尔霍夫电流定律和基尔霍夫电压定律的内容,并掌握它们的基本应用。

2. 技能目标

(1)能叙述基本电子元器件的特性与作用。

(2)具有识读简单电路图,计算电路基本物理量的能力。

资讯与信息

信息 1　电路及其组成

一、什么是电路

人们在生产和生活中使用的电器设备如电动机、电视机、计算机等都是由实际电路构成的。实际电路的结构组成包括:电源、负载和中间环节。其中,电源的作用是为电路提供能量,如发电机利用机械能或核能转化为电能,蓄电池利用化学能转化为电能,光电池利用光能转化为电能等;负载则是将电能转化为其他形式的能量加以利用,如电动机将电能转化为机械能,电炉将电能转化为热能等;中间环节用作电源和负载的连接体,包括导线、开关、控制线路中的保护设备等。图 1.1 所示的照明电路中,电池作电源,灯作负载,导线和开关作为中间环节将灯和电池连接起来。

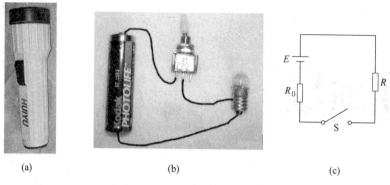

(a)　　　　　　　(b)　　　　　　　(c)

图 1.1　照明实际电路及其电路模型

(a)手电筒;(b)模拟电路;(c)电路模型

　　在电力、电子通信、自动控制、计算机等系统中,电路有着不同的功能和作用。电路的作用可以概括为以下两个方面:一是实现电能的传输和转换,如图 1.1 中电池通过导线将电能传递给灯,灯将电能转化为光能和热能;二是实现信号的传递和处理,如图 1.2 是一个扩音机的工作电路,话筒将声音的振动信号转换为电信号,即相应的电压和电流,经过放大处理后,通过电路传递给扬声器,再由扬声器还原为声音。

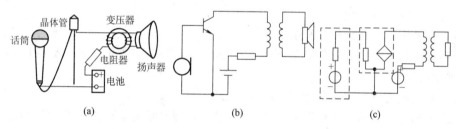

(a)　　　　　　　(b)　　　　　　　(c)

图 1.2　扩音机的实际电路、电路原理图及其电路模型

(a)实际电路;(b)电路原理图;(c)电路模型

二、电路的组成

　　实际电路由各种作用不同的电路元件或器件所组成。实际电路元件种类繁多,且电磁性质较为复杂。如图 1.1(b)中的小灯泡,它除了具有消耗电能的性质外,当电流通过时,还具有电感性。为便于对实际电路进行分析和数学描述,需将实际电路元件用能够代表其主要电磁特性的理想元件或它们的组合来表示,称为实际电路元件的模型。反映具有单一电磁性质的实际器件的模型称为理想元件,包括电阻、电感、电容、电源等。

　　由理想元件所组成的电路称为实际电路的电路模型,简称电路。将实际电路模型化是研究电路问题的常用方法。图 1.1(c)中,电池对外提供电压的同时,内部也有电阻消耗能量,所以电池用其电动势 E 和内阻 R_0 的串联表示;灯泡除了具有消耗电能的性质(电阻性)外,通电时还会产生磁场,具有电感性,但电感微弱,可忽略不计,于是可认为灯是一电阻元件,用 R 表示。

1. 电阻元件

通常电路中的物质都会阻碍电荷的移动,这种物理特性称为电阻特性,用 R 表示。具有这种物理特性的元件称为电阻器。电阻器简称电阻,是一种常用的电子元件,在电路中主要起限流、降压作用。电流通过电阻器时,它会消耗电能而发热,变成热能,因此电阻器是一种耗能元件。对于长度为 l,横截面积为 s 的均匀介质,其电阻为

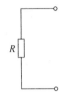

图 1.3　电阻符号

$$R = \rho \frac{1}{s} \tag{1.1}$$

式中,ρ 是导体的电阻率,单位为欧姆·米($\Omega \cdot m$)。在国际单位制中,电阻的单位是欧姆(Ω),规定当电阻电压为 1 V、电流为 1 A 时的电阻值为 1 Ω。此外电阻的单位还有千欧($k\Omega$)、兆欧($M\Omega$)。电阻的符号如图 1.3 所示。

2. 电感元件

电感器是基本的电子元件之一。电感器能把电能变成磁场能储存起来,因此它是一种储能元件。

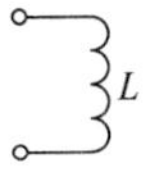

图 1.4　电感符号

电感器是将绝缘导线在空心骨架上或有磁芯的骨架上绕制而成的。电感器的文字符号是"L"。电感量 L(也叫自感系数)表示线圈的自感能力大小。它的大小由线圈本身构造来决定,L 值和线圈匝数、线圈绕制方法、线圈尺寸及有无磁材料等条件有关。电感的符号如图 1.4 所示。

电感量的单位是亨利(H),这个单位很大,常用单位是毫亨(mH)和微亨(μH)。它们之间的关系是

1 H = 1 000 mH

1 mH = 1 000 μH

电感器对交流电有一定的阻碍作用,通常称为感抗,用 X_L 表示。电感线圈中通过直流电时,只有线圈绕制的导线电阻起作用,由于铜导线电阻很小,所以一般情况下线圈对直流电相当于短路;当线圈中通过交流电时,由于线圈的自感现象,使线圈对交流电有一定的阻碍作用。感抗的单位是(欧姆 Ω)。感抗的大小和线圈有关,还和通过它的交流电频率有关,感抗的计算公式是

$$X_L = 2\pi f L \tag{1.2}$$

式中,L 是电感器的电感量(自感系数);f 为交流电的频率;π 为圆周率。

从式(1.2)可以看出,电感线圈的感抗对于高频信号很大,对于低频信号很小,对直流电感抗为零,相当于短路,电感器可以让直流电通过,线圈的额定电流是指允许长时间通过电感线圈的直流电流值。

3. 电容元件

电容器简称电容,是电子电路的基本元件之一。电容器,顾名思义就是储存电荷的容器。把电荷储存起来,也就是把能量(电场能)储存起来。

用绝缘物质隔开两个导体的组合,就构成了一个电容器,两个导体构成电容器的两极。有的电容器不分正、负极,有的电容器(如电解电容器)是有极性的,正、负极不能接错。电容器两个电极间的绝缘物质称介质,电容器用的介质主要有云母、陶瓷、空气、电解质及纸等。

电容器的文字符号用字母"C"表示,电路图形符号如图 1.5 所示。

把一个原来未带电的电容器与一直流电源相连接,如图 1.6 所示,在电场的作用下,会使电容器 A 板与 B 板带有等量的异种电荷 $+Q$ 和 $-Q$,同时 A 板与 B 板之间电压也会升高,我们把电容器所带电量 Q 与两板间电压的比值叫做电容量,即

$$C = \frac{Q}{U} \tag{1.3}$$

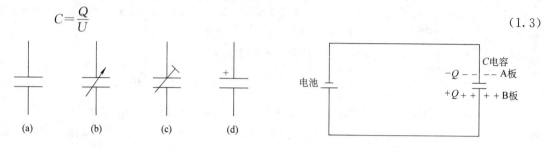

图 1.5　电容器的电路图形符号

(a)一般固定电容器;(b)可变电容器;

(c)微调电容器;(d)极性电容器

图 1.6　电容器单位说明图

很显然电容器带的电量 Q 越大,电容量越大;电容器两极板间电压越低,电容量越大。电容量的单位为法拉(F)。当电容器带电量为 1 库仑(C),电容器电压为 1 伏特(V),则此电容器的容量为 1 法拉(F)。法拉这个单位太大,平时很少用,常用的单位有微法(μF)和皮法(pF),它们的关系是

$$1 \text{ F} = 10^6 \ \mu\text{F}$$

$$1 \ \mu\text{F} = 10^6 \text{ pF}$$

4. 导线

常用导线材料有以下几种。

(1)铜　铜的导电性能良好,电阻率为 $1.724\ 1 \times 10^{-8}\ \Omega \cdot \text{m}$,在常温下有足够的机械强度,具有良好的延展性,便于加工。其化学性能稳定,不易氧化和腐蚀,容易焊接。导电用铜为含铜量大于 99.9% 的工业纯铜。电机、变压器上使用的纯铜俗称紫铜,含铜量为 99.5%～99.95%。其中硬铜做导电零部件,软铜做电机、电器等的线圈。影响铜性能的因素主要有杂质、冷变形、温度和耐蚀性等。

(2)铝　铝的导电性能稍次于铜,电阻率为 $2.864 \times 10^{-8}\ \Omega \cdot \text{m}$。铝的导热性及耐蚀性好,易于加工。铝的机械强度比铜低,但密度比铜小,而且资源丰富、价格低廉,是目前推广使用的导电材料。目前,架空线路、动力线路、照明线路、汇流排、变压器和中小型电机线圈都已广泛使用铝线。铝的唯一不足之处是焊接工艺比较复杂。影响铝的性能的因素主要有杂质、冷变形、温度和耐蚀性等。

(3)电线电缆　电线电缆一般由线芯、绝缘层、保护层三部分组成。电气装备用电线电缆包括通用电线电缆、电机电器用电线电缆、仪器仪表用电线电缆、信号控制用电线电缆、交通运输用电线电缆、地质勘探用电线电缆、直流高压软电缆等。通用绝缘电线有 BX、BV 系列,通用绝缘软线有 RV、RF、RX 系列,通用橡套电缆有 YQ、YZ、YC 系列。电机电器用电线电缆有 J 系列引接线(JB),YH 系列电焊机用电缆,YHS 系列潜水电机用防水橡套电缆。

(4)电热材料　电热材料用来制造各种电阻加热设备中的发热元件。其电阻系数高,加工性能好,有足够的机械强度和良好的抗氧化性能,能长期处于高温状态下工作。常用的电热材料有镍铬合金 Cr2ONi8O、Crl5Ni60,铁铬铝合金 1Crl3A14、OCr13A16Mo2、OCr25A15、

OCr27A17Mo2 等。

（5）电碳制品　电机用电刷是一种电碳制品，主要有石墨电刷（S）、电化石墨电刷（D）、金属石墨电刷（J）。电刷选用时主要考虑：接触电压降、摩擦系数、电流密度、圆周速度、施于电刷上的单位压力。其他电碳制品还有碳滑板和滑块、碳和石墨触头、各种电板碳棒、各种碳电阻片柱、通信用送话器碳砂等。

5. 电源

电路元件一般可分为两种，即有源元件和无源元件。有源元件能够为电路提供能量，如发电机、电池和集成运算放大器等，如图 1.7 所示；无源元件则不能为电路提供能量，如电阻、电容和电感等。电源是有源元件中的一种，分为独立电源和非独立电源即受控电源，独立电源又分为电压源和电流源。

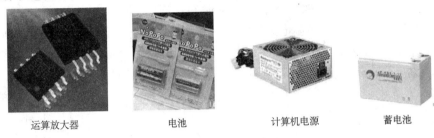

运算放大器　　　　电池　　　　计算机电源　　　　蓄电池

图 1.7　有源元件

1）独立电源

一个电源可用两种不同的电路模型表示：用电压形式表示的称为电压源；用电流形式表示的，称为电流源。

（1）理想电压源　理想电压源的特点是能够提供确定的电压，即理想电压源的电压不随电路中电流的改变而改变，所以理想电压源也称恒压源。电池和发电机都可以近似看作恒压源。图 1.8（a）、（b）均为恒压源的符号，但图 1.8（b）只用来表示直流恒压源。两图中，恒压源两端的电压用 u_S（或 U_S）表示时，方向从正极指向负极；用电源内部的电动势 e_S（或 E_S）表示时，方向从负极指向正极。

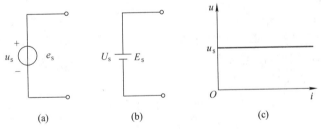

(a)　　　　　　　(b)　　　　　　　(c)

图 1.8　理想电压源

(a)直流或交流恒压源的符号；(b)直流恒压源的符号；(c)理想电压源的外特性曲线

将元件的电压和电流关系用一个函数（如 $u = f(i)$）表示时，称之为元件的伏安特性。电源对外的电压、电流关系一般称为外特性。

理想电压源的外特性曲线是一条与 i 轴平行的直线，如图 1.8（c）所示。图中 u_S 为理想电压源提供的确定的电压，这里所谓"确定的电压"不仅可以表现为常量，也可以表现为确定的时间函数，如 $u_S = 5 \sin \omega t$ V 等。

Something

电路分析及应用

（2）理想电流源　理想电流源的特点是能够提供确定的电流,即理想电流源的电流不随电路中电压的改变而改变,所以理想电流源也称恒流源。图1.9(a)是恒流源的模型符号,它既可以表示直流恒流源也可以表示交流恒流源,其中箭头指示电流的方向。

理想电流源的外特性曲线是一条与 u 轴平行的直线,如图1.9(b)所示。

应该指出的是,电源不仅能够为电路提供能量,也有可能从电路中吸收能量。

2）受控电源

上面提到的电源如发电机和电池,因能独立地为电路提供能量,所以被称为独立电源。而有些电路元件,如晶体管、运算放大器、集成电路等,虽不能独立地为电路提供能量,但在其他信号控制下仍然可以提供一定的电压或电流,这类元件被称为受控电源。

受控电源提供的电压或电流由电路中其他元件(或支路)的电压或电流控制。受控电源按控制量和被控制量的关系分为四种类型:电压控制电压源(VCVS)、电流控制电压源(CCVS)、电压控制电流源(VCCS)、电流控制电流源(CCCS)。如果控制作用是线性的,可用控制量与被控制量之间的正比关系来表达,称为线性受控电源。图1.10是用菱形符号表示的线性受控电源,其中 μ、r、g 和 β 都是常量,μ 和 β 是没有量纲的常数,r 具有电阻的量纲,g 具有电导的量纲。

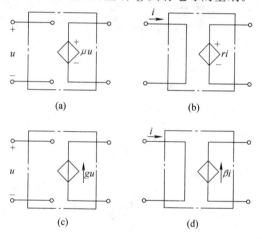

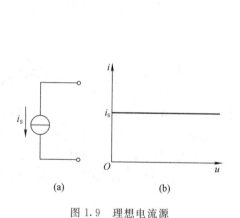

图1.9　理想电流源

(a)恒流源的符号;(b)理想电流源的外特性曲线

图1.10　受控电源的符号

(a)VCVS;(b)CCVS;(c)VCCS;(d)CCCS

注意,判断电路中受控电源的类型时,应看它的符号形式,而不应以它的控制量作为判断依据。图1.11所示电路中,由符号形式可知,电路中的受控电源为电流控制电压源,大小为 $10I$,其单位为伏特而非安培。

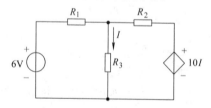

图1.11　有受控电源的电路

三、电路的基本物理量

我们先来介绍电路中的基本物理量,包括电流、电压和功率及其相关的概念。

1. 电流及其参考方向

当开关合上时,会有电荷移动形成电流。在电场的作用下,正电荷与负电荷向不同的方向移动,习惯上规定正电荷的移动方向为电流的方向(事实上,金属导体内的电流是由带负电的电子的定向移动产生的)。电流的大小为单位时间内通过导体横截面的电量,即

$$i = \frac{\mathrm{d}q}{\mathrm{d}t} \tag{1.4}$$

其中, i 表示电流, q 表示电量或电荷量。国际单位制中, q 的单位为库仑(C)。电流的单位为安培(A),规定 1 秒内通过导体横截面的电量为 1 库仑时的电流为 1 安培。常用的电流单位还有毫安(mA)、微安(μA)。

如果电流不随时间改变,称其为直流电流,如图 1.12 所示。前面提到的电池提供的就是直流电流。通常直流电流用大写字母 I 表示,而随时间变化的电流用小写字母 i 表示。

分析简单电路时,可由电源的极性判断电路中电流的实际方向,但分析复杂电路时,一般不能直接判断出电流的实际方向,而是先任意假定一个方向作为电路分析和计算时的参考,我们称之为电流的参考方向。在参考方向下,通过电路定律或定理解得的电流如果为正值,表明电流的实际方向与参考方向相同,如果为负值,则与之相反。

电路中用箭头表示电流的参考方向。图 1.13(a)中参考方向下,通过元件 A 的电流为 3 A ,说明实际电流的大小为 3 A,方向(如虚箭头所示)与参考方向相同。图 1.13(b)中参考方向下,通过元件 B 的电流为 -2 A,说明实际电流的大小为 2 A,方向与参考方向相反。此外也可用双下标表示电流的方向(参考方向),如 I_{ab} 表示电流方向由 a 到 b。

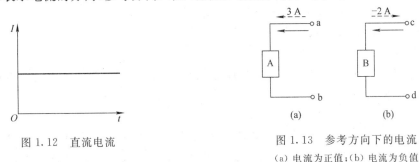

图 1.12　直流电流　　　　　　　图 1.13　参考方向下的电流
(a) 电流为正值;(b) 电流为负值

2. 电压及其参考方向

电压也称电位差(或电势差)。电路中 a、b 两点间的电压用 u_{ab} 表示,为将单位正电荷由点 a 移动到点 b 所需要的能量,即

$$u_{ab} = v_a - v_b = \frac{\mathrm{d}W}{\mathrm{d}q} \tag{1.5}$$

其中, v_a 表示 a 点电位, v_b 表示 b 点电位, W 表示能量。国际单位制中, W 的单位为焦耳(J)。电压的单位是伏特(V),规定电场力把 1 库仑的正电荷从一点移到另一点所做的功为 1 焦耳时,该两点间的电压为 1 V 。常用的电压单位还有千伏(kV)、毫伏(mV)和微伏(μV)。通常直流电压用大写字母 U 表示,随时间变化的电压用小写字母 u 表示。

电路中的电流和电压由电源电动势维持。电源电动势定义为电源内部把单位正电荷从低电位移动到高电位电源力所做的功。电源电压在数值上与电源电动势相等。

电路中,电压的实际方向定义为电位降低或称电压降的方向,可用极性"+"和"−"表示,其中"+"表示高电位,"−"表示低电位;也可用双下标表示,如 U_{ab} 表示电压的方向由 a 到 b。电源电动势的实际方向,规定为从电源内部的"−"极指向"+"极,即电位升高的方向。

同理,分析电路时需先假定电压的参考方向。选定电压的参考方向后,经分析计算得到的电压值也成为有正、负的代数量。在图 1.14(a)中参考方向下,元件 A 两端的电压为 5 V,表示元件 A 两端实际电压的大小为 5 V,方向由 a 到 b,与参考方向相同。在图 1.14(b)中参考

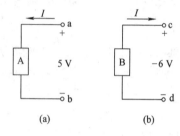

图 1.14 参考方向下的电压

(a)关联方向;(b)非关联方向

方向下,元件 B 两端的电压为 -6 V,表示元件 B 两端实际电压的大小为 6 V,方向由 d 到 c,与参考方向相反。

如果不特别指出,本书中电路图上所标明的电流和电压方向都为参考方向。当电流、电压的参考方向一致时,称为关联方向,如图 1.14(a);否则为非关联方向,如图 1.14(b)。

3. 功率

除了电压和电流两个基本物理量外,还需要知道电路元件的功率。电路中,单位时间内电路元件的能量变化用功率表示,即

$$P = \frac{\mathrm{d}W}{\mathrm{d}t} \tag{1.6}$$

其中,P 表示功率。国际单位制中,功率的单位是瓦特(W),规定元件 1 秒钟内提供或消耗 1 焦耳能量时的功率为 1 W。常用的功率单位还有千瓦(kW)。将式(1.6)等号右边分子、分母同乘以 $\mathrm{d}q$ 后,变为

$$P = \frac{\mathrm{d}W}{\mathrm{d}q} \frac{\mathrm{d}q}{\mathrm{d}t}$$

将式(1.4)、式(1.5)代入上式得

$$P = ui \tag{1.7}$$

所以,元件吸收或发出的功率等于元件上的电压乘以元件上的电流。直流电路里这一公式写为

$$P = UI$$

关联方向下,如果 $P > 0$,表明元件吸收或消耗功率,称该元件为负载;如果 $P < 0$,表明元件发出功率,称该元件为电源。非关联方向下的结论与此相反。下面我们通过图 1.15 所示电路中的四种情况来具体讨论。

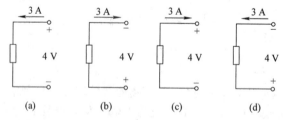

图 1.15 功率的计算

(a) 关联方向;(b) 关联方向;(c) 非关联方向;(d) 非关联方向

图 1.15(a)、(b)中,关联方向下

$$P = 4 \times 3 \text{ W} = 12 \text{ W} > 0$$

元件分别吸收 12 W 的功率,均为负载。

图 1.15(c)、(d)中,非关联方向下

$$P = 4 \times 3 \text{ W} = 12 \text{ W} > 0$$

元件分别发出 12 W 的功率,均为电源。如取关联方向

$$P = 4 \times (-3) \text{ W} = -12 \text{ W} < 0$$

结论不变。

　　任何电路都遵守能量守恒定律,因此无论是关联方向还是非关联方向下,电路中元件的功率之和为 0,即

$$\sum P = 0 \tag{1.8}$$

或者说,电路中所发出的功率等于所吸收的功率。

　　通常电业部门用千瓦时表示用户消耗的电能,常用电度表等测量,如图 1.6 所示。1 千瓦时(或 1 度电)是功率为 1 千瓦的元件在 1 小时内消耗的电能,即

　　　　1 度电＝1 kW·h＝3 600 000 J

　　如果通过实际元件的电流过大,会由于温度升高使元件的绝缘材料损坏,甚至使导体熔化;如果电压过大,会使绝缘击穿,所以必须加以限制。电气设备或元件长期正常运行的电流容许值称为额定电流;其长期正常运行的电压容许值称为额定电压;额定电压和额定电流的乘积为额定功率。通常电气设备或元件的额定值标在产品的铭牌上。如一白炽灯标有 220 V 40 W,表示它的额定电压为 220 V,额定功率为 40 W。

图 1.6　电度表

　　[例题 **1**]　图 1.17 所示(a)、(b)电路中,一个 6 V 电压源与不同的外电路相连,求 6 V 电压源在两种情况下提供的功率 P_S。

　　解:(a)因为电压与电流为非关联参考方向,所以

$$P_S = -UI = 6 \times 1 = -6 \text{ W}$$

负号表示提供功率,即提供功率为 6 W。

　　(b)因为电压与电流为关联参考方向,所以

$$P_S = UI = 6 \times 2 = 12 \text{ W}$$

正号表示吸收功率,即提供功率为 −12 W。

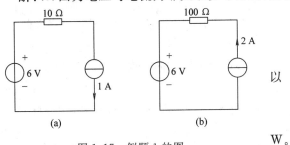

图 1.17　例题 1 的图

　　[例题 **2**]　图 1.18 所示电路中 $I = 5$ A,求各个元件的功率并判断电路中的功率是否平衡。

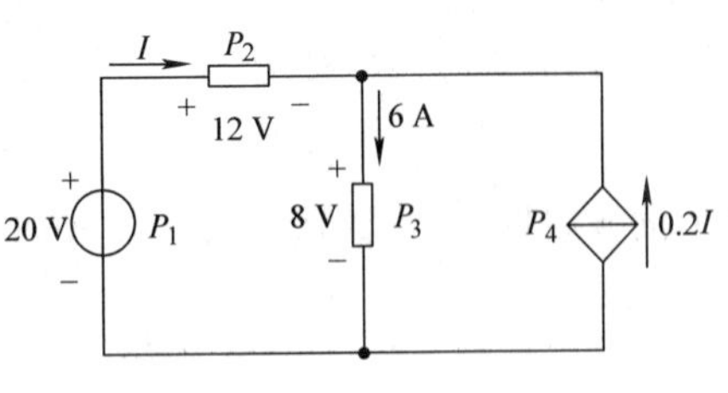

　　解:由图知 $I + 0.2I = 6$,可得 $I = 5$ A,则

$$P_1 = 20 \times 5 = 100 \text{ W} \quad (发出功率)$$
$$P_2 = 12 \times 5 \text{ W} = 60 \text{ W} \quad (消耗功率)$$
$$P_3 = 8 \times 6 \text{ W} = 48 \text{ W} \quad (消耗功率)$$
$$P_4 = 8 \times 0.2I = 8 \times 0.2 \times 5 = 8 \text{ W} \quad (发出功率)$$
$$P_1 + P_4 = P_2 + P_3 = 108 \text{ W} \quad 电路中的功率平衡$$

图 1.18　例题 2 的图

　　[例题 **3**]　有一 220 V 60 W 的电灯,接在 220 V 的电源上,试求通过电灯的电流和电灯在 220 V 电压下工作时的电阻。如果每晚用 3 小时,问一个月消耗电能多少?

　　解:

$$I = \frac{P}{U} = \frac{60}{220} = 0.273 \text{ A}$$

$$R=\frac{U}{I}=\frac{220}{0.273}=806\ \Omega$$

也可用 $R=\frac{P}{I^2}$ 或 $R=\frac{U^2}{P}$ 计算。

一个月用电量为

$$W=Pt=60\times(3\times30)=5.4\ \text{kW}\cdot\text{h}$$

[例题 4] 有一额定值为 5 W 500 Ω 的线绕电阻,其额定电流为多少？在使用时电压不得超过多大的数值？

解:根据瓦数和欧姆数可以求出额定电流,即

$$I=\sqrt{\frac{P}{R}}=\sqrt{\frac{5}{500}}=0.1\ \text{A}$$

在使用时电压不得超过

$$U=RI=500\times0.1=50\ \text{V}$$

因此,在选用时不能只提出欧姆数,还要考虑电流有多大,而后提出瓦数。

信息 2   电路欧姆定律

欧姆定律指出:通常电阻两端电压与电流的比值是一常数。在直流电路里,欧姆定律用公式表示为

$$U=RI \tag{1.9}$$

上式是在电流、电压取关联方向下得到的,如果取非关联方向,应在等式右边加一负号,即

$$U=-RI$$

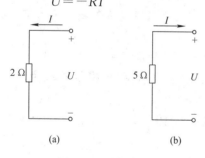

图 1.19   欧姆定律

(a)关联方向;(b)非关联方向

图 1.19(a)中,关联方向下电阻的伏安特性为

$$U=2I$$

图 1.19(b)中,非关联方向下电阻的伏安特性为

$$U=-5I$$

应当指出并非所有的电阻都满足欧姆定律。满足欧姆定律的电阻称为线性电阻,否则称为非线性电阻。线性电阻的阻值不变,其伏安特性曲线是一条过原点的直线,如图 1.20(a)所示。这条直线的斜率在数值上等于 R。非线性电阻的阻值随电压、电流变化,二极管是比较典型的非线性电阻,其伏安特性曲线如图 1.20(b)所示。

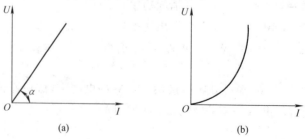

图 1.20   电阻的伏安特性曲线

(a)线性电阻;(b)非线性电阻

实际电路中的所有电阻在一定条件下都会呈现非线性特征,但本书中如不特别指出即假设电阻为线性的。

电阻的倒数称为电导,也是一个常用的物理量,用 G 表示,单位为西门子(S)。电阻与电导的关系为

$$G = \frac{1}{R} \tag{1.10}$$

电阻的功率用 R 和 G 表示时分别为

$$P = RI^2 = \frac{U^2}{R}$$

$$P = \frac{I^2}{G} = GU^2 \tag{1.11}$$

由此可知,电阻的功率恒为正值,即电路中电阻总是吸收或消耗能量。所以电阻又被称为耗能元件。

注意,在实际应用中,每个电阻都有额定功率,它是电阻能够吸收(不至于过度发热而使电阻损坏)的最大功率。如一个标有 10 kΩ 1 W 的电阻,它的额定功率为 1 W,允许通过的额定电流为

$$I = \sqrt{P/R} = \sqrt{1\ \text{W}/10\ \text{k}\Omega} = 10\ \text{mA}$$

信息 3 电路有载工作、开路与短路

下面以最简单的直流电路图 1.21 为例,分别讨论电路有载工作、开路与短路时的工作情况。

一、电路有载工作

将图 1.21 中的开关合上,接通电源与负载,这就是电源有载工作。

1)电压与电流

应用欧姆定律可列出电路中电流为

$$I = \frac{E}{R_0 + R} \tag{1.12}$$

负载电阻两端的电压为

$$U = RI$$

由以上两式可得出

$$U = E - R_0 I \tag{1.13}$$

由式(1.13)可见,电源端电压小于电动势,两者之差为电流通过电源内阻所产生的电压降 $R_0 I$。电流越大,则电源端电压下降得越多。表示电源端电压 U 与输出电流 I 之间关系的曲线,称为电源的外特性曲线,如图 1.22 所示,其斜率与电源内阻有关。电源内阻一般很小。当 $R_0 \ll R$ 时,则 $U \approx E$,表明当电流(负载)变动时,电源的端电压变动不大,这说明它带负载能力强。

2)功率与功率平衡

式(1.13)各项乘以电流 I,则得功率平衡式

$$UI = EI - R_0 I^2$$

即 $\qquad P = P_E - \Delta P \tag{1.14}$

式中，$P_E = EI$，是电源产生的功率；$\Delta P = R_0 I^2$ 是电源内阻上损耗的功率；$P = UI$，是电源输出的功率。

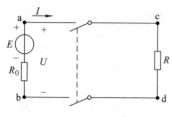

图 1.21　电源有载工作

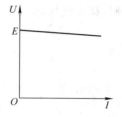

图 1.22　电源的外特性曲线

[例题 5]　在图 1.23 所示的电路中，$U = 220$ V，$I = 5$ A，内阻 $R_{01} = R_{02} = 0.6$ Ω。(1)试求电源的电动势 E_1 和负载的反电动势 E_2；(2)试说明功率的平衡。

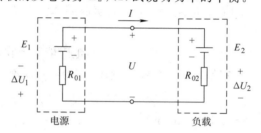

图 1.23　例题 5 的图

解：(1)电源：

$$U = E_1 - \Delta U_1 = E_1 - R_{01} I$$

则　　　　$E_1 = U + R_{01} I = 220 + 0.6 \times 5 = 223$ V

负载：

$$U = E_2 + \Delta U_2 = E_2 + R_{02} I$$

则　　　　$E_2 = U - R_{02} I = 220 - 0.6 \times 5 = 217$ V

(2)由(1)中两式可得

$$E_1 = E_2 + R_{01} I + R_{02} I$$

等号两边同乘以 I，则得

$$E_1 I = E_2 I + R_{01} I^2 + R_{02} I^2$$

$$223 \times 5 = 217 \times 5 + 0.6 \times 5^2 + 0.6 \times 5^2$$

$$1\,115 \text{ W} = 1\,085 \text{ W} + 15 \text{ W} + 15 \text{ W}$$

其中，$E_1 I = 1\,115$ W，是电源产生的功率，即在单位时间内由机械能或其他形式的能转换成的电能的值；$E_2 I = 1\,085$ W，是负载取用的功率，即在单位时间内由电能转换成的机械能（负载是电动机）或化学能（负载是充电时的蓄电池）的值；$R_{01} I^2 = 15$ W 是电源内阻上损耗的功率；$R_{02} I^2 = 15$ W 是负载内阻上损耗的功率。

由上例可见，在一个电路中，电源产生的功率和负载取用的功率以及内阻上所损耗的功率是平衡的。

二、电路开路

在图 1.21 所示的电路中，当开关断开时，电源将处于开路（空载）状态，如图 1.24 所示。开路时外电路的电阻对电源来说等于无穷大，因此电路中电流为零。这时电源的端电压（称为开路电压或空载电压U_0)等于电源电动势,电源不能输出电能。

如上所述,电源开路时的特征为

$$\left.\begin{array}{l} I=0 \\ U=U_0=E \\ P=0 \end{array}\right\} \tag{1.15}$$

三、电路短路

在图 1.21 所示的电路中,当电源的两端由于某种原因而连在一起时,电源则被短路,如图
1.25 所示。电源短路时,外电路的电阻可视为零,电流有捷径可通,不再流过负载。因为在电
流的回路中仅有很小的电源内阻,所以这时的电流很大,此电流称为短路电流 I_S。短路时电
源所产生的电能全被内阻所消耗。

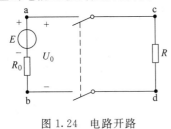

图 1.24　电路开路

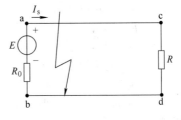

图 1.25　电路短路

电源短路时由于外电路的电阻为零,所以电源的端电压也为零。这时电源的电动势全部
降在内阻上。

如上所述,电源短路时的特征为

$$\left.\begin{array}{l} U=0 \\ I=I_S=\dfrac{E}{R_0} \\ P_E=\Delta P=R_0 I^2 , P=0 \end{array}\right\} \tag{1.16}$$

短路也可发生在负载端或线路的任何处。

短路通常是一种严重事故,应该尽力预防。产生短路的原因往往是由于绝缘损坏或接线
不慎,因此经常检查电气设备和线路的绝缘情况是一项很重要的安全措施。此外,为了防止短
路事故所引起的后果,通常在电路中接入熔断器或自动断路器,以便发生短路时,能迅速将故
障电路自动切除,但是,有时由于某种需要,可以将电路中的某一段短路(常称为短接)或进行
某种短路实验。

[例题 6]　若电源的开路电压 $U_0=12$ V,其短路电流 $I_S=30$ A,试问该电源的电动势和
内阻各为多少?

解:电源的电动势　$E=U_0=12$ V

电源的内阻　$R_0=\dfrac{E}{I_S}=\dfrac{U_0}{I_S}=\dfrac{12}{30}=0.4$ Ω

[例题 7]　图 1.26 中电源的开路电压为 5 V,短路电流为 10 A,计算电源的电动势 E 和
内阻 R_0。当电源外接电阻 $R=4.5$ Ω 时,求电阻消耗的功率。

解:图 1.26(a)中电源开路时,外电路的电阻等于无穷大(∞),电路中的电流为 0,电源的
开路电压等于电源的电动势

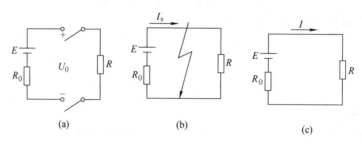

图 1.26　例题 7 的图

（a）电源开路；（b）电源短路；（c）电源外接电阻

$$U_0 = E = 5 \text{ V}$$

图 1.26(b)中电源短路时，外电路的电阻可视为 0，可知

$$R_0 = \frac{E}{I_S} = \frac{5 \text{ V}}{10 \text{ A}} = 0.5 \ \Omega$$

图 1.26(c)中，电路中的电流为

$$I = \frac{E}{R_0 + R} = \frac{5 \text{ V}}{0.5 \ \Omega + 4.5 \ \Omega} = 1 \text{ A}$$

电阻消耗的功率为

$$P = I^2 R = 4.5 \text{ W}$$

信息 4　基尔霍夫定律

基尔霍夫定律是电路中的基本定律，不仅适用于直流电路也适用于交流电路。它包括基尔霍夫电流定律(简称 KCL)和基尔霍夫电压定律(简称 KVL)。基尔霍夫电流定律是针对节点的，基尔霍夫电压定律是针对回路的。

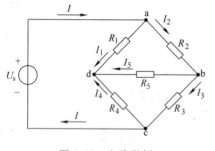

图 1.27　电路举例

在具体讲述基尔霍夫定律之前，我们以图 1.27 为例，介绍电路中的几个基本概念。

支路：电路中的每一分支称为支路，一条支路流过一个电流。图中共有 6 条支路，分别是 ab、bc、cd、da、ac、db。

节点：电路中 3 条或 3 条以上支路的连接点称为节点。图中共有 4 个节点，分别是节点 a、节点 b、节点 c 和节点 d。

回路：电路中的任一闭合路径称为回路。图中共有 7 条回路，分别是 abda、dbcd、adca、ab-dca、adbca、abcda、abca。

网孔：电路中无其他支路穿过的回路称为网孔。图中共有 3 个网孔，分别是 abda、dbcd、adca。

一、基尔霍夫电流定律(KCL)

基尔霍夫电流定律(KCL)指出：对于电路中的任一节点，任一瞬时流入(或流出)该节点电流的代数和为零。我们可以选择电流流入时为正，流出时为负(或流出时为正，流入时为负)。电流的这一性质也称为电流连续性原理，是电荷守恒的体现。

在直流电路里,KCL 用公式表示为

$$\sum I = 0 \tag{1.17}$$

上式称为节点的电流方程。由此也可将 KCL 理解为流入某节点的电流之和等于流出该节点的电流之和。

下面以图 1.27 电路中的节点 a、b 为例,假设电流流入为正,流出为负,列出节点的电流方程为

对于节点 a 有 $\quad I - I_1 - I_2 = 0$

对于节点 b 有 $\quad I_2 - I_3 - I_5 = 0$

KCL 不仅适用于电路中的任一节点,也可推广到包围部分电路的任一闭合面(因为可将任一闭合面缩为一个节点)。可以证明流入或流出任一闭合面电流的代数和为 0。

图 1.28 中,当考虑虚线所围的闭合面时,应有

$$I_a - I_b + I_c = 0$$

二、基尔霍夫电压定律(KVL)

基尔霍夫电压定律(KVL)指出:对于电路中的任一回路,任一瞬时沿该回路绕行一周,则组成该回路的各段支路上的元件电压的代数和为零。可任意选择顺时针或逆时针的回路绕行方向,各元件电压的正、负与绕行方向有关。一般规定当元件电压的方向与所选的回路绕行方向一致时为正,反之为负。在直流电路里,KVL 用公式表示为

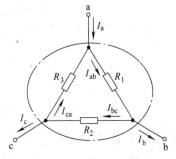

图 1.28　电路中的闭合面

$$\sum U = 0 \tag{1.18}$$

上式称为回路的电压方程。

下面以图 1.29 所示电路为例,列出相应回路的电压方程。注意当你选择了某一个回路时,在回路内画一个环绕箭头,表示你选择的回路的绕行方向。图 1.29 中,我们在两个网孔中分别选择了顺时针和逆时针的绕行方向。

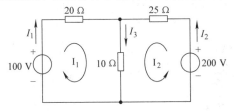

图 1.29　用箭头表示回路的绕行方向

对于回路 I_1,电压的数值方程为

$$20I_1 + 10I_3 - 100 = 0$$

对于回路 I_2,电压的数值方程为

$$25I_2 + 10I_3 - 200 = 0$$

上式也可写为

$$25I_2 + 10I_3 = 200$$

其意义为,在直流电路里,KVL 又可以表述为回路中电阻的电压之和(代数和)等于回路中的电源电动势之和,写成公式即

$$\sum RI = \sum E_s$$

注意,应用 KVL 时,首先要标出电路各部分的电流、电压或电动势的参考方向。列电压方程时,一般约定电阻的电流方向和电压方向一致。

KVL 不仅适用于闭合电路,也可推广到开口电路。图 1.30 中,a、b 点的左侧电路部分和右侧电路部分都可看作开口电路。

在所选择的回路绕行方向下,左侧开口电路的电压数值方程为

$$U = -4I + 24$$

右侧开口电路的电压数值方程为

$$U = 2I + 4$$

[例题 8] 求图 1.31 电路中的电流 I_1、I_2。

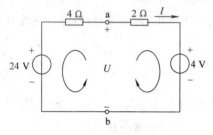

图 1.30　开口电路　　　　　　　　图 1.31　例题 8 的图

解：选择回路 I_1 的绕行方向如图 1.31 所示。列节点 a 的电流方程

$$I_1 - I_2 + 1 = 0$$

列回路 I_1 的电压数值方程

$$-30 + 8I_1 + 3I_2 = 0$$

解上面两个方程得 $I_1 = 3$ A，$I_2 = 2$ A。

信息 5　电路中电位分析

前面提到的电位是与电压相关的概念。分析电路时，除了经常计算电路中的电压外，也会涉及电位的计算。在电子线路中，通常用电位的高低判断元件的工作状态，如：当二极管的阳极电位高于阴极电位时，管子才能导通；判断电路中一个三极管是否具有电流放大作用，需比较它的基极电位和发射极电位的高低。

计算电路中各点电位时，一般选定电路中的某一点作参考点，规定参考点的电位为 0，并用"⊥"表示，称为接地（并非真与大地相接），电路中其他各点的电位等于该点与参考点之间的电压。

[例题 9] 试求图 1.32 所示电路中 A 点的电位。

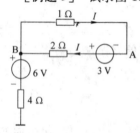

图 1.32　例题 9 的图

解：

因为　　$I = \dfrac{3}{1+2} = 1$ A

又因为　$V_B = 6$ V

所以　　$V_A = V_B - I \times 1 = 5$ V

[例题 10] 电路如图 1.33 所示，已知 $E_1 = 6$ V，$E_2 = 4$ V，$R_1 = 4$ Ω，$R_2 = R_3 = 2$ Ω，求 A 点电位 V_A。

解：

$$I_1 = \frac{E_1}{R_1 + R_2} = \frac{6}{4+2} = 1 \text{ A}$$

$$I_2 = 0 \text{ A}$$

$$V_A = I_2 R_3 - E_2 + I_1 R_2 = 0 - 4 + 1 \times 2 = -2 \text{ V}$$

或　　$V_A = I_2 R_3 - E_2 - I_1 R_1 + E_1 = 0 - 4 - 1 \times 4 + 6 = -2$ V

[例题 11] 在图 1.34 中，在开关 S 断开和闭合的两种情况下，试求 A 点的电位。

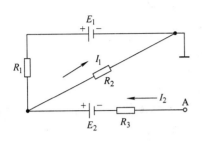

图 1.33 例题 10 的图

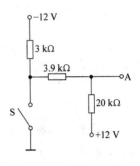

图 1.34 例题 11 的图

解:(1)开关 S 断开时,先求电流

$$I=\frac{12-(-12)}{20+3.9+3}=0.89 \text{ mA}$$

再求 20 kΩ 电阻的电压

$$U_{20}=0.89\times20=17.8 \text{ V}$$

而后求 A 点电位 V_A

$$V_A=12-17.8=-5.8 \text{ V}$$

(2)开关 S 闭合时,20 kΩ 电阻两端的电压为

$$U_{20}=\frac{12-0}{20+3.9}\times20=10.04 \text{ V}$$

A 点电位为

$$V_A=12-10.04=1.96 \text{ V}$$

注意:参考点选的不同,电路中各点的电位也不同,但任意两点间的电压是不变的。

实际应用

一、常用电阻器介绍

电阻器可分为固定电阻器、可变电阻器和特殊电阻器三大类。

1. 固定电阻器

不同物质的电阻大小是不一样的,常用碳膜、金属膜、合金丝制成电阻器。固定式电阻器的外形及符号如图 1.35 所示。

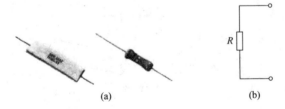

(a)   (b)

图 1.35 固定式电阻器的外形及符号

(a)外形;(b)电阻符号

(1)碳膜电阻器 这种电阻器是用碳粉置在瓷棒或瓷管上而成的,以碳粉的浓度和厚度决定电阻器的阻值。这种电阻器高频特性好、价格低廉,是用得最多的一种电阻器。碳膜电阻器的外形如图 1.36 所示。

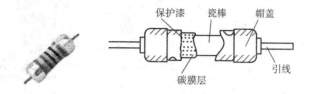

图 1.36 碳膜电阻器的外形

（2）金属膜电阻器 这种电阻器是用金属粉置在瓷棒上制成的，以其浓度、厚度和刻槽决定电阻值。这种电阻器体积小、噪声低、耐温较高、稳定性能好。金属膜电阻器的外形如图1.37所示。

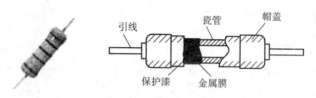

图 1.37 金属膜电阻器的外形

（3）线绕电阻器 线绕电阻器是用电阻率较大的镍铬合金或锰铜合金线绕在瓷骨架上而制成的，它的电阻值是由合金线长短、粗细而定的。线绕电阻器耐高温、额定功率大、噪声小、电阻值精度高。它的外形如图1.38所示。

固定电阻器的主要参数有两个，一个是标称值，另一个是额定功率。电阻器的标称值有以下两种标示方法。

①在电阻器上直接印出数值。如果电阻器的体积较大，可以直接印出如4.7 kΩ或4k7等字样。

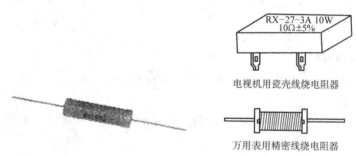

图 1.38 线绕电阻器的外形

图 1.39 色环电阻器

②用色环表示。电阻器体积较小，印数字和看数字都困难，此时用色环表示电阻标称值则较方便。在电阻器左面印有四条（或五条）色环来表示电阻器的标称值和允许误差。色环电阻如图1.39所示。其中，第一色环和第二色环表示两个有效数字；第三色环表示倍乘数；第四色

环表示允许误差值。各色环中不同颜色的含义见表 1.1。

表 1.1　数值的读取方法

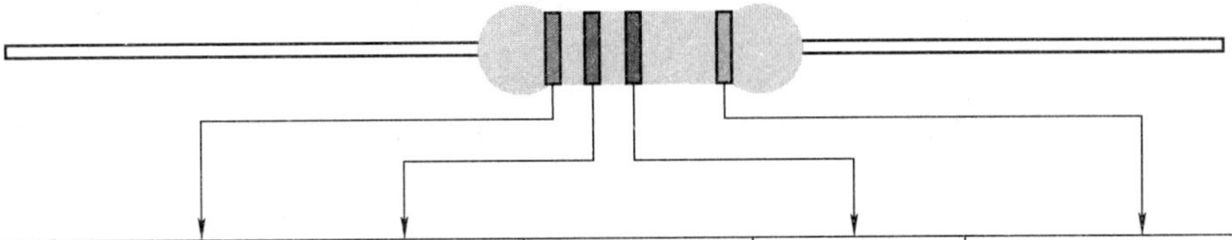

颜色	第一段	第二段	第三段	乘数	误差	
黑色	0	0	0	1		
棕色	1	1	1	10	±1%	F
红色	2	2	2	100	±2%	G
橙色	3	3	3	1K		
黄色	4	4	4	10K		
绿色	5	5	5	100K	±0.5%	D
蓝色	6	6	6	1M	±0.25%	C
紫色	7	7	7	10M	±0.10%	B
灰色	8	8	8	100M	±0.05%	A
白色	9	9	9	1000M		
金色				0.1	±5%	J
银色				0.01	±10%	K
无					±20%	M

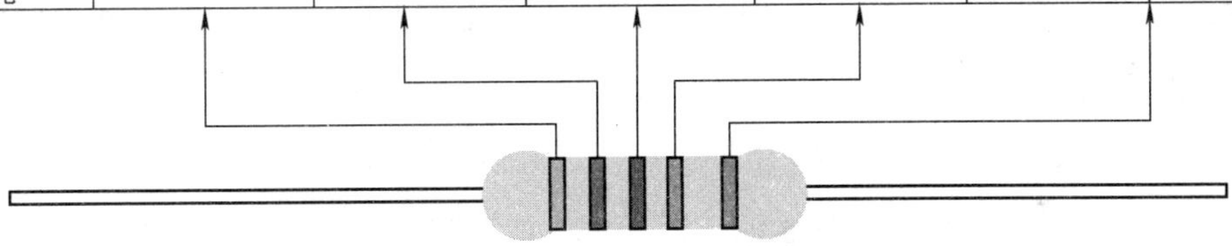

例如，第一色环到第四色环的排列为黄、紫、橙、金，查表 1.1 可知为 47×10^3 和 5%，则此电阻标称值为 47 000 Ω 或 47 kΩ，误差允许在 5% 以内。

色环表示法还有采用五色环的。五色环表示电阻的标称值和四色环表示法大致相同，只是多了一个有效数字，使阻值更精确。五色环电阻器标称值表示法见表 1.1。

电阻器的额定功率是指在特定环境温度范围内电阻器所允许的最大功率。在此功率限度以内，电阻器能正常工作，电阻器的功率由电阻器两端电压值和电阻器中通过电流值的乘积来确定。只要电阻器上的功率不超过额定值，此电阻器的性能就不会改变，也不会损坏。电阻器的额定功率有 1/8 W、1/4 W、1/2 W、1 W、2 W 等许多种，小瓦数的电阻器往往因电阻器体积小而不标出。体积大的电阻器一般直接用数字标在电阻器上。

2. 可变电阻器

电位器就是一种可变电阻器。电位器为三端元件，可通过滑动一端来改变电阻值，常用作可变电阻和分压器。电位器的符号如图 1.40 所示。

电位器分类方法有多种，以下按制造电位器材料和结构分类。

（1）碳膜电位器　它的电阻体是碳膜构成的。这种电位器优点是分辨率高、电阻值范围宽。缺点是功率小，耐热、耐湿、耐磨性较差。

（2）线绕电位器　它的电阻体是高电阻率的合金丝，是将合金丝绕在绝缘骨架上构成的。主要优点是耐高温、耐湿、耐磨。缺点是分辨率较低，本身的电容、电感较大，不能在高频电路中使用。

（3）实心电位器　它是由碳质体、填料和有机黏合剂混合后构成的电阻体，连同引出脚与

(a)　　　　　　　　(b)

图 1.40　电位器的外形及电路图形符号

(a)外形;(b)电路图形符号

绝缘塑料粉压制在一起,经加热聚合而成。它的体积小,适合小型电子设备中使用。实心电位器的优点是分辨率高,耐磨、耐热。

3. 特殊电阻器

这里主要介绍熔断电阻器、热敏电阻器及压敏电阻器三种特殊的电阻器。

(1)熔断电阻器　熔断电阻器俗称保险电阻器。在电路中不仅起电阻器的作用,还能起熔断作用,一旦电路工作失常,电流过大,超过了熔断电阻器的额定功率,熔断电阻器就会熔断,使电路开路,保护电路中其他元器件免遭损坏。熔断电阻器的外形和电路图形符号如图 1.41 所示。熔断电阻器的制造材料有碳膜、金属膜、氧化膜、线绕等多种。其电阻值也有 0.22 Ω～10 kΩ 多种规格,功率多在 0.5～3 W。

色标

(a)　　　　　　　　　　　(b)

图 1.41　熔断电阻器的外形和电路图形符号

(a)外形;(b)电路图形符号

熔断电阻器熔断后,电阻器表面发黑或烧焦,表明它已烧毁。如果外观看不出来则用万用表测一下熔断电阻器的电阻值。熔断电阻器熔断,不要换上新品就算了事,要分析、检查一下导致熔断电阻器熔断的原因。

(2)热敏电阻器　热敏电阻器的特点是电阻器的电阻值随温度的变化而变化。热敏电阻器的外形及电路图形符号如图 1.42 所示。热敏电阻器有圆片形、圆柱形和管状多种。热敏电阻器不仅可用在测温、控温和保护电路中,在各种家用电器如电视机、收录机、电冰箱及电熨斗中也都有大量应用。

(3)压敏电阻器　压敏电阻器是一种过电压保护元件。当压敏电阻器两端所受电压在压敏电阻器标称额定电压值以内时,压敏电阻器的电阻值几乎是无穷大。当它所受电压超过它的额定电压时,其电阻值急剧变小,并立即处于导通状态,通过它的电流迅速变大。这种变化很快,大约几毫秒。压敏电阻器的外形及电路图形符号如图 1.43 所示。

使用压敏电阻器时,要适当选取标称值。选择标称值低的,保护灵敏度高,但不能选得过低。由于压敏电阻器选得低,正常工作时,流过它的电流相应较大,会引起压敏电阻器自身发热,当遇到过电压时,通过它的电流更大,容易将它烧毁。压敏电阻器选用标称值过高有时会

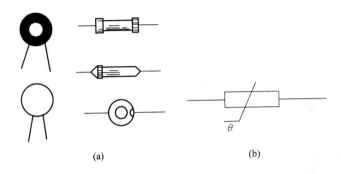

(a)　　　　　　　　(b)

图 1.42　热敏电阻器的外形及电路图形符号

（a）外形；（b）电路图形符号

失去保护功能。

　　使用压敏电阻器与使用其他保护元件相比，有耐浪涌电流大、抑制过电压能力强、响应速度快、漏电流小、温度特性好、体积小且价格低廉等优点。例如：彩色电视机和其他一些电器，为了防止雷电引起的电压过高而受损坏，加上压敏电阻器以得到保护。

　　压敏电阻器烧毁后，其表面发黑或开裂。用万用表可测一下压敏电阻器是否击穿或是否有漏电

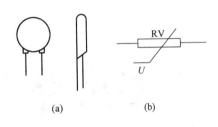

(a)　　　　　　(b)

图 1.43　压敏电阻器的外形及电路图形符号

（a）外形；（b）电路图形符号

现象，如果测得的电阻值接近 0 Ω，表明压敏电阻器已击穿短路；如果测得的电阻值不是接近无穷大，表明它漏电严重，已不能使用。

　　图 1.44 显示了常用电阻器实物外形。

二、常用电感器介绍

　　在选用电感器时，要根据直流电流量来选用。其对交流电有一定的阻碍作用，产生感抗。由于电感器具有选频作用，常用在选频、调谐和各种滤波器电路中。电感器的外形及电路图形符号如图 1.45 所示。

　　按线圈的结构分类可分为空心线圈、铁芯线圈、高频磁芯线圈等。空心线圈的电感量较小，有磁芯的电感量较大，铁芯线圈对低频交流电有较大电感量，磁芯线圈对高频交流电有较大电感量。

　　按电感器的作用分类可分为滤波线圈、扼流线圈、振荡线圈、电视机中的偏转线圈等。

　　图 1.46 显示了常用电感元件实物外形。

三、常用电容器介绍

　　一般电容器的电容量都直接标在电容器上。也有些体积较小的电容器用色标法，用各种不同的色条或色点表示电容器的电容量。

　　色条法：如图 1.47(a)所示。第一、二、三色条均为有效数字，第四色条表示乘数。有的电容器上还有第五色条，它表示允许误差。表示出的数字单位一般是皮法(pF)。

图 1.44　常用电阻器实物

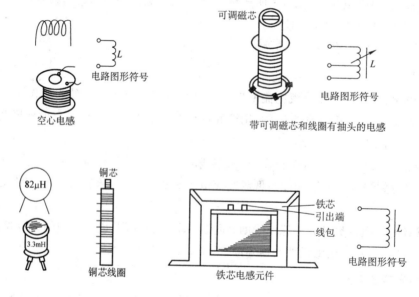

图 1.45　电感器的外形及电路图形符号

色点法:如图 1.47(b)所示。各色点按顺序排列,等级色点常被省略。

电容器在电路中的作用:一是电容器在电路中能够起通过交流电、隔断直流电的作用,即我们通常所说"电容器能够通交隔直";二是容量大的电容器在一定时间内起电源作用。电容器储存了电荷,就储存了能量(电场能),大容量电容器储存的电荷多,储存能量大,它放电时,放电时间也长,所以大容量电容器,在不太长的时间内放电时,可以把它看成是一个电源。在一些电路中(如功率放大器 OTL)就运用电容器的这种性能。电容器用于滤波、耦合、退耦合、旁路、振荡等电路。

卧式色环电感

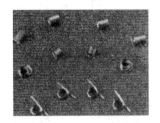
贴片型空心线圈

贴片型功率电感

可调式电感(中周)

贴片电感

环形线圈

立式功率型电感

图 1.46 常用电感元件实物

电容器的分类方法很多,按电容量变化情况可分为固定电容器、可变电容器和微调电容器。可变电容器又可分为单连和双连可变电容器。

单连可变电容器是由一组动片和一组静片组成,动、静片之间有用薄膜作介质的,也有用空气做介质的。单连可变电容器是通过旋动转轴,改变动片与静片之间的相对面积来改变电容器的容量的。单连可变电容器的外形及电路图形符号如图 1.48(a)所示。单连可变电容器的容量一般都标注在电容器上,常见的有 7/270 pF,即当动片全部旋出时的容量为 7 pF,动片全部旋入时最大容量为 270 pF。

双连可变电容器是两个单连可变电容器共用一个旋动转轴而构成的。两个可变电容器的容量相等,两个可变电容器的容量也同步随旋轴的旋转而变化。常用的双连可变电容器为 2×270 pF,它的最大容量为 270 pF。它的外形及电路图形符号如图 1.48(b)所示。

微调电容器也叫半可变电容,它们的容量小、体积小,往往是一次性调整容量,容量调好后

电路分析及应用

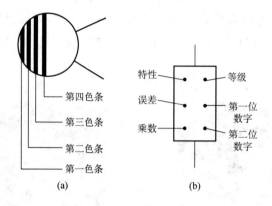

图 1.47　电容量的色标法

(a)色条表示法；(b)色点表示法

不用再去调它。5/20 pF 微调电容器的最小容量为 5 pF，最大容量为 20 pF。它的外形如图 1.49 所示。

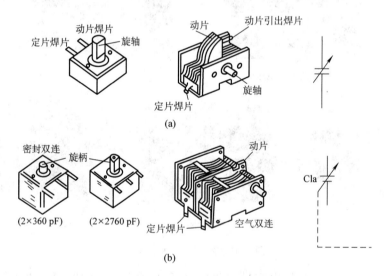

图 1.48　可变电容器的外形及电路图形符号

(a)单连可变电容器的外形及电路图形符号；(b) 双连可变电容器的外形及电路图形符号

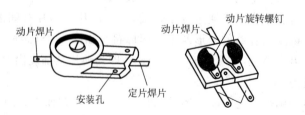

图 1.49　微调电容器的外形

按电容介质分，电容器可分为云母电容器、陶瓷电容器、纸介电容器、电解电容器等。

　　按电容在电路中起的作用来分,电容器为滤波电容器、旁路电容器、耦合电容器和振荡电容器等。

　　图 1.50 显示了常用电容元件实物外形。

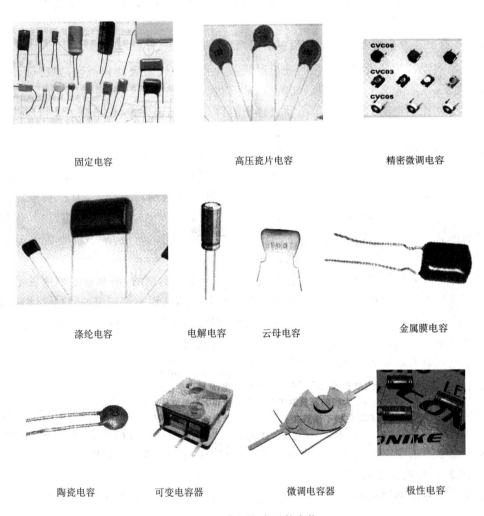

固定电容　　　　　　　　　　高压瓷片电容　　　　　　　　精密微调电容

涤纶电容　　　　电解电容　　　云母电容　　　　　　金属膜电容

陶瓷电容　　　　可变电容器　　　　微调电容器　　　极性电容

图 1.50　常用电容元件实物

四、"电位分析法"在家电修理中的应用

　　"电位"就是某点相对于参考点的电压,通常是指某点对地的电压。"电位分析法"就是利用参考理论电位与实测电位以及人为控制后的各点电位进行对比分析,从而判断出故障点的方法。正常情况下,人为改变某点电位,受控制的点或相互影响的点(简称关联点)的电位将会跟着变化,而非正常部分的关联点不会发生变化,通过测试各关联点的电位,便可分析判断出故障点,达到快速排除故障的目的。

　　例如彩电电源部分出现故障,需开机检查电源,如果采用"代换法"修理该故障,将带来很大的麻烦,因为找到规格相同、参数相近的所有晶体管及阻容元件就是一件不容易的事,更何况全部元件的代换既要花很多的时间,同时敷铜板和各元件又要遭受一次烙铁焊接之灾，这会大大缩短机器的使用寿命。若采用"电位分析法"修理该故障，则是比较科学的。如果手头缺少相应的特殊元件，如集成块、稳压管、三极管等，又无法准确判断各元件的好坏时，采用"电位分析法"来帮助我们缩小故障范围，快速修理，不失为一种较好的修理方法。

电位分析法应用很广，对于线性稳压电源、放大电路、开关电源和一些电子控制电路都适用，尤其是对直流电路的分析很有帮助。

五、水电阻在冶金设备——轧钢机中的应用

水电阻启动调速装置主要适用于三相鼠笼型异步电动机的启动和调速，如建材、冶金、矿山、石油化工、水利等行业的球磨机、轧钢机、破碎机、提升机、风机、水泵等。它通过改变串入电动机转子回路的电阻而达到调节电动机转速的目的，是国内外建材、冶金工业目前选用的主要调速设备。

图 1.51　水电阻

水电阻（如图 1.51 所示）靠溶解在水中的电解质（$NaHCO_3$）离子导电，电解质充满于两个平面极板之间，构成一个电容状的导电体，自身无感性元件，故与频敏、电抗器等启动设备相比，有提高电动机的功率因数，节能降耗的功能。水电阻串入电动机定子回路以后，不仅能改变电动机的转差率，达到调速的目的，还能增加电动机启动时的转矩，减小启动电流，还具有平滑无级调速，并可使转速达到额定转速。

绕线式电动机调速的方式就是在转子绕组中串电阻来实现的，而水电阻调速就是在水中加入电解质后形成一定的电阻，把水电阻串在转子回路中，从而达到调速的目地。水阻调速器是以改变串入电机转子回路的水电阻来调节电机转速的，电阻越大，电机转速越低；电阻为零，电机达到全速。变频调速与水阻调速比较，水阻调速的性价比更优于变频器。水电阻调速在水泥和钢铁厂都有应用，主要是因为投资低的原因。

六、冶金系统专用电容器

冶金企业由于存在大量的异步电动机负载，消耗系统无功功率，导致系统电压下降，损耗加剧。为降低无功损耗，维持系统电压稳定，根据就地补偿的原则，在其变、配电所一般都装设有无功补偿电容器组。其接线方式由串、并联组合构成三角形或星形接线，串联以满足电压要求，并联获得相应的补偿容量。

冶金系统专用补偿电容器，其具有耐高温、抗谐波、体积小、耐腐蚀、并可全方位高密度安装，如图 1.52 所示。

七、安全用电的方法和措施

1. 安全电压

在任何情况下，交流工频安全电压的上限值、两导体之间或任一导体与地之间都不得超过 50 V。我国的安全电压的额定值为 42 V、36 V、24 V、12 V、6 V。如手提照明灯、危险环境的携带式电动工具，应采用 36 V 安全电压；金属容器内、隧道内、矿井内等工作场合，狭窄、行动不便及周围有大面积接地导体的环境，应采用 24 V 或 12 V 安全电压，以防止因触电而造成的人身伤害。

2. 触电的危害性与急救

人体是导电体，一旦有电流通过时，将会受到不同程度的伤害。人体触电有电击和电伤两

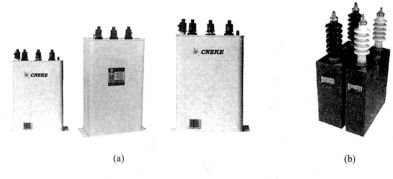

图 1.52　冶金系统专用补偿电容器

(a)补偿并联电容器;(b)高电压并联电容器

类:电击是指电流通过人体时所造成的内伤,它可以使肌肉抽搐,内部组织损伤,造成发热发麻,神经麻痹等,严重时将引起昏迷、窒息,甚至心脏停止跳动而死亡;电伤是指电流的热效应、化学效应、机械效应以及电流本身作用下造成的人体外伤。

1)常见的触电方式

(1)单相触电　人体的某一部分接触带电体的同时,另一部分又与大地或中性线相接,电流从带电体流经人体到大地(或中性线)形成回路,如图 1.53 所示。

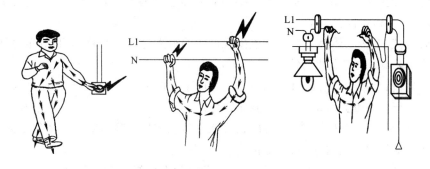

图 1.53　单相触电

(2)两相触电　人体的不同部分同时接触两相电源时造成的触电,如图 1.54 所示。对于这种情况,无论电网中性点是否接地,人体所承受的线电压将比单相触电时高,危险更大。

(3)跨步电压触电　雷电流入地或电力线(特别是高压线)断散到地时,会在导线接地点及周围形成强电场。当人畜跨进这个区域,两脚之间出现的电位差称为跨步电压。在这种电压作用下,电流从接触高电位的脚流进,从接触低电位的脚流出,从而形成触电,如图 1.55 所示。

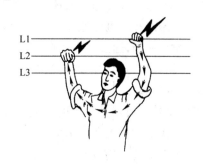

图 1.54　两相触电

2)影响电流对人体危害程度的主要因素

电流对人体伤害的严重程度与通过人体电流的大小、频率、持续时间、通过人体的路径及

图 1.55　跨步电压触电

人体电阻的大小等多种因素有关。

（1）电流大小　通过人体的电流越大，人体的生理反应就越明显，感应越强烈，引起心室颤动所需的时间越短，致命的危险越大。对于工频交流电，按照通过人体电流的大小和人体所呈现的不同状态，电流大致分为下列三种。

①感觉电流：是指引起人体感觉的最小电流。实验表明，成年男性的平均感觉电流约为 1.1 mA，成年女性为 0.7 mA。感觉电流不会对人体造成伤害，但电流增大时，人体反应变得强烈，可能造成坠落等间接事故。

②摆脱电流：是指人体触电后能自主摆脱电源的最大电流。实验表明，成年男性的平均摆脱电流约为 16 mA，成年女性的约为 10 mA。

③致命电流：是指在较短的时间内危及生命的最小电流。实验表明，当通过人体的电流达到 50 mA 以上时，心脏会停止跳动，可能导致死亡。

（2）电流频率　一般认为 40～60 Hz 的交流电对人体最危险。随着频率的增高，危险性将降低。高频电流不仅不伤害人体，还能治病。

（3）通电时间　通电时间越长，电流使人体发热和人体组织的电解液成分增加，导致人体电阻降低，反过来又使通过人体的电流增加，触电的危险亦随之增加。

（4）电流路径　电流通过头部可使人昏迷；通过脊髓可能导致瘫痪；通过心脏造成心跳停止，血液循环中断；通过呼吸系统会造成窒息。因此，从左手到胸部是最危险的电流路径，从手到手从手到脚也是很危险的电流路径，从脚到脚是危险性较小的电流路径。

3）触电急救

触电急救的要点是动作迅速，救护得法，切不可惊慌失措、束手无策。

（1）尽快地使触电者脱离电源　如在事故现场附近，应迅速拉下开关或拔出插头，以切断电源；如距离事故现场较远，应立即通知相关部门停电，同时使用带有绝缘手柄的钢丝钳等切断电源，或者使用干燥的木棒、竹竿等绝缘物将电源移掉，从而使触电者迅速脱离电源。如果触电者身处高处，应考虑到其脱离电源后有坠落、摔跌的可能，所以应同时做好防止人员摔伤的安全措施。如果事故发生在夜间，应准备好临时照明工具。

（2）就地检查和抢救　当触电者脱离电源后，将触电者移至通风干燥的地方，在通知医务人员前来救护的同时，还应现场就地检查和抢救。首先使触电者仰天平卧，松开其衣服和裤带,检查瞳孔是否放大,呼吸和心跳是否存在;再根据触电者的具体情况采取相应的急救措施。对于没有失去知觉的触电者,应对其进行安抚,使其保持安静;对触电后精神失常的,应防止发生突然狂奔的现象。

(3)急救方法　当触电者脱离电源后,应当根据触电者的具体情况,迅速地对症进行救护。现场应用的主要救护方法是人工呼吸法和胸外心脏按压法。触电者需要救治时,大体上按照以下三种情况分别处理。

①对失去知觉的触电者,若呼吸不齐、微弱或呼吸停止而有心跳的,应采用口对口人工呼吸法进行抢救。具体方法是:使触电者仰卧,颈部垫软物,头偏向一侧,清除口中的血块、痰液或口沫,取出口中假牙等杂物,使其呼吸道畅通;急救者深深吸气,捏紧触电者的鼻子,大口地向触电者口中吹气,然后松开鼻子,使之自身呼气,每 5 秒一次,坚持连续进行,在触电者苏醒之前,不可间断。操作方法如图 1.56 所示。

图 1.56　口对口人工呼吸法

②对有呼吸而心脏跳动微弱、不规则或心跳已停的触电者,应采用胸外心脏按压法进行抢救。具体方法是:将触电者仰卧在硬板上或地上,颈部垫软物使头部后仰,松开衣服和裤带,急救者跪跨在触电者臀部位置;急救者将右手掌根部按于触电者胸骨下 1/2 处,右手掌置放在触电者的胸上,左手掌压在右手掌上,用力向下挤压 3~4 cm 后,突然放松。挤压和放松动作要有节奏,每秒 1 次(儿童 2 秒 3 次),按压时应位置准确,用力适当,用力过猛会造成触电者内伤,用力过小则无效,对儿童进行抢救时,应适当减小按压力度,在触电者苏醒之前不可中断。操作方法如图 1.57 所示。

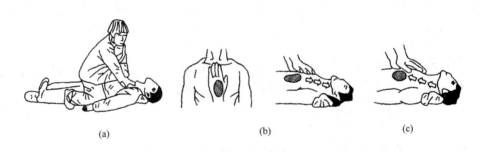

(a)　　　　　　　　　(b)　　　　　　　　　(c)

图 1.57　胸外心脏按压法

(a)急救者跪跨在触电者臀部;(b)手掌挤压部位;(c)向下挤压;(d)突然放松

③对于呼吸与心跳都停止的触电者的急救,应该同时采用"口对口人工呼吸法"和"胸外心脏按压法"。如急救者只有一人,应先对触电者吹气 2~3 次,然后再挤压 10~15 次,且速度都应快些,如此交替重复进行直至触电者苏醒为止。如果是两人合作抢救,每 5 秒吹气一次,每

1秒按压一次,两人交替进行。操作方法如图1.58所示。

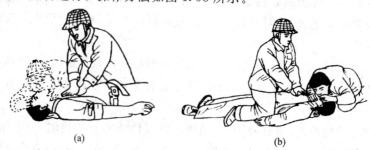

图 1.58 同时采用"口对口人工呼吸法"与"胸外心脏按压法"
(a)一个急救;(b)两人急救

八、电工基础知识

(一)电气识图

1. 电气图的分类与制图规则

1)电气图的分类

按国家标准 GB 6988—86《电气制图》规定,电气技术领域中电气图有:系统图或框图、功能图、逻辑图、功能表图、电路图、等效电路图、端子功能图、程序图、接线图、单元接线图、互连接线图及位置简图等。

①系统图或框图:用符号或带注解的框概略表示系统或分系统的基本组成、相互关系及主要特征的一种简图。

②功能图:表示理论与理想的电路而不涉及方法的一种简图。

③逻辑图:主要用二进制逻辑单元图形符号绘制的一种简图。

④电路图:用图形符号并按工作顺序排列,详细表示电路、设备或成套装置的全部组成和连接关系,而不考虑实际位置的一种简图。

⑤程序图:详细表示程序单元和程序片及其互连关系的一种简图。

⑥接线图:表示成套装置的连接关系,用以进行接线和检查的一种简图。

⑦端子接线图:表示成套装置或设备的端子以及接在端子上的外部接线的一种接线图。

⑧位置简图和位置图:表示成套装置、设备或装置中各个项目的位置的一种简图或一种图。

2)电气制图规则

国家标准 GB 6988—86《电气制图》规定了电气技术领域中图的编制方法,规定了《电气制图》的一般规则。关于图纸幅面、格式、图幅区、图线等的要求,需要时可查阅国标。

2. 文字符号、图形符号与项目代号

1)文字符号

文字符号分基本文字符号(单字母和双字母)和辅助文字符号。

①单字母符号:是按拉丁字母将各种电气设备、装置和元器件划为 23 大类,每大类用一个专用单字母符号表示。

②双字母符号:是由一个表示种类的单字母符号与另一个字母组成,其组合形式应以单字母符号在前,另一字母在后的次序列出。双字母符号是在单字母符号不能满足要求,需将大类进一步划分时,采用的符号,可以较详细和更具体地表述电气设备装置和元器件。

③辅助文字符号：是用以表示电气设备、装置和元器件以及线路的功能、状态和特征的辅助文字符号，使用时放在表示种类的单字母符号后面组成双字母符号，也可以单独使用。

2）图形符号与项目代号

电气图用图形符号可参考 GB 4728《电气图用图形符号》。项目代号是用以识别图、图表、表格中和设备上的项目种类，并提供项目的层次关系、实际位置等信息的一种特定的代码。项目代号以一个系统、成套设备或设备的依次分解为基础。在一个复合项目代号中，每个由一个代号组表示的项目总是前一代号组所表示的项目的一部分。

3. 机械设备电气图、接线图的构成及作用

机械设备电气图由电气控制原理图、电气装置位置图、电器元件布局图、接线图等组成。接线图由单元接线图、互连接线图和端子接线图组成，主要用于安装接线、线路检查、线路维修和故障处理等。在实际应用中，常将电路原理图、位置图和接线图一起使用。

4. 电气图的绘制及识读方法

在绘制、识读电气控制原理图时应遵循以下几个原则。

①原理图一般分电源电路、主电路、控制电路、信号电路及照明电路。

电源电路画成水平线，三相交流电源相序 L_1、L_2、L_3 由上而下依次排列画出，中线 N 和保护地线 PE 画在相线之下。直流电源则正端在上、负端在下画出。电源开关要水平画出。

主电路是指受电的动力装置及保护电路，它通过的是电动机的工作电流，电流较大。主电路要垂直电源电路画在原理图的左侧。

控制电路是指控制主电路工作状态的电路。信号电路是指显示主电路工作状态的电路。照明电路是指实现机床设备局部照明的电路。这些电路通过的电流都较小。画原理图时，控制电路、信号电路、照明电路要跨接两相电源之间，依次画在主电路的右侧，且电路中的耗能元件要画在电路的下方，而电器的触头要画在耗能元件的上方。

②原理图中，各电器的触头位置都按电路未通电或电器未受外力作用时的常态位置画出。分析原理时，应从触头的常态位置出发。

③原理图中，各电器元件不画实际的外形图，而采用国家规定的统一国标符号画出。

④原理图中，同一电器的各元件不按它们的实际位置画在一起，而是按其在线路中所起作用分画在不同电路中，但它们的动作却是相互关联的，必须标以相同的文字符号。图中相同的电器较多时，需要在电器文字符号后面加上数字以示区别。

⑤原理图中，对有直接接电联系的交叉导线接点，要用小黑圆点表示；无直接接电联系的交叉导线连接点不画小黑圆点。

（二）电工工具的使用与维护

1. 验电器的使用和使用安全要求

1）验电器的使用方法

使用低压验电器（电笔）时，正确的握笔方法如图 1.59 所示。手指触及其尾部金属体，氖管背光朝向使用者，以便验电时观察氖管辉光情况。当被测带电体与大地之间的电位差超过 60 V 时，用电笔测试带电体，电笔中的氖管就会发光。低压验电器电压测试范围是 60～500 V。

使用高压验电器时，应特别注意的是，手握部位不得超过护环，还应戴好绝缘手套。高压验电器握法如图 1.60 所示。

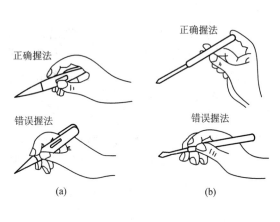

图 1.59　低压验电器的使用　　　　　　图 1.60　高压验电器的使用

2)验电器的安全使用要求

①使用验电器前,应在确有电源处测试检查,确认验电器良好后方可使用。

②验电时应将电笔逐渐靠近被测体,直至氖管发光。只有在氖管不发光时,并在采取防护措施后,才能与被测物体直接接触。

③使用高压验电器验电时,应一人测试,一人监护。测试人必须戴好符合耐压等级的绝缘手套。测试时要防止发生相间或对地短路事故。人体与带电体应保持足够的安全距离。

④在雪、雨、雾及恶劣天气情况下不宜使用高压验电器,以避免发生危险。

3)低压验电器的用途

低压验电器可用于:区别相线与零线;区别电压高低;区别直流电与交流电;区别直流电的正负极性;识别相线碰壳等。

2. 电烙铁的使用

电烙铁选用的依据是焊头的工作温度。对于一般焊点,选 20 W 或 25 W 为好。它体积小,便于操作且温度合适,如在印刷板上焊接晶体管、电阻和电容等。焊接较大元件时,如控制变压器、扼流圈等,因焊点较大,可选用 60～100 W 的电烙铁。在金属框架上焊接,选用 300 W 的电烙铁较合适。

使用新电烙铁时,应首先清除电烙铁头斜面表层的氧化物,接通电源,沾上松香和焊锡,让熔状的焊锡薄层始终贴附在电烙铁头斜面上,以保护电烙铁头和方便焊接。

较长时间不使用电烙铁时,应断开电源,不能让电烙铁在不使用的情况下长期通电。暂时不用时,应将电烙铁头放置在金属架上散热,以避免电烙铁的高温烧坏工作台及其他物品。

在使用电烙铁时,不准甩动电烙铁,以免熔化后的焊锡飞溅烫伤他人。

3. 喷灯的使用及使用注意事项

喷灯是一种利用喷射火焰对工件进行加热的工具。

1)喷灯使用方法

①旋下加油阀的螺栓,加注相应的燃料油,注入筒体的油量应低于筒体高度的 3/4。加油后旋紧加油口的螺栓,关闭放油阀阀杆,擦净撒在外部的油料,并检查喷灯各处,不应有渗漏现象。

②在预热燃烧盘中倒入油料,点燃、预热火焰喷头。

③火焰喷头预热后,打气 3～5 次,将放油调节阀旋松,喷出油雾,燃烧盘中火焰点燃油雾,再继续打气到火力正常为止。

④熄灭喷灯时,应先关闭放油调节阀,熄灭火焰后再慢慢旋松加油口螺栓,放出筒体内的压缩空气。

2)使用注意事项

①煤油喷灯不得加注汽油燃料。

②汽油喷灯加油时应先熄火,且周围不得有明火。揭开加油螺栓时,应慢慢旋松加油螺栓,待压缩气体放完后,方可开盖加油。

③筒体内气压不得过高,打气完毕应将打气手柄卡牢在泵盖上。

④为防止筒体过热发生危险,在使用过程中筒体内的油量不得少于筒体容积的 1/4。

⑤对油路密封圈与零件配合处应经常检查维修,不能有渗漏跑气现象。

⑥使用完毕,应将喷灯筒体内气体放掉,并将剩余油料妥善保管。

4. 钢丝钳的使用及使用注意事项

钢丝钳的使用方法如图 1.61 所示。

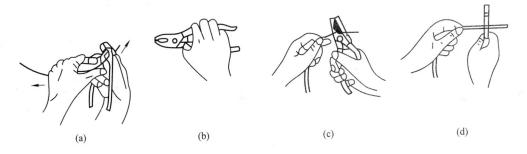

(a)　　　　　(b)　　　　　(c)　　　　　(d)

图 1.61　钢丝钳的使用

(a)用刀口剥削导线绝缘层;(b)用齿口板旋螺母;(c)用刀口剪切导线;(d)用侧口铡切钢丝

使用钢丝钳时的注意事项如下。

①电工用钢丝钳在使用前,必须保证绝缘手柄的绝缘性能良好,以保证带电作业时的人身安全。

②用钢丝钳剪切带电导线时,严禁用刀口同时剪切相线和零线或同时剪切两根相线,以免发生短路事故。

5. 旋具的使用及使用注意事项

旋具的正确使用方法如图 1.62 所示。使用旋具时的注意事项如下。

①电工不可使用金属杆直通柄顶的旋具,以避免触电事故的发生。

②用旋具拆卸或紧固带电螺栓时,手不得触及旋具的金属杆,以免发生触电事故。

③为避免旋具的金属杆触及带电体时手指碰触金属杆,电工用旋具应在旋具金属杆上穿套绝缘管。

6. 电工刀的使用及安全常识

使用电工刀时,刀口应朝外部切削,切忌面向人体切削。剖削导线绝缘层时,应使刀面与导线成较小的锐角,以避免割伤线芯。电工刀刀柄无绝缘保护,不能接触或剖削带电导线及器件。新电工刀刀口较钝,应先开启刀口然后再使用。电工刀使用后应随即将刀身折进刀柄,注意避免伤手。

7. 拆卸器的使用

拆卸器是拆装皮带轮、联轴器及轴承的专用工具。用拆卸器拆卸皮带轮的方法如图 1.63 所示。

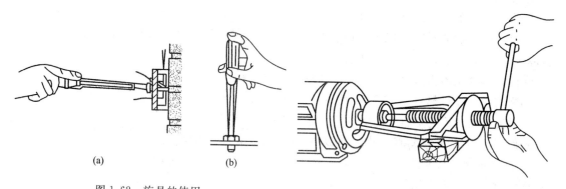

图 1.62　旋具的使用
(a)较长旋具的用法;(b)小旋具的用法

图 1.63　用拆卸器拆卸皮带轮

用拆卸器拆卸皮带轮(或联轴器)时,应首先将紧固螺栓或销子松脱,并摆正拆卸器,将丝杆对准电机轴的中心,慢慢拉出皮带轮。若拆卸困难,可用木锤敲击皮带轮外圆和丝杆顶端,也可在支头螺栓孔注入煤油后再拉。如果仍然拉不出来,可对皮带轮外表加热,在皮带轮受热膨胀而轴承尚未热透时,将皮带轮拉出来。切忌硬拉或用铁锤敲打。加热时可用喷灯或气焊枪,但温度不能过高,时间不能过长,以免造成皮带轮损坏。

8. 千分尺的使用

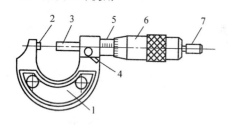

图 1.64　千分尺

1—弓架;2—固定测砧;3—测微螺杆;4—制动器;
5—固定套筒;6—活动套筒;7—棘轮

千分尺如图 1.64 所示。

(1)千分尺的使用　测量前应将千分尺的测量面擦试干净,检查固定套筒中心线与活动套筒的零线是否重合,活动套筒的轴向位置是否正确。有问题必须进行调整。测量时,将被测件置于固定测砧与测微螺杆之间,一般先转动活动套筒,当千分尺的测量面刚接触到工件表面时,改用棘轮微调,待棘轮开始空转发出嗒嗒声响时,停止转动棘轮,即可读数。

(2)读数方法　读数时要先看清楚固定套筒上露出的刻度线,此刻度可读出毫米或半毫米的读数。然后再读出活动套筒刻度线与固定套筒中心线对齐的刻度值(活动套筒上的刻度每一小格为 0.01 mm,读数相加就是被测件的测量值。读数举例如图 1.65 所示。

(3)使用注意事项　使用千分尺时,不得强行转动活动套筒;不要把千分尺先固定好后再用力向工件上卡,以避免损伤测量面或弄弯螺杆。千分尺用完后应擦试干净,涂上防锈油存放在干燥的盒子中。为保证测量精度,应定期检查校验千分尺。

9. 游标卡尺的使用

(1)游标卡尺的使用 使用前,应检查游标卡尺是否完好,游标零位刻度线与尺身零位线是否重合。测量外尺寸时,应将两外测量爪张开到稍大于被测件。测量内尺寸时,则应将两内测量爪张开到稍小于被测件,并将固定量爪的测量面贴

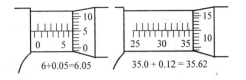

6+0.05=6.05   35.0 + 0.12 = 35.62

图 1.65 千分尺的读数

紧被测件,然后慢慢轻推游标使两测量爪的测量面紧贴被测件,拧紧固定螺钉,读数。

(2)读数 读数时,首先从游标的零位线所对尺身刻度线上读出整数的毫米值,再从游标上的刻度线与尺身刻度线对齐处读出小数部分的毫米值,将两数值相加即为被测件的测量值。游标卡尺读数示例如图 1.66 所示。

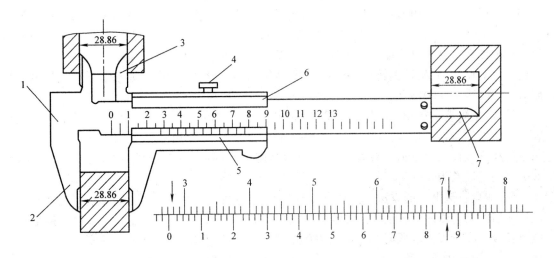

图 1.66 游标卡尺及量值读数

1—尺身;2—外测量爪;3—内测量爪;4—紧固螺钉;5—游标;6—尺框;7—深度尺

游标卡尺使用完毕,应擦拭干净。长时间不用时,应涂上防锈油保管。

10. 塞尺的使用

塞尺又称测微片或厚薄规。使用前必须先清除塞尺和工件上的污垢与灰尘。使用时可用一片或数片重叠插入间隙,以稍感拖滞为宜。测量时动作要轻,不允许硬插,也不允许测量温度较高的零件。

11. 手动压接钳

国产 LTY 型手动压接钳如图 1.67 所示。用压接钳对导线进行冷压接时,应先将导线表面的绝缘层及油污清除干净,然后将两根需要压接的导线头对准中心,在同一轴上,然后用手扳动压接钳的手柄,压 2～3 次。铝—铜接头应压 3～4 次。

国产 LTY 型手动压接钳可以压接直径为 1.3～3.6 mm 的铝—铝导线和铝—铜导线。

12. 手电钻的使用

手电钻是一种手持式电动工具。电工常用的有普通手电钻和冲击钻。冲击钻具有普通电钻的钻孔功能和冲打砌块和砖墙的功能,靠转换开关进行选择。用冲击钻冲打墙孔时应使用专用的冲击钻头。

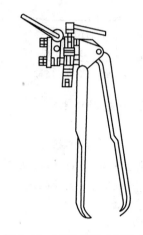

图 1.67 LTY 型手动压接钳

(三)常用电工仪表的使用

1. 万用表的使用

万用表是一种可以测量多种电量的多量程便携式仪表,可用来测量交流电压、直流电压、直流电流和电阻值等,是维修电工必备的测量仪表之一。现以 500 型万用表为例,介绍其使用方法及使用时的注意事项。

(1)万用表表棒的插接　测量时将红表棒短杆插入"＋"插孔,黑表棒短杆插入"－"插孔。测量高压时,应将红表棒短杆插入 2 500 V 插孔,黑表棒短杆仍旧插入"－"插孔。

(2)交流电压的测量　测量交流电压时,将万用表右边的转换开关置于兰位置,左边的转换开关(量程选择)选择到交流电压所需的某一量限位置上。表棒不分正负,用手握住两表棒绝缘部位,将两表棒金属头分别接触被测电压的两端,观察指针偏转,读数,然后从被测电压端断开表棒。如果不清楚被测电压的高低,则应选择表的最大量限,交流 500 V 试测,若指针偏转小,就逐级调低量限,直到合适的量限时,进行读数。交流电压量限有 10 V、50 V、250 V 和 500 V 四挡。

读数:量限选择在 50 V 及 50 V 以上各挡时,读"乏"标度尺,即标度盘至上而下的第二行标度尺读取测量值。选择交流 10 V 量限时,应读交流 10 V 专用标度尺,即标度盘至上而下的第三行标度尺读取测量值。各量限表示为满刻度值。例如,量限选择为 250 V,表针指示为 200,则测量读数为 200 V。

(3)测量直流电压的方法　测量直流电压时,将万用表的转换开关(量程选择)选择到直流电压所需的某一量限位置上。用红表棒金属头接触被测电压的正极,黑表棒金属头接触被测电压负极。测量直流电压时,表棒不能接反,否则易损坏万用表。若不清楚被测电压的正负极,可用表棒轻快地碰触一下被测电压的两极,观察指针偏转方向,确定出正负极后再进行测量。如被测电压的高低不清楚,量限的选择方法与交流电压的量限选择相同。直流电压的读数与交流电压读同一条标度尺。

(4)测量直流电流的方法　测量直流电流时,将万用表的转换开关选择在直流电流所需的某一量限。再将两表棒串接在被测电路中,串接时注意按电流从正到负的方向。若被测电流方向或大小不清楚时,可采用前面讲的方法进行处理。直流电流的读数与交、直流电压同读一条标度尺。

(5)测量电阻值的方法　测量电阻时,将万用表的转换开关置于所需的某 Ω 挡位。再将两表棒金属头短接,使指针向右偏转,调节调零电位器,使指针指示在欧姆标度尺"0Ω"位置上。欧姆调零后,用两表棒分别接触被测电阻两端,读取测量值。测量电阻时,每转换一次量限挡位需要进行一次欧姆调零,以保证测量的准确性。

读数:读 Ω 标度尺,即标度盘上第一条标度尺。将读取的数再乘以倍率数就是被测电阻的电阻值。例如,当万用表的转换开关置于 100 挡位时,读数为 15,则被测电阻的电阻值为 15×100＝1 500(Ω)

(6)万用表使用注意事项　万用表使用时应注意以下事项。

①使用万用表时,应仔细检查转换开关位置选择是否正确,若误用电流挡或电阻挡测量电压,会造成万用表的损坏。

②万用表在测试时,不能旋转转换开关。需要旋转转换开关时,应让表棒离开被测电路,以保证转换开关接触良好。

③电阻测量必须在断电状态下进行。

④为提高测试精度,倍率选择应使指针所指示被测电阻之值尽可能指示在标度尺中间段。电压、电流的量限选择,应使仪表指针得到最大的偏转。

⑤为确保安全,测量交直流2 500 V量限时,应将测试表棒一端固定在电路的地电位上,另一测试表棒去接触被测交压高压电源。测试过程中应严格执行高压操作规程,双手必须戴高压绝缘手套,地板上应铺置高压绝缘胶板。

⑥仪表在携带时或每次用毕后,最好将两转换开关旋至"·"位置上,呈开路状态。

2. 兆欧表的使用

(1)兆欧表的选用　选用兆欧表时,其额定电压一定要与被测电器设备或线路的工作电压相适应,测量范围也应与被测绝缘电阻的范围相吻合。表1.2列举了一些在不同情况下兆欧表的选用要求。

表1.2　不同额定电压的兆欧表选用

测量对象	被测绝缘的额定电压(V)	所选兆欧表的额定电压(V)
线圈的绝缘电阻	<500	500
	>500	1 000
电机及电力变压器线圈的绝缘电阻	>500	1 000～2 500
发电机线圈绝缘电阻	<500	1 000
电气设备绝缘电阻	<500	500～1 000
	>500	2 500
绝缘子	—	2 500～5 000

(2)兆欧表的接线和使用方法　兆欧表有三个接线柱,上面分别标有线路(E)和屏蔽或保护环(G)。用兆欧表测量绝缘电阻时的接法如图1.70所示。

①照明及动力线路对地绝缘电阻的测量:如图1.70(a)所示。将兆欧表接线柱E可靠接地,接线柱L与被测线路连接。按顺时针方向由慢到快摇动兆欧表的发电机手柄,大约1 min时间,待兆欧表指针稳定后读数。这时兆欧表指示的数值就是被测线路的对地绝缘电阻值,单位是MΩ。

②电动机绝缘电阻的测量:拆开电动机绕组的Y或△形连接的连线。用兆欧表的两接线柱E和L分别接电动机的两相绕组,如图1.70(b)所示。摇动兆欧表的发电机手柄读数。此接法测出的是电动机绕组的相间绝缘电阻。电动机绕组对地绝缘电阻的测量接线如图1.70(c)所示。接线柱E接电动机机壳(应清除机壳上接触处的漆或锈等),接线柱L接电动机绕组上。摇动兆欧表的发电机手柄读数,测量出电动机对地绝缘电阻。

③电缆绝缘电阻的测量:测量时的接线方法如图1.70(d)所示。将兆欧表接线柱E接电缆外壳,接线柱G接电缆线芯与外壳之间的绝缘层上,接线柱L接电缆线芯,摇动兆欧表的发电机手柄读数。测量结果是电缆线芯与电缆外壳的绝缘电阻值。

(3)使用注意事项　兆欧表使用时应注意以下事项。

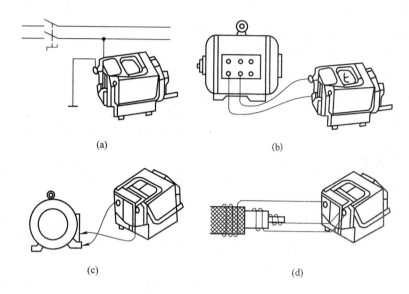

图 1.70 兆欧表测量绝缘电阻的接线方法
(a)测量照明及动线路;(b)测量电动机相间绝缘;
(c)测量电动机对地绝缘;(d)测量电缆

①测量设备的绝缘电阻时,必须先切断设备的电源。对含有较大电容的设备(如电容器、变压器、电机及电缆线路),必须先进行放电。

②兆欧表应水平放置,接线前,先摇动兆欧表,观察指针是否在"∞"处,再将 L 和 E 两接线柱短路,慢慢摇动兆欧表,指针应指在零处。经开、短路试验,证实兆欧表完好方可进行测量。

③兆欧表的引线应用多股引线,且两根引线切忌绞在一起,以免造成测量数据不准确。

④兆欧表测量完毕,应立即使被测物放电,在兆欧表的摇把未停止转动和被测物剩电前,不可用手去触及被测物的测量部位或进行拆线,以防止触电。

⑤被测物表面应擦试干净,不得有污物(如漆等),以免造成测量数据不准确。

3. 钳形电流表的使用

钳形电流表是一种不需断开电路即可测量电流的电工用仪表。

(1)钳形电流表的使用方法　使用时,首先将其量程转换开关转到合适的挡位,手持胶木手柄,用食指等四指勾住铁芯开关,用力一握,打开铁芯开关,将被测导线从铁芯开口处引入铁芯中央,松开铁芯开关使铁芯闭合,钳形电流表指针偏转,读取测量值;再打开铁芯开关,取出被测导线,即完成测量工作。

(2)钳形电流表使用时的注意事项　钳形电流表使用时应注意以下事项。

①被测线路电压不得超过钳形电流表所规定的使用电压,以防止绝缘击穿导致触电事故。

②若不清楚被测电流大小,应由大到小逐级选择合适挡位进行测量。不能用小量挡测量大电流。

③测量过程中,不得转动量程开关。需要转换量程时,应先脱离被测线路,再转换量程。

④为提高测量值的准确度,被测导线应置于钳口中央。

4. 转速表的使用

转速表是用来测量电动机转速和线速度的仪表。使用时应使转速表的测试轴与被测轴心在同一水平线上,表头与转轴顶住。测量时手要平稳,用力合适,要避免滑动丢转发生误差。

转速表在使用时,若对欲测转速心中无数,量程选择应由高到低,逐挡减小,直到合适为止。不允许用低速挡测量高速,以避免损坏表头。

测量线速度时,应使用转轮测试头。测量的数值按下面公式计算

$$\omega = cn \ (\text{m/min})$$

式中,ω 指线速度;c 指滚轮的周长;n 指每分钟转速。

5. 仪表的维护保养

①在搬动和使用仪表时,不得撞击和振动,应轻拿轻放,以保证仪表测量的准确性。

②应保持仪表的清洁,使用后应用细软洁净布擦拭干净。不使用时,应放置在干燥箱柜里保存。避免因潮湿、曝晒以及腐蚀性气体对仪表内部线圈和零件造成霉断和接触不良等损坏。

③仪表应设专人保管,其附件和专用线应保持完整无缺。

④常用电工仪表应定期校验,以保证其测量数据的精度。

6. 电能表

(1)单相电能表的接线　单相电能表接线盒里共有四个接线桩,从左至右按 1、2、3、4 编号。直接接线方法是按编号 1、3 接进线(1 接相线,3 接零线),2、4 接出线(2 接相线,4 接零线),如图 1.71 所示。

注意,在具体接线时,应以电能表接线盒盖内侧的线路图为准。

(2)电能表的安装要点　电能表安装要注意以下事项。

①电能表应安装在箱体内或涂有防潮漆的木制底盘、塑料底盘上。

②为确保电能表的精度,安装时表的位置必须与地面保持垂直,其垂直方向的偏移不大于 1°。表箱的下沿离地高度应在 1.7~2 m,暗式表箱下沿离地 1.5 m 左右。

图 1.71　单相电能表的接线

③单相电能表一般应装在配电盘的左边或上方,而开关应装在右边或下方。与上、下进线间的距离大约为 80 mm,与其他仪表左右距离大约为 60 mm。

④电能表的安装部位,一般应在走廊、门厅、屋檐下,切忌安装在厨房、厕所等潮湿或有腐蚀性气体的地方。现住宅多采用集表箱安装在走廊。

⑤电能表的进线出线应使用铜芯绝缘线,线芯截面不得小于 1.5 mm。接线要牢固,但不可焊接,裸露的线头部分,不可露出接线盒。

⑥由供电部门直接收取电费的电能表,一般由其指定部门验表,然后由验表部门在表头盒上封铅印或塑料封,安装完后,再由供电局直接在接线桩头盖上或计量柜门封上铅封或塑料封。未经允许,不得拆掉该封。

6. 短路侦察器和断条侦察器

(1)短路侦察器　又称短路测试器,是用来检查电机绕组是否发生短路的测试器具。使用时把短路侦察的铁芯开口处对准电机铁芯槽口,并将短路侦察器通上交流电,由电流表的指示

值判断短路故障(电流值显著增大处为有短路故障处)。

(2)断条侦察器 是一种专门用来检查笼式电动机转子断条故障的测试设备。使用时将其通上交流电并把铁芯开口处放在转子铁芯槽口上逐槽移动,当发现电流表指示值有明显下降时,表明该处的导条有断裂。

(四)电工常用的绝缘材料

绝缘材料又称电介质。绝缘材料的电阻率极高,电导率极低。影响绝缘材料电导率的因素主要有杂质、温度和湿度。绝缘材料受潮后,绝缘电阻会显著下降,介电系数会显著增大。为了提高设备的绝缘强度,必须避免在固体电介质中存在气泡和受潮。为了提高沿面闪络电压,必须保持固体绝缘表面的清洁和干燥。促使绝缘材料老化的主要原因,在低压设备中是过热,在高压设备中是局部放电。绝缘材料的耐热等级,按最高允许工作温度分为 Y、A、E、B、F、H、C 七级,最高允许工作温度分别为 90℃、105℃、120℃、130℃、155℃、180℃、>180℃。常用绝缘材料有以下几种。

(1)绝缘漆 包括浸渍漆和涂覆漆两大类。浸渍漆分为有溶剂浸渍漆和无溶剂浸渍漆两类。涂覆漆包括覆盖漆、硅钢片漆、漆包线漆、防电晕漆等。

(2)绝缘胶 常用的绝缘胶有黄电缆胶 1810,黑电缆胶 1811、1812,环氧电缆胶,环氧树脂胶 630,环氧聚酯胶 631,聚酯胶 132、133 等。

(3)绝缘油 绝缘油有天然矿物油、天然植物油和合成油。天然矿物油有变压器油 DB 系列、开关油 DV 系列、电容器油 DD 系列、电缆油 DL 系列等。天然植物油有蓖麻油、大豆油等。合成油有氯化联苯、甲基硅油、苯甲基硅油等。实践证明,空气中的氧和温度是引起绝缘油老化的主要因素,而许多金属对绝缘油的老化起催化作用。

(4)绝缘制品 绝缘制品种类繁多,主要有绝缘纤维制品、浸渍纤维制品、绝缘层压制品、电工用塑料、云母制品和石棉制品、绝缘薄膜及其复合制品、电工玻璃与陶瓷、电工橡胶及电工绝缘包扎带等。

(五)导线的连接

当导线不够长或要分接支路时,就要将导线和导线连接。常用的导线的线芯有单股和多股,其连接方法也各不相同。

1. 铜芯导线的连接

1)单股铜芯导线的直接连接

①将已剥除绝缘层并去掉氧化层的两根线头成"×"形相交,并互相绞绕 2～3 圈,如图 1.72(a)所示。

②扳直两线头,如图 1.72(b)所示。

③将每根线头在芯线上贴紧并绕 6 圈。将多余的线头剪去,修整好切口毛刺,如图 1.72(c)所示。

④用绝缘胶布缠好,如图 1.72(d)所示。

2)单股铜芯导线的 T 形连接

①将除去绝缘层和氧化层的支路线芯线头与干线芯线十字相交,注意在支路线芯根部留出 3～5 mm 裸线,如图 1.73(a)所示。

②按顺时针方向将支路线芯在干线上紧密缠绕 6～8 圈,用克丝钳切去余下的芯线并钳平

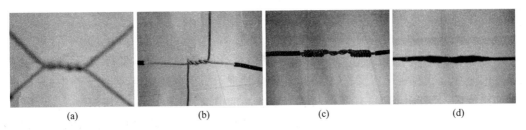

图 1.72　单股铜芯导线的直线连接

（a）线头绞绕；（b）线头扳直；（c）修整毛刺；（d）包绝缘胶布

线芯末端,如图 1.73(b)所示。

③用绝缘胶布缠好,如图 1.73(c)所示。

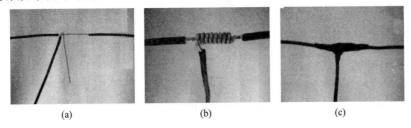

图 1.73　单股铜芯导线的 T 形连接

（a）芯线十字相交；（b）紧密缠绕；（c）包绝缘胶布

3)多股铜芯导线的直线连接

①将除去绝缘层和氧化层的线芯散开并拉直,将紧靠绝缘层 1/3 处顺着原来的扭转方向将其绞紧,余下的 1/3 长度的线头分散成伞状,如图 1.74(a)所示。

②将两股伞形线头相对,隔根交叉,捏平两边散开的线头,见图 1.74(b)(一根导线)。

③将一端的铜芯线分成三组,接着将第一组的两根线芯扳到垂直于线头方向,如图 1.74(c)所示,并按顺时针方向缠绕两圈。

④缠绕两圈后,将余下的线芯向右扳直,再将第二组的线芯扳于线头垂直方向,如图 1.74(d)所示,按顺时针方向紧紧压前线芯缠绕。

⑤缠绕两圈后,将余下线芯向右扳直,再将第三组线芯扳于线头垂直方向,见图 1.74(e)。按顺时针方向紧压线芯向右缠绕,绕三圈后,切去每组多余线芯,钳平线端,见图 1.74(f)。

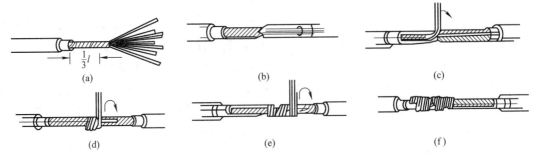

图 1.74　多股铜芯导线的直线连接

（a）线芯散开；（b）线头交叉；（c）第一组线芯缠绕；

（d）第二组线芯缠绕；（e）第三组线芯缠绕；（f）钳平线端

⑥用同样的方法再缠绕另一边芯线。

4)多股铜线芯的 T 形连接

①把除去绝缘层和氧化层的支路线端分散拉直,在距绝缘层 1/8 处将线芯绞紧,将支路线头 7/8 的芯线分成两组排列整齐,然后用螺钉旋具把干线也分成两组,再把支路中的一组插入干线两组线芯中间,而把另一组支线排在干线线芯的前面,如图 1.75(a)所示。

②将右边线芯的一组往干线一边顺时针方向紧紧缠绕 3~4 圈,钳平线端,如图 1.75(b)。

③再把另一组支路线芯按逆时针方向在干线上缠绕 4~5 圈,钳平线端,见图 1.75(c)。

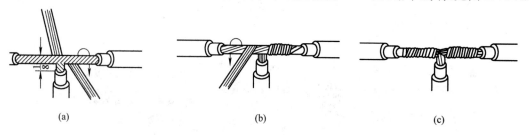

(a)   (b)   (c)

图 1.75 多股铜芯导线的 T 形连接

(a)支路线芯插入干线;(b)缠绕并钳平右侧;(c)缠绕关钳平左侧

5)铜芯导线接头处的锡焊

①电烙铁锡焊:10 mm 以下的铜芯导线,可用 150 W 电烙铁进行。锡焊前,接头上均须涂一层无酸焊锡膏,待电烙铁烧热后,即可锡焊。

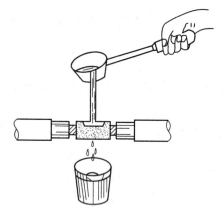

图 1.76 浇焊

②浇焊:16 mm 及其以上的铜芯导线接头,应用浇焊法。浇焊法应先将焊锡放在化锡锅内,用喷灯或电炉熔化,使表面呈磷黄色,焊锡即达到高温,然后将导线接头放在锡锅上面。用勺盛上熔化的锡,从接头上面浇下,如图 1.76 所示。

2. 电磁线头的连接

电机和变压器绕组用电磁线绕制,无论是重绕或维修,都要进行导线的连接,这种连接可能在线圈内部进行,也可能在线圈外部进行。

1)线圈内部的连接

①直径在 2 mm 以下的圆铜线,通常是先绞接后铅焊。截面较小的漆包线的绞接如图 1.77(a)所示,截面较大的漆包线的绞接如图 1.77(b)所示。绞接时要均匀,两根线头互绕不少于 10 圈,两端要封口,不能留下毛刺。

②直径大于 2 mm 的漆包线的连接,通常采用套管套接后再铅焊的方法。套管用镀锡的薄铜片卷成,在接缝处留有缝隙,如图 1.77(c)所示。连接时将两根线头相对插入套管,使两线头端部对接在套管中间位置,再进行铅焊。铅焊时使锡液从套管侧缝充分浸入内部,注满各处缝隙,将线头和导管铸成整体。

③对截面不超过 25 mm 的矩形电磁线,也用套管连接,方法同上。接头连接套管铜皮厚度应选 0.6~0.8 mm 为宜,套管的长度为导线直径的 8 倍左右,套管的横截面应为电磁线截面的 1.2~1.5 倍。

图 1.77　线圈内部端头连接方法

(a)较小截面的绞接；(b)较大截面的绞接；(c)接头的连接套管

2)线圈外部的连接

线圈外部连接通常有两种情况。

①线圈间的串、并联以及 Y、△连接等，对小截面导线，可用先绞接后铅焊的方法；对较大截面的导线，可用气焊。

②制作线圈引出端头，可用接线端子或接线柱螺钉与线头之间用压接钳压接或直接铅焊。接线端子和接线柱螺钉外形如图 1.78 所示。

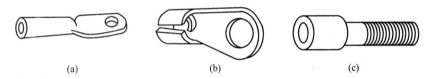

图 1.78　接线端子与接线柱螺钉外形图

(a)小载流量接线端子；(b)大载流量接线端子；(c)接线柱螺钉

3.铝芯导线的连接

由于铝极易氧化，而且铝氧化膜的电阻率很高，所以铝芯导线都不采用铜芯导线的连接方法，而常采用螺钉压接法和压接管压接法。

1)螺钉压接法连接

螺钉压接法适合于负荷较小的单股铝芯导线的连接。

①将铝芯线头用钢丝刷或电工刀除去氧化层，涂上中性凡士林，如图 1.79(a)所示。

②将线头伸入接线头的线孔内，再旋转压接螺钉压接。线路上导线与开关、灯头、熔断器、瓷接头和端子板的连接，多采用螺钉压接，如图 1.79(b)所示。

③两个或两个以上的线头要接在一个接线板上作分路连接时，先将几根线头扭成一股，再压接，如图 1.79(c)所示。

2)压接管压接法连接

压接管压接法又叫套管压接法，适合于较大负荷的多根铝导线的直接连接。压接钳和压接管(又称钳接管)外形如图 1.80(a)、(b)所示。其方法如下。

①根据多股铝芯导线的规格，选择合适的压接管。除去铝芯导线和压接管内壁的氧化层，涂上中性凡士林。

②将两根铝芯导线线头相对穿入压接管，并使线头穿出压接管 25～30 mm,如图 1.80(c)所示。然后进行压接，如图 1.80(d)所示。压接时，第一道压坑应压在铝芯线线头一侧，不可压反，压接完工的铝线接头如图 1.80(e)所示。

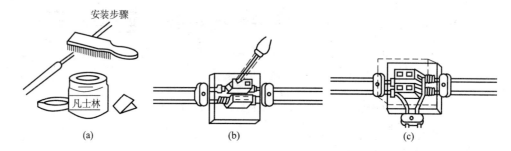

图 1.79　单股铝芯导线的螺钉压接法连接

(a)刷去氧化膜涂上凡士林;(b)在瓷接头上作直线连接;(c)在瓷接头上作分路连接

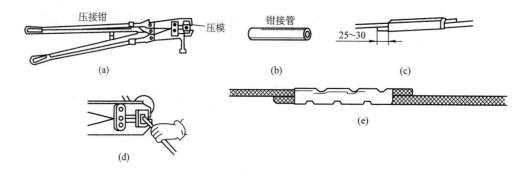

图 1.80　压接管压接法

(a)压接钳;(b)压接管;(c)穿进压接管;(d)压接;(e)压接后的铝线接头

4.导线绝缘层的恢复

导线的绝缘层破损和导线连接后都要恢复绝缘。为保证用电安全,恢复后的绝缘强度不应低于原有绝缘层。电力线上通常用黄蜡带、涤纶薄膜带和黑胶带作为恢复绝缘的材料。黄蜡带和黑胶带一般选用 20 mm 宽较合适,包缠也方便。包缠方法如下。

①将黄蜡带从离切口约 40 mm(两根带宽 $2l$)处的绝缘层上开始包缠,如图 1.81(a)所示。使黄蜡带与导线保持约 55°的倾斜面,每圈压迭宽 $l/2$,如图 1.81(b)所示。

②包缠一层黄蜡带后,将黑胶布接在黄蜡带尾端,并在另一方向包缠一层黑胶布,如图 1.81(c)、(d)所示。

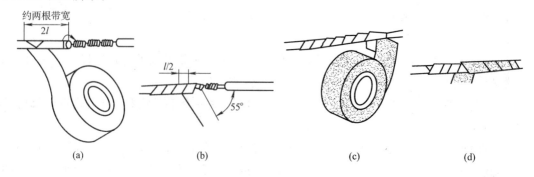

图 1.81　绝缘带的包缠

(a)、(b)包缠黄蜡带;(c)、(d)包缠黑胶布

在 380 V 线路上恢复绝缘时,必须先缠 1～2 层黄蜡带,然后包缠一层黑胶带;在 220V 的线路上恢复绝缘时,先包缠二层黄蜡带,再包缠一层黑胶带,也可只包缠两层黑胶带。另外,绝缘带包缠时不能过疏,更不允许露出芯线,以免造成触电或短路事故。绝缘带平时不可放在温度很高的地方,也不可浸染油类。

任务实施

实施 1　电位、电压的测定及电路电位图的绘制

一、实验目的

(1)验证电路中电位的相对性、电压的绝对性。

(2)掌握电路电位图的绘制方法。

二、原理说明

在一个闭合电路中,各点电位的高低根据所选的电位参考点的不同而变,但任意两点间的电位差(即电压)则是绝对的,它不因参考点的变动而改变。

电位图是一种平面坐标一、四两象限内的折线图。其纵坐标为电位值,横坐标为各被测点。要制作某一电路的电位图,先以一定的顺序对电路中各被测点编号。以图 1.82 的电路为例,如图中的 A～F,并在坐标横轴上按顺序、均匀间隔标上 A、B、C、D、E、F、A。再根据测得的各点电位值,在各点所在的垂直线上描点。用直线依次连接相邻两个电位点,即得该电路的电位图。

在电位图中,任意两个被测点的纵坐标值之差即为该两点之间的电压值。

在电路中电位参考点可任意选定。对于不同的参考点,所绘出的电位图形是不同的,但其各点电位变化的规律却是一样的。

三、实验设备

序号	名称	型号与规格	数量(个)	备注
1	直流可调稳压电源	0～30 V	2	DG04
2	万用表		1	自备
3	直流数字电压表	0～200 V	1	D31
4	电位、电压测定实验电路板		1	DG05

四、实验内容

利用 DG05 实验挂箱上的"基尔霍夫定律/叠加原理"线路,按图 1.82 接线。

(1)分别将两路直流稳压电源接入电路,令 $U_1 = 6$ V,$U_2 = 12$ V。(先调准输出电压值,再接入实验线路中。)

(2)以图 1.82 中的 A 点作为电位的参考点,分别测量 B、C、D、E、F 各点的电位值及相邻两点之间的电压值 U_{AB}、U_{BC}、U_{CD}、U_{DE}、U_{EF} 及 U_{FA}。

(3)以 D 点作为参考点,重复实验内容(2)的测量。

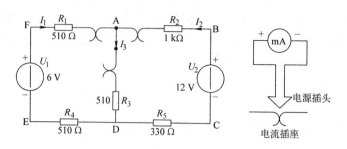

图 1.82　实验原理图

五、实验注意事项

（1）本实验线路板系多个实验通用，本次实验中不使用电流插头。DG05 上的 K3 应拨向 330 Ω 侧，三个故障按键均不得按下。

（2）测量电位时，用指针式万用表的直流电压挡或用数字直流电压表测量时，用负表棒（黑色）接参考电位点，用正表棒（红色）接被测各点。若指针正向偏转或数显表显示正值，则表明该点电位为正（即高于参考点电位）；若指针反向偏转或数显表显示负值，此时应调换万用表的表棒，然后读出数值，此时在电位值之前应加一负号（表明该点电位低于参考点电位）。数显表也可不调换表棒，直接读出负值。

实施 2　基尔霍夫定律的验证

一、实验目的

（1）验证基尔霍夫定律的正确性，加深对基尔霍夫定律的理解。
（2）学会用电流插头、插座测量各支路电流。

二、原理说明

基尔霍夫定律是电路的基本定律。测量某电路的各支路电流及每个元件两端的电压，应能分别满足基尔霍夫电流定律（KCL）和电压定律（KVL）。即对电路中的任一个节点而言，应有 $\sum I = 0$；对任何一个闭合回路而言，应有 $\sum U = 0$。

运用上述定律时必须注意各支路或闭合回路中电流的正方向，此方向可预先任意设定。

三、实验设备

同实施 1。

四、实验内容

实验线路与图 1.82 相同，用 DG05 挂箱的"基尔霍夫定律/叠加原理"线路。

（1）实验前先任意设定三条支路和三个闭合回路的电流正方向。图 1.82 中的 I_1、I_2、I_3 的方向已设定。三个闭合回路的电流正方向可设为 ADEFA、BADCB 和 FBCEF。

（2）分别将两路直流稳压源接入电路，令 $U_1 = 6$ V，$U_2 = 12$ V。

（3）熟悉电流插头的结构，将电流插头的两端接至数字毫安表的"＋"、"－"两端。

（4）将电流插头分别插入三条支路的三个电流插座中，读出并记录电流值。

（5）用直流数字电压表分别测量两路电源及电阻元件上的电压值。

五、实验注意事项

(1) 同实施 1 的实验注意事项(1)，但需用到电流插座。

(2) 所有需要测量的电压值，均以电压表测量的读数为准。U_1、U_2 也需测量，不应取电源本身的显示值。

(3) 防止稳压电源两个输出端碰线短路。

(4) 用指针式电压表或电流表测量电压或电流时，如果仪表指针反偏，则必须调换仪表极性，重新测量。此时指针正偏，可读得电压或电流值。若用数显电压表或电流表测量，则可直接读出电压或电流值。但应注意，所读得的电压或电流值的正、负号应根据设定的电流参考方向来判断。

小　结

(1) 几个基本概念：电路理论分析的对象是实际电路及电路模型；电流和电压是电路中基本物理量，在分析计算电路时，必须首先设定电流与电压的参考方向，这样计算出的结果才有实际意义；电路中某点到参考点之间的电压就是该点电位，两点之间的电压就是两点电位差，某点电位是相对的，而两点之间电压是绝对的；任一支路的功率为 $P = ui$，选择电压与电流关联参考方向时，所得功率 P 看成是支路接受的功率，选择电压与电流非关联参考方向时，所得功率 P 看成是支路发出的功率。

(2) 三种电路元件：电阻、电容和电感。

(3) 两种电源：电源分为独立电源和受控电源，独立电源分为独立电压源和独立电流源。

独立电压源的电压是确定的时间函数，电流由其外电路决定；独立电流源的电流是确定的时间函数，电压由其外电路决定。电压源和电流源都是分析实际电源非常有用的工具。

受控电源提供的电压或电流由电路中其他元件(或支路)的电压或电流控制。受控电源按控制量和被控制量的关系分为四种类型：电压控制电压源(VCVS)、电流控制电压源(CCVS)、电压控制电流源(VCCS)、电流控制电流源(CCCS)。

(4) 电路的三种工作状态：电路有载工作、开路与短路。

(5) 两个定律：欧姆定律和基尔霍夫定律。

这两个定律都是电路理论的重要定律，是分析电路的基础。在选择关联参考方向下，线性电阻元件的元件约束(欧姆定律)为 $u = iR$。欧姆定律确定了电阻元件上电压和电流之间的约束关系。KCL 定律确定了电路中各支路电流之间的约束关系，即 $\sum i = 0$；KVL 确定了回路中各电压之间的约束关系，即 $\sum u = 0$。

思考与练习

[习题 1]　在图 1.83 中，已知 $I_1 = 3\text{ mA}$，$I_2 = 1\text{ mA}$。试确定电路元件 3 中的电流 I_3 和其两端电压 U_3，并说明它是电源还是负载。校验整个电路的功率是否平衡。

[习题 2]　电路如图 1.84 所示。已知 $R_1 = 1\ \Omega$，$R_2 = 3\ \Omega$，$R_3 = 4\ \Omega$，$R_4 = 4\ \Omega$，$E = 12\text{ V}$，求 A 的电位 U_A。

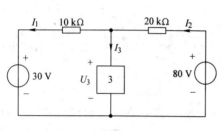

图 1.83　习题 1 的图

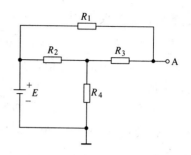

图 1.84　习题 2 的图

[习题 3]　求图 1.85(a)、(b)所示两电路中的电压 U_{AB}。

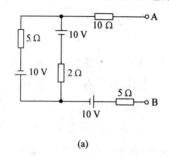

(a)

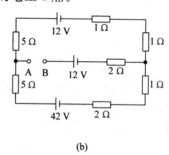

(b)

图 1.85　习题 3 的图
(a)电路 1;(b)电路 2

检查与评价

检查项目	分配	评价标准	得分
基础知识掌握	30 分	(1)掌握电压、电流、电位、电功率的概念及其分析计算,欧姆定律 (2)理解电阻元件、电容元件、电感元件的基本概念及应用 (3)掌握基尔霍夫定律及其应用 (4)理解电路基本物理量及参考方向的概念 (5)理解理想电压源和理想电流源的基本特性 (6)掌握电位的计算	
线路连接	20 分	(1)能够根据电路的原理图和安装图,正确连接电路 (2)熟练掌握元器件的安装和接线工艺 (3)在完成电路连接的同时,能检测和排除电路的故障 (4)在工作过程中严格遵守电工安全操作规程,时刻注意安全用电和节约原材料 (5)培养学生团队合作、爱护工具、爱岗敬业、吃苦耐劳精神	
实验过程	30 分	(1)实验过程正确合理,10 分 (2)电压表、电流表、功率表、示波器、万用表等仪表使用正确,10 分(每错一处扣 5 分,超过量程造成仪表损坏扣 10 分) (3)读数和数据记录正确,10 分	
结果分析	20 分	(1)计算正确,10 分 (2)结论正确,10 分	

子学习领域 2　电路等效

布置任务

1. 知识目标
(1)掌握电阻串联、并联、混联的连接方式和等效电阻的计算。
(2)了解电阻的星形、三角形连接方式及其等效变换。
(3)掌握两种电源模型之间的等效变换。
2. 技能目标
树立等效的概念,为分析电路一般问题提供基础。

资讯与信息

在分析计算电路的过程中,常常用到等效的概念。电路等效变换原理是分析电路的重要方法。结构、元件参数不相同的两部分电路 N_1、N_2 如图 1.86 所示,若具有相同的伏安特性 $U = f(I)$,则称它们彼此等效。由此,当用 N_1 代替 N_2 时,将不会改变 N_2 所在电路其他部分的电流、电压,反之亦成立。这种计算电路的方法称为电路的等效变换。用简单电路等效代替复杂电路可简化整个电路的计算。

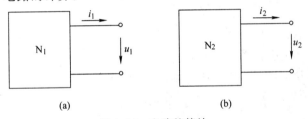

图 1.86　电路的等效
(a)电路 N_1;(b)电路 N_2

信息 1　电阻串联与并联的等效变换

电路中,电阻的连接形式多种多样,其中最简单的形式是串联和并联。通过等效变换的方法我们可以将任一电阻连接电路等效为具有某个阻值的电阻。

一、电阻的串联

如果电路中两个或两个以上的电阻一个接一个地顺序相连,并且流过同一个电流,则称这些电阻是串联的。

图 1.87(a)中,由电阻 R_1、R_2 串联组成的电路可用图 1.87(b)中的电阻 R 来代替,我们说这两个电路是等效的。

它们之间的等效关系为

$$R = R_1 + R_2$$

另外,两个串联电阻上的电压分别为

$$\left. \begin{array}{l} U_1 = \dfrac{R_1}{R_1 + R_2} U \\ U_2 = \dfrac{R_2}{R_1 + R_2} U \end{array} \right\} \qquad (1.19)$$

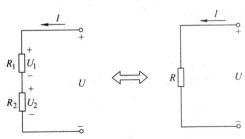

图 1.87　串联电路的等效
(a) 两电阻的串联电路;(b) 等效电路

式(1.19)称为串联电阻的分压关系。

电阻串联是电路中的常见形式。例如为了限制负载中过大的电流,常将负载与一个限流电阻串联;当负载需要变化的电流时,通常串联一个电位器。此外,用电流表测量电路中的电流时,需将电流表串联在所要测量的支路里。

二、电阻的并联

如果电路中两个或两个以上的电阻连接在两个公共节点之间,且通过同一个电压,则称这两个电阻是并联的。

图 1.88(a)中由电阻 R_1、R_2 并联组成的电路可用图 1.88(b)中的电阻 R 来代替,我们说这两个电路是等效的。

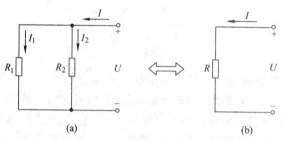

图 1.88　并联电路的等效

（a）两个电阻并联的电路;(b) 等效电路

它们之间的等效关系为

$$\frac{1}{R}=\frac{1}{R_1}+\frac{1}{R_2}$$

上式也可用电导表示为

$$G=G_1+G_2$$

另外,两个并联电阻上的电流分别为

$$\left. \begin{array}{l} I_1=\dfrac{R_2}{R_1+R_2}I \\[2mm] I_2=\dfrac{R_1}{R_1+R_2}I \end{array} \right\} \qquad (1.20)$$

式(1.20)称为并联电阻的分流关系。

并联电路也有广泛的应用。工厂里的动力负载、家用电器和照明电器等都以并联的方式连接在电网上,以保证负载在额定电压下正常工作。此外,当用电压表测量电路中某两点间的电压时,需将电压表并联在所要测量的两点间。

[**例题 12**]　一个多量程的电流表,往往利用分流电阻使其满足多量程的要求。图 1.89 是一个两量程的电流表电路,表头内阻 $R_g=2.0\ \Omega$,满量程时表头电流为 $I_g=37.5$ μA。试求当电流表量程为 $0\sim50\ \mu A$(位置 1)和 $0\sim500\ \mu A$ (位置 2)时分流电阻 R_1、R_2 的值。

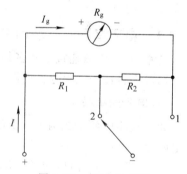

图 1.89　例题 12 的图

解:当开关在位置 1 时,有

$$I_g=I\frac{R_1+R_2}{R_g+R_1+R_2}$$

代入数值得

$$37.5=50\frac{R_1+R_2}{2.0+R_1+R_2}$$

当开关在位置"2"时,有

$$I_g=I\frac{R_1}{R_g+R_1+R_2}$$

代入数值得

$$37.5=50\frac{R_1}{2.0+R_1+R_2}$$

解得 $R_1 = 0.6\ \Omega$　　　$R_2 = 5.4\ \Omega$

信息 2　电阻星形连接与三角形连接的等效变换

当遇到结构较为复杂的电路时,就难以用简单的串、并联来化简。图 1.90 为一桥式电路,电阻之间既非串联也非并联。图 1.91 中 a、b、c 三端间的电阻形成一个三角形(△形)结构,如图 1.91(a)所示。若其能等效为星形(Y 形)结构如图 1.91(b)所示,则容易计算出电路中的电流 I。

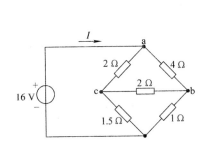

图 1.90　桥式电路

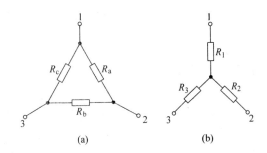

图 1.91　电路中电阻的 Y－△形等效变换

(a) 电阻的△形连接;(b) 电阻的 Y 形连接

电阻的 Y 形连接与△形连接的相互替换,称为电路中电阻的 Y－△形等效变换。假设图 1.91 中电阻的 Y－△形等效变换成立,则图 1.91(a)、(b)中的等效电阻在 3 端开路时分别为

$$R_{12Y} = R_1 + R_2$$

$$R_{12\triangle} = \frac{R_a R_b + R_a R_c}{R_a + R_b + R_c}$$

依据等效原理 1、2 两端之间的等效电阻在 3 端开路时相等,即

$$R_1 + R_2 = \frac{R_a R_b + R_a R_c}{R_a + R_b + R_c} \tag{1.21}$$

同理,2、3 两端之间的等效电阻在 1 端开路时相等,有

$$R_2 + R_3 = \frac{R_a R_b + R_b R_c}{R_a + R_b + R_c} \tag{1.22}$$

1、3 两端之间的等效电阻在 2 端开路时相等,有

$$R_1 + R_3 = \frac{R_a R_c + R_b R_c}{R_a + R_b + R_c} \tag{1.23}$$

将以上三式联立求解,化简后得

$$\left. \begin{array}{l} R_1 = \dfrac{R_a R_c}{R_a + R_b + R_c} \\[2mm] R_2 = \dfrac{R_a R_b}{R_a + R_b + R_c} \\[2mm] R_3 = \dfrac{R_b R_c}{R_a + R_b + R_c} \end{array} \right\} \tag{1.24}$$

式(1.24)说明由电阻的△形连接等效变换到电阻的 Y 形连接时,Y 形连接中某一端的电阻等于△形连接中与这端相邻的两电阻相乘除以所有电阻的和。再由式(1.24)解得

电路分析及应用

$$R_a = \frac{R_1R_2 + R_2R_3 + R_1R_3}{R_3}$$

$$R_b = \frac{R_1R_2 + R_2R_3 + R_1R_3}{R_1}$$

$$R_c = \frac{R_1R_2 + R_2R_3 + R_1R_3}{R_2}$$

(1.25)

式(1.25)说明由电阻的 Y 形连接等效变换到△形连接时,△形连接中某两端之间的电阻等于 Y 形连接中的电阻两两相乘之和除以与这两端相对的电阻。

当进行 Y－△形等效变换的三个电阻相等时,有

$$R_\triangle = 3R_Y$$

另外图 1.92 中的电阻连接也属于电阻的 Y 形连接和△形连接,又分别称为电阻的 T 形连接和 Π 形连接。

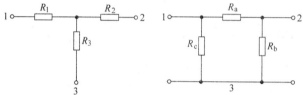

图 1.92 电阻的 T 形连接和 Π 形连接

(a)电阻的 T 形连接;(b)电阻的 Π 形连接

[例题 13] 对图 1.93(a)所示电路,求电流 I。

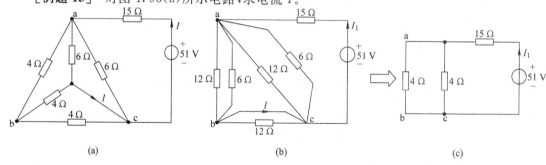

图 1.93 例题 13 图

(a)电路;(b)Y-△转换;(c)简化电路

解:用 Y－△转换并化简得电路图如图 1.93(b)、(c)所示。

由 KVL 定律得

$$-51 + (15 + 4 \parallel 4)I_1 = 0$$

则求得 $I_1 = 3A$

所以 $I = \frac{1}{2}I_1 = 1.5A$

信息 3 电压源与电流源的等效变换

一个电源可以用两种不同的电路模型来表示。一种是用电压的形式来表示,称为电压源;一种是用电流的形式来表示,称为电流源。

一、电压源

任何一个电源,例如发电机、电池或各种信号源,都含有电动势 E 和内阻R_0。在分析与计算电路时,往往把它们分开,组成由 E 和 R_0 串联的电源的电路模型,此即电压源,如图 1.94

所示。图中,U 是电源端电压,R_L 是负载电阻,I 是负载电流。可得出

$$U = E - R_0 I \tag{1.26}$$

由此可作出电压源的外特性曲线,如图 1.95 所示。当电压源开路时,$I = 0$,$U = U_0 = E$;当短路时,$U = 0$,$I = I_S = \dfrac{E}{R_0}$。内阻 R_0 越小,则直线越平。

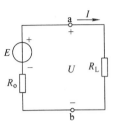

图 1.94 电压源电路

当 $R_0 = 0$ 时,电压 U 恒等于电动势 E,是一定值,其中的电流 I 则是任意的,由负载电阻 R_L 及电压 U 本身确定。这样的电源称为理想电压源或恒压源,其符号及电路如图 1.96 所示。它的外特性曲线将是与横轴平行的一条直线,如图 1.95 所示。

理想电压源是理想的电源。如果一个电源的内阻远远小于负载电阻,即 $U \approx E$,可以认为是理想电压源。通常用的稳压电源可以认为是一个理想的电压源。

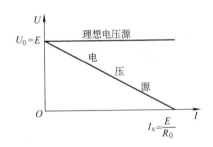

图 1.95 电压源与理想电压源的外特性曲线

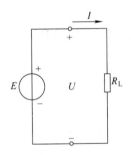

图 1.96 理想电压源电路

二、电流源

电源除用电动势 E 和内阻 R_0 串联的电路模型来表示外,还可以用另一种电路模型来表示。如将式(1.26)两端除以 R_0,则得

$$\frac{U}{R_0} = \frac{E}{R_0} - I = I_S - I$$

即

$$I_S = \frac{U}{R_0} + I \tag{1.27}$$

式中,$I_S = \dfrac{E}{R_0}$ 为电源的短路电流;I 是负载电流;而 $\dfrac{U}{R_0}$ 是引出的另一个电流,如图 1.97 所示。

图 1.97 所示电路是用电流来表示的电源的电路模型,此即电流源,两条支路并联,其中电流分别为 I_S 和 $\dfrac{U}{R_0}$。对负载电阻 R_L,和图 1.94 是一样的,其两端的电压 U 和通过的电流 I 没有改变。

由式(1.27)可作出电流源的外特性曲线,如图 1.98 所示。当电流源开路时,$I = 0$,$U = U_0 = I_S R_0$;当短路时,$U = 0$,$I = I_S$。内阻 R_0 越大,则直线越陡。

当 $R_0 = \infty$(相当于并联支路 R_0 断开)时,电流 I 恒等于电流 I_S,是一个定值,而其两端的电压 U 则是任意的,由负载电阻 R_L 及电流 I_S 本身确定。这样的电源称为理想电流源或恒流源,其符号及电路如图 1.99 所示。它的外特性曲线将是与纵轴平行的一条直线,如图 1.98 所示。

电路分析及应用

理想电流源也是理想的电源。如果一个电源的内阻远远大于负载电阻,即 $I \approx I_S$,可以认为是理想电流源。

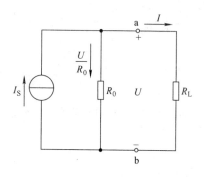

图 1.97 电流源电路

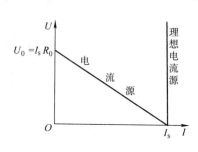

图 1.98 电流源与理想电流源的外特性曲线

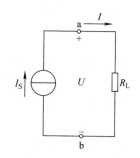

图 1.99 理想电流源电路

三、电压源与电流源的等效变换

电压源的外特性(图 1.95)和电流源的外特性(图 1.98)是相同的。因此,电源的两种电路模型(图 1.94 和图 1.97),即电压源和电流源,相互间是等效的,可以等效变换。

但是,电压源和电流源的等效关系是只对外电路而言的,至于对电源内部,则是不等效的。

[**例题 14**] 对图 1.100(a)所示电路,已知 $U = 28$ V,求电阻 R。

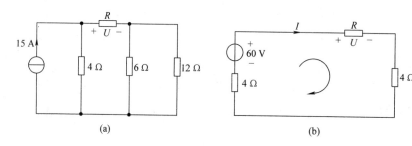

图 1.100 例题 14 的图
(a)电路;(b)简化电路

解:将电流源转化为电压源并化简后的电路图如图 1.100(b)所示。

由 KVL $\qquad U = (4+4)I - 60 = 0$

将 $U = 28$ V 代入上式得 $\qquad I = 4$ A

所以 $\qquad R = \dfrac{U}{I} = \dfrac{28}{4} = 7 \ \Omega$

[**例题 15**] 对图 1.101 所示电路,已知 $R_1 = 2 \ \Omega$,$R_2 = 4 \ \Omega$,$R_3 = R_4 = 1 \ \Omega$,求电流 i。

解:将受控电流源转化为电压源,如图 1.101(b)所示。

对节点①由 KCL 得 $\qquad i = i_2 + i_3$

对回路 1 由 KVL 得 $\qquad iR_1 + i_2 R_2 - 9 = 0$

对回路 2 由 KVL 得 $\qquad -0.5iR_3 + i_3(R_3 + R_4) - i_2 R_2 = 0$

将上三式联立并代入数据得

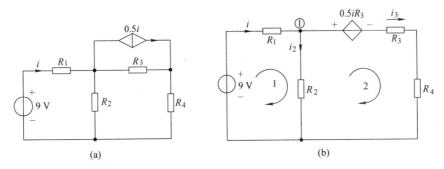

图 1.101　例题 15 的图

(a)电路；(b)简化电路

$$
\left.
\begin{array}{l}
i=i_2+i_3 \\
2i+4i_2-9=0 \\
-0.5i+2i_3-4i_2=0
\end{array}
\right\}
$$

解得　$i=3$ A

[**例题 16**]　有一直流发电机，$E=230$ V，$R_0=1$ Ω，当负载电阻 $R_L=22$ Ω 时，用电源的两种电路模型分别求电压 U 和电流 I，并计算电源内部的损耗功率和内阻压降，看是否也相等？

解：图 1.102 所示的是电压源电路和电流源电路。

(1)计算电压 U 和电流 I。

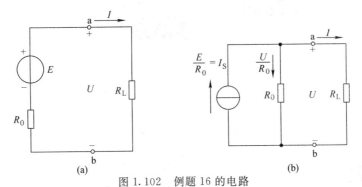

图 1.102　例题 16 的电路

(a)电压源电路；(b)电流源电路

在图 1.102(a)中

$$
I=\frac{E}{R_L+R_0}=\frac{230}{22+1}=10 \text{ A}
$$

$$
U=R_L I=22\times10=220 \text{ V}
$$

在图 1.102(b)中

$$
I=\frac{R_0}{R_L+R_0}I_S=\frac{1}{22+1}\times\frac{230}{1}=10 \text{ A}
$$

$$
U=R_L I=22\times10=220 \text{ V}
$$

(2)计算内阻压降和电源内部损耗的功率。

在图 1.102(a)中

$$
R_0 I=1\times10=10 \text{ V}
$$

$$
\Delta P_0=R_0 I^2=1\times10^2=100 \text{ W}
$$

在图 1.102(b)中

$$\frac{U}{R_0}R_0 = 220 \text{ V}$$

$$\Delta P_0 = (\frac{U}{R_0})^2 R_0 = \frac{U^2}{R_0} = \frac{220^2}{1} = 48\ 400 \text{ W} = 48.4 \text{ kW}$$

因此,电压源和电流源对外电路讲,相互等效;但对电源内部讲,是不等效的。

实际应用

一、电流表的使用方法

电流表应串连接入被测电路中。例如:如果要测量灯泡的电流,则电流表和灯泡串联,如图 1.103 所示。

图 1.103　电流表的使用

二、家庭照明电路连接

一般家庭电路都采用并联连接,因为这样方便控制,如图 1.104 所示。

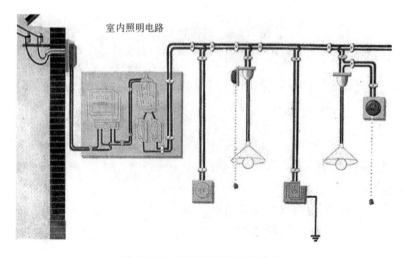

图 1.104　家庭照明电路的连接

三、通风机并联与串联工作分析

1. 通风机并联工作分析

通风机并联工作的主要目的是为了增加供风量(相当于电路中电流)。由于两台通风机的进风口风压相等,均为大气压(相当于电路中电压),出风口又均作用在同一风管或风道口上,其压力也相等,所以两台通风机的并联工作点风压必然相等,这样就形成了通风机并联工作的原则——"风压相等,风量相加"。通风机并联工作并不能充分发挥每台通风机各自的作用,而且这种现象在通风阻力增加时不会明显。因此,并联通风机必须采用同一型号。在隧道施工通风中,需要的供风量较大,一台通风机不能满足,为了保证足够的风量供应,就比较适合采用通风机并联工作。如图 1.105 所示

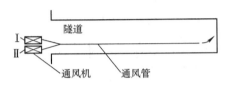

图 1.105　并联通风在运营通风中的应用　　图 1.106　串联通风在运营通风中的应用

2. 通风机串联工作

通风机串联工作的主要目的是为了增大通风压力,串联遵循"风量相等,风压相加"的原则,通风机集中串联工作效果好,比单独一台通风机的工作风量要大,而且这种现象在通风阻力增加时更为明显。如图 1.106 所示。

> **任务实施**

实施 3　电压源与电流源的等效变换

一、实验目的

(1)掌握电源外特性的测试方法。

(2)验证电压源与电流源等效变换的条件。

二、原理说明

(1)一个直流稳压电源在一定的电流范围内,具有很小的内阻。故在实用中,常将它视为一个理想的电压源,即其输出电压不随负载电流而变。其外特性曲线,即其伏安特性曲线 $U = f(I)$ 是一条平行于 I 轴的直线。一个实用中的恒流源在一定的电压范围内,可视为一个理想的电流源。

(2)一个实际的电压源(或电流源),其端电压(或输出电流)不可能不随负载而变,因它具有一定的内阻值。故在实验中,用一个小阻值的电阻(或大电阻)与稳压源(或恒流源)相串联(或并联)来模拟一个实际的电压源(或电流源)。

(3)一个实际的电源,就其外部特性而言,既可以看成是一个电压源,又可以看成是一个电流源。若视为电压源,则可用一个理想的电压源 U_S 与一个电阻 R_0 相串联的组合来表示;若视为电流源,则可用一个理想电流源 I_S 与一电导 g_0 相并联的组合来表示。如果这两种电源

能向同样大小的负载供出同样大小的电流和端电压,则称这两个电源是等效的,即具有相同的外特性。

一个电压源与一个电流源等效变换的条件为

$$I_0 = U_0/R_0, g_0 = 1/R_0$$

或 $\quad U_0 = I_0R_0, R_0 = 1/g_0$

如图 1.107 所示。

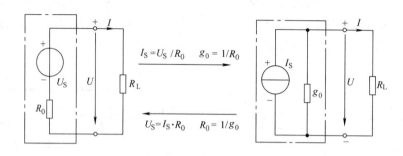

图 1.107　电压源与电流源等效变换

三、实验设备

序号	名　　称	型号与规格	数量(个)	备　注
1	可调直流稳压电源	0～30 V	1	DG04
2	可调直流恒流源	0～500 mA	1	DG04
3	直流数字电压表	0～200 V	1	D31
4	直流数字毫安表	0～200 mA	1	D31
5	万用表		1	自备
6	电阻器	120 Ω,200 Ω,510 Ω,1 kΩ		DG09
7	可调电阻箱	0～99 999.9 Ω	1	DG09
8	实验线路			DG05

四、实验内容

1. 测定直流稳压电源与实际电源的外特性

(1)按图 1.108 接线。U_S 为 +12 V 直流稳压电源(将 R_0 短接)。调节 R_2,令其阻值由大至小变化,记录两表的读数。

(2)按图 1.109 接线,虚线框可模拟为一个实际的电压源。调节 R_2,令其阻值由大至小变化,记录两表的读数。

2. 测定电流源的外特性

按图 1.110 接线,I_S 为直流恒流源,调节其输出为 10 mA,令 R_0 分别为 1 kΩ 和 ∞(即接入和断开),调节电位器 R_L(从 0 至 1 kΩ),测出这两种情况下的电压表和电流表的读数。

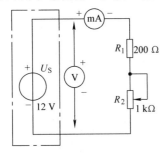 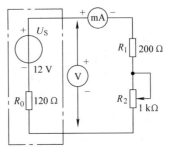

图 1.108 实验电路图 1   图 1.109 实验电路图 2

3. 测定电源等效变换的条件

先按图 1.111(a)线路接线,记录线路中两表的读数。然后利用图 1.111(a)中右侧的元件和仪表,按图 1.111(b)接线。调节恒流源的输出电流 I_S,使两表的读数与图 1.111(a)时的数值相等,记录 I_S 之值,验证等效变换条件的正确性。

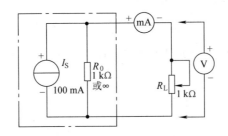

图 1.110 实验电路图 3

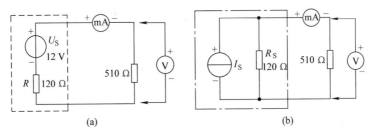

图 1.111 实验电路图 4

(a)电压源电路;(b)电流源电路

五、实验注意事项

(1)在测电压源外特性时,不要忘记测空载时的电压值,测电流源外特性时,不要忘记测短路时的电流值,注意恒流源负载电压不要超过 20 V,负载不要开路。

(2)换接线路时,必须关闭电源开关。

(3)直流仪表的接入应注意极性与量程。

小   结

1.“等效”的概念

“等效”是电路理论中一个非常重要的概念,它将电路中的某一部分用另一种电路结构与元件参数代替后,不会影响原电路中留下的未作变换的任何一条支路中的电压和电流,从而极大地方便了电路分析与计算。

2. 电阻串、并联等效

① 串联:通过各电阻的电流相同;等效电阻等于各电阻之和;电路的总电压等于各电阻上电压之和;串联电阻上的电压分配与电阻大小成正比。

② 并联:各电阻两端的电压相同;等效电导等于各电导之和;电路中的总电流等于各电流之和;并联电导中电流的分配与电导大小成正比,即与电阻大小成反比。

3. △形和 Y 形电路等效

在等效原则下推导出的△形和 Y 形电路的等效互换公式,使得无源三端式电路的化简变得容易,特别是当△形或 Y 形电路的电阻相等时,可使用公式 $R_\triangle = 3R_Y$ 进行两种电路之间的相互变换。

4. 电源模型的等效变换

一个具有内阻的实际电源,可以选用电压源或电流源模型来表征,两种电源模型满足一定条件时对外电路可以互相等效。这一结论将使我们在求解电路时,思路更广阔。

思考与练习

[习题 4] 求图 1.112 中 a、b 两端的等效电阻 R_{ab}。

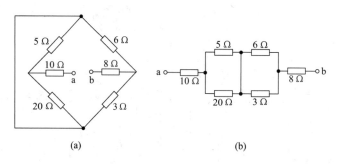

图 1.112 习题 4 的图
(a)电路 1;(b)电路 2

[习题 5] 求图 1.113 中的电流 I。

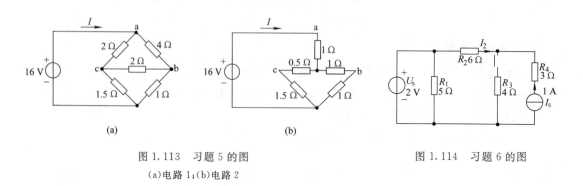

图 1.113 习题 5 的图
(a)电路 1;(b)电路 2

图 1.114 习题 6 的图

[习题 6] 用电源等效变换法求图 1.114 所示电路中的电流 I_2。

检查与评价

检查项目	分配	评价标准	得分
基础知识掌握	30分	(1)掌握电阻串联、并联、混联的连接方式和等效电阻的计算,电阻分压分流公式的应用 (2)掌握两种电源模型之间的等效变换 (3)理解电阻的星形、三角形连接的等效变换	
线路连接	20分	(1)能够根据电路的原理图和安装图,正确连接电路 (2)熟练掌握元器件的安装和接线工艺 (3)在完成电路连接的同时,能检测和排除电路的故障 (4)在工作过程中严格遵守电工安全操作规程,时刻注意安全用电和节约原材料 (5)培养学生团队合作、爱护工具、爱岗敬业、吃苦耐劳的精神	
实验过程	30分	(1)实验过程正确合理,10分 (2)电压表、电流表、功率表、示波器、万用表等仪表使用正确,10分(每错一处扣5分,超过量程造成仪表损坏扣10分) (3)读数和数据记录正确,10分	
结果分析	20分	(1)计算正确,10分 (2)结论正确,10分	

子学习领域3　电路常用分析方法

布置任务

1. 知识目标

掌握运用支路电流法、节点电压法、叠加定理、戴维宁定理与诺顿定理分析复杂直流电路的方法。

2. 技能目标

(1)具有分析电路一般问题的能力。

(2)具有学习和应用电子电气工程新知识、新技术的能力。

资讯与信息

信息1　支路电流法

凡不能用电阻串并联化简的电路,一般称为复杂电路。在计算复杂电路的各种方法中,支路电流法是最基本的。它是应用基尔霍夫电流定律和电压定律分别对节点和回路列出方程，求出未知量。

列方程时，必须先在电路图上选定好未知支路电流以及电压或电动势的参考方向。一般地说，若一个电路有 b 条支路，n 个节点，可列 $n-1$ 个独立的电流方程和 $b-(n-1)$ 个电压方程。

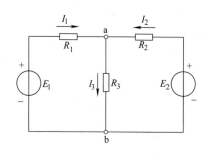

图 1.115　两个电源并联的电路

今以图 1.115 所示的两个电源并联的电路为例，来说明支路电流法的应用。在本电路中，支路数 $b=3$，节点数 $n=2$，共要列出 3 个独立方程。电动势和电流的参考方向如图中所示。

首先，应用基尔霍夫电流定律对节点 a 列出

$$I_1 + I_2 - I_3 = 0 \tag{1.28}$$

对节点 b 列出

$$I_3 - I_1 - I_2 = 0 \tag{1.29}$$

式(1.29)即为式(1.28)，它是非独立的方程。因此，对具有两个节点的电路，应用电流定律只能列出 $2-1=1$ 个独立方程。

一般地说，对具有 n 个节点的电路应用基尔霍夫电流定律只能得到 $n-1$ 个独立方程。

其次，应用基尔霍夫电压定律列出其余 $b-(n-1)$ 个方程，通常可取单孔回路(或称网孔)列出。在图 1.115 中有两个单孔回路。对左面的单孔回路可列出

$$E_1 = R_1 I_1 + R_3 I_3 \tag{1.30}$$

对右边的单孔回路可列出

$$E_2 = R_2 I_2 + R_3 I_3 \tag{1.31}$$

单孔回路的数目恰好等于 $b-(n-1)$。

应用基尔霍夫电流定律和电压定律一共可列出 $(n-1)+[b-(n-1)]=b$ 个独立方程，所以能解出 b 个支路电流。

[**例题 17**]　在图 1.115 所示的电路中，设 $E=140\ \text{V}$，$E_2=90\ \text{V}$，$R_1=20\ \Omega$，$R_2=6\ \Omega$，试求各支路电流。

解：应用基尔霍夫电流定律和电压定律列出式(1.28)、式(1.30)及式(1.31)，并将已知数据代入，即得

$$\begin{cases} I_1 + I_2 - I_3 = 0 \\ 140 = 20I_1 + 6I_3 \\ 90 = 5I_2 + 6I_3 \end{cases} \tag{1.32}$$

解之，得 $I_1=4\ \text{A}$，$I_2=6\ \text{A}$，$I_3=10\ \text{A}$。

[**例题 18**]　在图 1.116 所示的桥式电路中，中间是一检流计，其电阻 $R_G=10\ \Omega$，已知电阻 $R_1=R_2=5\ \Omega$，$R_3=10\ \Omega$，$R_4=5\ \Omega$，$E=12\ \text{V}$，试求检流计中的电流 I_G。

解：这个电路的支路数 $b=6$，节点数 $n=4$。因此应用基尔霍夫定律列出 6 个方程：

对节点 a $\qquad I_1 - I_2 - I_G = 0$

对节点 b $\qquad I_3 + I_G - I_4 = 0$

对节点 c $\qquad I_2 + I_4 - I = 0$

对回路 abda $\qquad R_1 I_1 + R_G I_G - R_3 I_3 = 0$

对回路 acba $\qquad R_2 I - R_4 I_4 - R_G I_G = 0$

对回路 dbcd $\qquad E = R_3 I_3 + R_4 I_4$

解上面的 6 个方程得到 $\qquad I_G = 0.126 \ \text{A}$

我们发现当支路数较多而只求一条支路的电流时用支路电流法计算,极为繁琐。

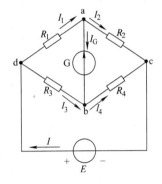

图 1.116 例题 18 电路

信息 2 节点电压法

图 1.117 所示的电路有一特点,就是只有两个节点 a 和 b。节点间的电压 U 称为节点电压,在图中,其参考方向由 a 指向 b。

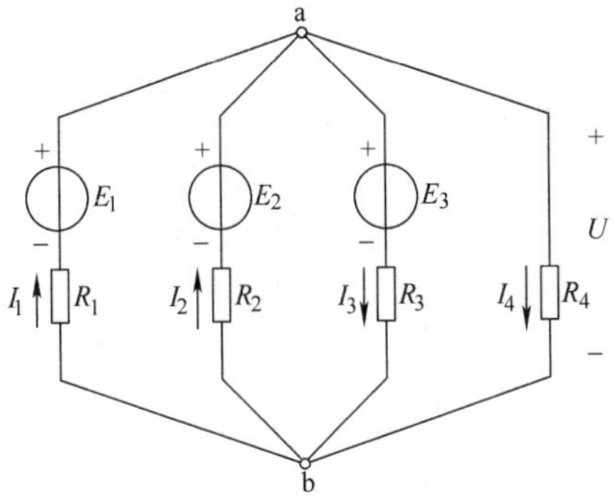

各支路的电流可应用基尔霍夫电压定律或欧姆定律得出

$$
\begin{aligned}
U = E_1 - R_1 I_1 , \quad I_1 = \frac{E_1 - U}{R_1} \\
U = E_2 - R_2 I_2 , \quad I_2 = \frac{E_2 - U}{R_2} \\
U = E_3 + R_3 I_3 , \quad I_3 = \frac{-E_3 + U}{R_3} \\
U = R_4 I_4 , \quad I_4 = \frac{U}{R_4}
\end{aligned}
\right\} \tag{1.33}
$$

由式(1.33)可见,在已知电动势和电阻的情况下,只要先求出节点电压 U,就可计算各支路电流了。

图 1.117 具有两个节点的复杂电路

计算节点电压的公式可由基尔霍夫电流定律得出

$$I_1 + I_2 - I_3 - I_4 = 0$$

将式(1.33)代入上式,则得

$$\frac{E_1 - U}{R_1} + \frac{E_2 - U}{R_2} - \frac{-E_3 + U}{R_3} - \frac{U}{R_4} = 0$$

经整理后即得出节点电压的公式为

$$U = \frac{\dfrac{E_1}{R_1} + \dfrac{E_2}{R_2} + \dfrac{E_3}{R_3}}{\dfrac{1}{R_1} + \dfrac{1}{R_2} + \dfrac{1}{R_3} + \dfrac{1}{R_4}} = \frac{\sum \dfrac{E}{R}}{\sum \dfrac{1}{R}} \tag{1.34}$$

在上式中,分母的各项总为正;分子的各项可以为正,也可以为负。当电动势和节点电压的参考方向相反时取正号,相同时则取负号,而与各支路电流的参考方向无关。

由式(1.34)求出节点电压后,即可根据式(1.33)计算各支路电流。这种计算方法称为节点电压法。

[例题 19] 应用节点电压法求图 1.118 所示电路中的各支路电流 I_1、I_2、和 I_3。

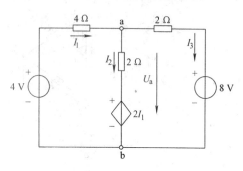

图 1.118 例题 19 的图

解：根据图 1.118 中所示电压和电流的参考方向，应用节点电压公式可求得

$$U_a = \frac{\dfrac{4}{4} + \dfrac{2I_1}{2} + \dfrac{8}{2}}{\dfrac{1}{4} + \dfrac{1}{2} + \dfrac{1}{2}} = \frac{20 + 4I_1}{5} \text{ V}$$

根据有源电路的欧姆定律可得

$$I_1 = \frac{4 - U_a}{4} = 1 - \frac{1}{4}U_a = 1 -$$

$$\frac{20 + 4I_1}{4 \times 5} = -\frac{4I_1}{20}$$

所以 I_1 必须为零，即

$$I_1 = 0$$

$$I_2 = \frac{-8 + U_a}{2} = -4 + \frac{20 + 4I_1}{2 \times 5} = -2 \text{ A}$$

$$I_3 = I_1 - I_2 = 0 - (-2) = 2 \text{ A}$$

[例题 20] 用节点电压法求解图 1.119 所示电路中电流的 I_S 和 I_0。

解：以④为参考节点，则

对节点①：$U_{n1} = 48 \text{ V}$

对节点②：$-\dfrac{1}{5}U_{n1} + \left(\dfrac{1}{5} + \dfrac{1}{6} + \dfrac{1}{2}\right)U_{n2} - \dfrac{1}{2}U_{n3} = 0$

对节点③：$-\dfrac{1}{12}U_{n1} - \dfrac{1}{2}U_{n2} + \left(\dfrac{1}{2} + \dfrac{1}{12} + \dfrac{1}{2}\right)U_{n3} = 0$

由上三式联立解得　$U_{n1} = 48 \text{ V}$　$U_{n2} = 18 \text{ V}$

$U_{n3} = 12 \text{ V}$

节点①由 KCL：$I_S = \dfrac{U_{n1} - U_{n2}}{5} + \dfrac{U_{n1} - U_{n3}}{3 + 9} = 9 \text{ A}$

$$I_0 = \frac{U_{n3} - U_{n2}}{2} = -3 \text{ A}$$

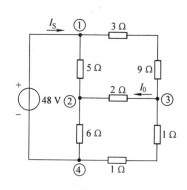

图 1.119 例题 20 的图

[例题 21] 试求图 1.120 所示电路中的 I_{AO} 与 U_{AO}。

解：图 1.120 的电路只有两个节点：A 和参考点 O。U_{AO} 即为节点电压或 A 点电位 V_A。

$$U_{AO} = \frac{-\dfrac{4}{2} + \dfrac{6}{3} - \dfrac{8}{4}}{\dfrac{1}{2} + \dfrac{1}{3} + \dfrac{1}{4} + \dfrac{1}{4}} = -1.5 \text{ V}$$

$$I_{AO} = \frac{-1.5}{4} = 0.375 \text{ A}$$

信息 3　叠加定理

在图 1.121(a)所示电路中有两个电源，各支路中的电流是由这两个电源共同作用产生的。对于线性电路，任何一条支路中的电流，都可以看成是由电路中各个电源（电压源或电流源）分别作用时，在此电路中所产生的电流的代数和。这就是叠加原理。

　　如以图1.121(a)中支路电流 I_1 为例,它可用支路电流法求出,即应用基尔霍夫定律列出方程组

$$\left.\begin{aligned}I_1+I_2-I_3=0\\E_1=R_1I_1+R_3I_3\\E_2=R_2I_2+R_3I_3\end{aligned}\right\} \qquad(1.35)$$

解得

$$I_1=\frac{R_2+R_3}{R_1R_2+R_2R_3+R_3R_1}E_1-$$

$$\frac{R_3}{R_1R_2+R_2R_3+R_3R_1}E_2 \qquad(1.36)$$

$$\left.\begin{aligned}I_1'=\frac{R_2+R_3}{R_1R_2+R_2R_3+R_3R_1}E_1\\I_1''=\frac{R_3}{R_1R_2+R_2R_3+R_3R_1}E_2\end{aligned}\right\} \qquad(1.37)$$

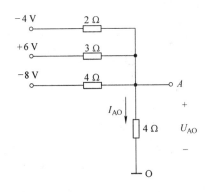

图1.120　例题21电路

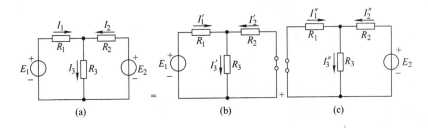

图1.121　叠加原理示图
(a)电路;(b)E_1单独作用;(c)E_2单独作用

于是　　　　$I_1=I_1'+I_1''$ 　　　　　　　　　　　　　　　　　　　　　(1.38)

　　显然,I_1' 是当电路中只有 E_1 单独作用时,在第一支路中所产生的电流(图1.121(b))。而 I_1'' 是当电路中只有 E_2 单独作用时,在第一支路中所产生的电流(图1.121(c))。因为 I_1'' 的方向同 I_1 的参考方向相反,所以带负号。

同理　　　　$I_2=I_2'+I_2''$ 　　　　　　　　　　　　　　　　　　　　　(1.39)

　　　　　　$I_3=I_3'+I_3''$ 　　　　　　　　　　　　　　　　　　　　　(1.40)

　　所谓电路中只有一个电源单独作用,就是假设将其余电源均除去(将各个理想电压源短接,即其电动势为零;将各个理想电流源开路,即其电流为零),但是它们的内阻(如果给出的话)仍应计算。

　　用叠加原理计算复杂电路,就是把一个多电源复杂电路化为几个单电源电路来进行计算。

　　[例题22]　如图1.122(a)所示电路,用叠加原理计算 I_3。

　　解:图1.122(a)所示电路的电流 I_3 可以看成是由图1.122(b)和图1.122(c)两个电路的电流 I_3' 和 I_3'' 叠加起来的。

　　当理想电流源 I_{S1} 单独作用时,可将理想电压源短接($E_2=0$),如图1.122(b)所示。应用两个并联电阻分流的公式,得出

$$I_3'=\frac{R_1\parallel R_2}{(R_1\parallel R_2)+R_3}I_{S1}$$

式中 $R_1\parallel R_2$ 是电阻 R_1 和 R_2 并联的等效电阻,即

$$R_1\parallel R_2=\frac{R_1R_2}{R_1+R_2}=\frac{20\times5}{20+5}=4\ \Omega$$

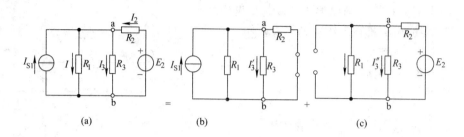

图 1.122 例题 22 的电路

(a)电路;(b)电流源单独作用;(c)电压源单独作用

则 $\qquad I_3' = \dfrac{4}{4+6} \times 7 = 2.8 \text{ A}$

当理想电压源 E_2 单独作用时,可将理想电流源开路($I_{S1}=0$),如图 1.121(c)所示,可得

$$I_3' = \frac{R_1}{R_1 + R_3} \left(\frac{E_2}{R_2 + R_1 \parallel R_3} \right)$$

式中 $\qquad R_1 \parallel R_3 = \dfrac{R_1 R_3}{R_1 + R_3} = \dfrac{20 \times 6}{20 + 6} = \dfrac{60}{13} \ \Omega$

则 $\qquad I_3' = 7.2 \text{ A}$

所以 $\qquad I_3 = I_3' + I_3'' = 2.8 + 7.2 = 10 \text{ A}$

[**例题 23**] 用叠加原理计算图 1.123(a)所示电路中 A 点的电位 V_A。

解:在图 1.123 中,$I_3 = I_3' + I_3'$。

$$I_3' = \frac{50}{R_1 \dfrac{R_2 R_3}{R_2 + R_3}} \times \frac{R_2}{R_2 + R_3} = \frac{50}{10 + \dfrac{5 \times 20}{5 + 20}} \times \frac{5}{50 + 20} = 0.714 \text{ A}$$

$$I_3'' = \frac{-50}{R_2 \dfrac{R_1 R_3}{R_1 + R_3}} \times \frac{R_1}{R_1 + R_3} = \frac{-50}{5 + \dfrac{10 \times 20}{10 + 20}} \times \frac{10}{10 + 20} = -1.43 \text{ A}$$

$$I_3 = I_3' + I_3'' = 0.714 - 1.43 = -0.716 \text{ A}$$

于是 A 点电位为 $\qquad V_A = R_3 I_3 = -20 \times 0.716 = -14.3 \text{ V}$

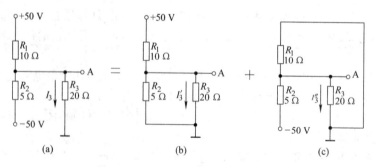

图 1.123 例题 23 的电路

(a)电路;(b)计算 I_3';(c)计算 I_3''

信息 4 戴维南定理与诺顿定理

在有些情况下,我们只需要计算一个复杂电路中某一支路的电路,如果用前面所述方法来计算,必然会引出一些不需要的电流来。为使计算更简单、直接,常常应用等效电源的方法。

有源二端口网络就是具有两个出线端的部分电路,其中含有电源。有源二端口网络可以是简单的或任意复杂的电路,但不论它的简繁程度如何,它对所要计算的这个支路而言,仅相当于一个电源,因此有源二端口网络一定可以简化为一个等效电源。

一个电源可以用两种电路模型表示:一种是电动势为 E 的理想电压源和内阻 R_0 串联的电路(电压源);一种是电流为 I_S 的理想电流源和内阻 R_0 并联的电路(电流源)。因此,有两种等效电源,由此而得出下述两个定理。

一、戴维南定理

任何一个有源二端线性网络都可以用一个电动势为 E 的理想电压源和内阻 R_0 串联的电源来等效代替(图 1.124)。等效电源的电动势 E 就是有源二端网络的开路电压 U_0,即将负载断开后 a、b 两端之间的电压。等效电源的内阻 R_0 等于有源二端网络中所有电源均除去(将各个理想电压源短路,即其电动势为零;将各个理想电流源开路,即其电流为零)后所得到的无源网络 a、b 两端之间的等效电阻。这就是戴维南定理。

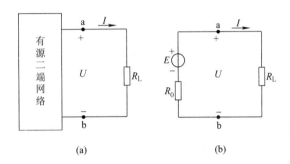

图 1.124　有源二端网络及等效电源
(a)有源二端网络;(b)等效电源

[例题 24]　用戴维南定理计算图 1.125(a)所示电路的支路电流 I_3。

解:图 1.125(a)的电路可化为图 1.125(b)所示的等效电路。

等效电源的电动势 E 可由图 1.126(a)求得

$$I = \frac{E_1 - E_2}{R_1 + R_2} = \frac{140 - 90}{20 + 5} = 2 \text{ A}$$

于是　　$E = U_0 = E_1 - R_1 I = 140 - 20 \times 2 = 100 \text{ V}$

或　　　$E = U_0 = E_2 + R_2 I = 90 + 50 \times 2 = 100 \text{ V}$

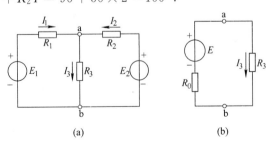

图 1.125　例题 24 的电路
(a)电路;(b)等效电路

等效电源的内阻 R_0 可由图 1.126(b)求得。对 a、b 两端讲,R_1 和 R_2 是并联的,因此

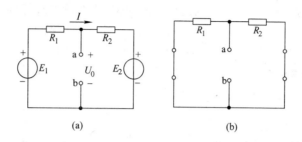

图 1.126 计算等效电源的 E 和 R_0 的电路

(a)计算 E;(b)计算 R_0

$$R_0 = \frac{R_1 R_2}{R_1 + R_2} = \frac{20 \times 5}{20 + 5} = 4\ \Omega$$

而后由图 1.125 求得

$$I_3 = \frac{E}{R_0 + R_3} = \frac{100}{4 + 6} = 10\ A$$

[**例题 25**] 电路如图 1.27(a)所示,试用戴维南定理求电阻 R 中的电流 I。已知 $R=$ 2.5 kΩ。

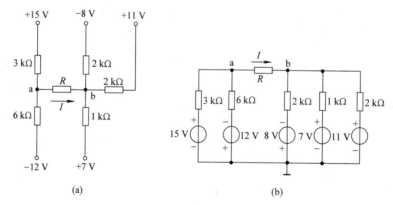

图 1.127 例题 25 电路

(a)计算 U_{ab};(b)计算 R_0

解:(1)将 a、b 间开路,求等效电源的电动势 E,即开路电压 U_{ab}。

应用节点电压法求 a、b 间开路时 a 和 b 两点的电位,即

$$V_{a0} = \frac{\dfrac{15}{3 \times 10^3} - \dfrac{12}{6 \times 10^3}}{\dfrac{1}{3 \times 10^3} + \dfrac{1}{6 \times 10^3}} = 6\ V$$

$$V_{b0} = \frac{-\dfrac{8}{2 \times 10^3} + \dfrac{7}{1 \times 10^3} + \dfrac{11}{2 \times 10^3}}{\dfrac{1}{2 \times 10^3} + \dfrac{1}{1 \times 10^3} + \dfrac{1}{2 \times 10^3}} = 4.25\ V$$

$$E = U_{ab} = V_{a0} - V_{b0} = 6 - 4.25 = 1.75\ V$$

(2)将 a、b 间开路,求等效电源的内阻 R_0

$$R_0 = 3 \text{ k}\Omega \parallel 6 \text{ k}\Omega + 2 \text{ k}\Omega \parallel 1 \text{ k}\Omega \parallel 2 \text{ k}\Omega = 2.5 \text{ k}\Omega$$

(3)求电阻 R 中的电流 I

$$I = \frac{E}{R + R_0} = \frac{1.75}{(2.5 + 2.5) \times 10^3} = 0.35 \times 10^{-3} \text{ A} = 0.35 \text{ mA}$$

二、诺顿定理

　　任何一个有源二端线性网络都可以用一个电流为 I_S 的理想电流源和内阻 R_0 并联的电源来等效代替。等效电源的电流 I_S 就是有源二端网络的短路电流,即将 a、b 两端短接后流过其中的电流。等效电源的内阻 R_0 等于有源二端网络中所有电源均除去(理想电压源短路,理想电流源开路)后所得到的无源网络 a、b 两端之间的等效电阻。这就是诺顿定理。如图 1.128 所示。

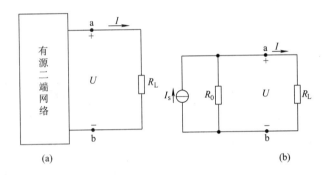

图 1.128　有源二端网络及等效电源

(a)有源二端网络;(b)等效电源

　　因此,一个有源二端口网络既可以用戴维南定理化为等效电源(电压源),也可以用诺顿定理化为等效电源(电流源)。

　　[例题 26]　用诺顿定理计算图 1.129(a)所示电路支路电流 I_3。

　　解:由诺顿定理,转化为等效电路如图 1.129(b)所示。等效电源 I_S 可由图 1.129(c)求得

$$I_S = \frac{E_1}{R_1} + \frac{E_2}{R_2} = \frac{140}{20} + \frac{90}{5} = 25 \text{ A}$$

　　等效电源的内阻 R_0 由图 1.129(d)求得

$$R_0 = 4 \text{ } \Omega$$

于是　　　$I_3 = \dfrac{R_0}{R_0 + R_3} I_S = \dfrac{4}{4 + 6} \times 25 = 10 \text{ A}$

　　[例题 27]　试用诺顿定理求图 1.130 所示电路中 $4 \text{ } \Omega$ 电阻中流过的电流。

　　解:将 $4 \text{ } \Omega$ 电阻短路如图 1.130(b)所示。则

$$I_S = \frac{24}{3} + 3 \text{ A} = 11 \text{ A}$$

　　将 $4 \text{ } \Omega$ 电阻断开,端口等效电阻 R_S 如图 1.130(c)所示。则

$$R_0 = 3 \parallel 6 = \frac{3 \times 6}{3 + 6} = 2 \text{ } \Omega$$

　　所以原图化简为如图 1.130(d)所示电路。

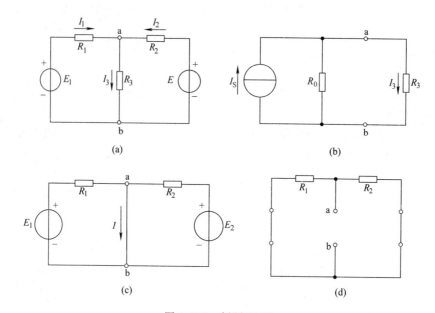

图 1.129　例题 26 图

(a)电路；(b)等效电路；(c)求等效电源；(d)求内阻

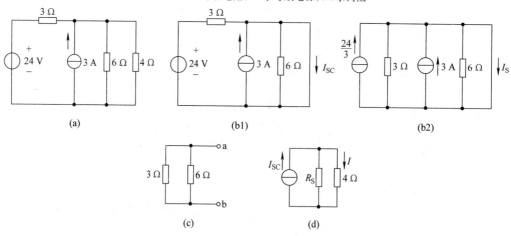

图 1.130　例题 27 的图

(a)电路；(b₁)4 Ω 电阻短路；(b₂)转换为电流源；(c)4 Ω 电阻开路时 R_s；(d)简化电路

所以　　　$I = \dfrac{R_0}{R_0+4} I_S = \dfrac{2}{2+4} \cdot 11 = 3.67 \text{ A}$

任务实施

实施 4　叠加原理的验证

一、实验目的

验证线性电路叠加原理的正确性，加深对线性电路的叠加性认识和理解。

二、原理说明

叠加原理指出：在有多个独立源共同作用下的线性电路中，通过每一个元件的电流或其两端的电压,可以看成是由每一个独立源单独作用时在该元件上所产生的电流或电压的代数和。

三、实验设备

序号	名　　称	型号与规格	数量(个)	备　　注
1	直流稳压电源	0～30 V 可调	2	DG04
2	万用表		1	自备
3	直流数字电压表	0～200V	1	D31
4	直流数字毫安表	0～200 mV	1	D31
5	叠加原理实验电路板		1	DG05

四、实验内容

实验线路如图 1.131 所示,用 DG05 挂箱的验证"基尔霍夫定律/叠加原理"的线路。

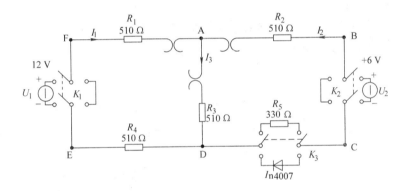

图 1.131　实施 4 实验电路图

(1)将两路稳压源的输出分别调节为 12 V 和 6 V,接入 U_1 和 U_2 处。

(2)令 U_1 电源单独作用(将开关 K_1 投向 U_1 侧,开关 K_2 投向短路侧)。用直流数字电压表和毫安表(接电流插头)测量各支路电流及各电阻元件两端的电压。

(3)令 U_2 电源单独作用(将开关 K_1 投向短路侧,开关 K_2 投向 U_2 侧),重复实验内容(2)的测量。

(4)令 U_1 和 U_2 共同作用(开关 K_1 和 K_2 分别投向 U_1 和 U_2 侧),重复上述的测量。

五、实验注意事项

(1)用电流插头测量各支路电流时,或者用电压表测量电压降时,应注意仪表的极性,正确判断测得值的＋、－号后,记入数据表格。

(2)注意仪表量程的及时更换。

实施 5　戴维南定理和诺顿定理的验证

一、实验目的

(1)验证戴维南定理和诺顿定理的正确性,加深对该定理的理解。

(2)掌握测量有源二端网络等效参数的一般方法。

二、原理说明

1．戴维南定理和诺顿定理

任何一个线性含源网络,如果仅研究其中一条支路的电压和电流,则可将电路的其余部分看作是一个有源二端网络(或称为含源一端口网络)。

戴维南定理指出:任何一个线性有源网络,总可以用一个电压源与一个电阻的串联来等效代替,此电压源的电动势 U_S 等于这个有源二端网络的开路电压 U_{OC},其等效内阻 R_0 等于该网络中所有独立源均置零(理想电压源视为短接,理想电流源视为开路)时的等效电阻。

诺顿定理指出:任何一个线性有源网络,总可以用一个电流源与一个电阻的并联组合来等效代替,此电流源的电流 I_S 等于这个有源二端网络的短路电流 I_{SC},其等效内阻 R_0 定义同戴维南定理。

$U_{OC}(U_S)$ 和 R_0 或者 $I_{SC}(I_S)$ 和 R_0 称为有源二端网络的等效参数。

2．有源二端网络等效参数的测量方法

1)开路电压、短路电流法测 R_0

在有源二端网络输出端开路时,用电压表直接测其输出端的开路电压 U_{OC},然后再将其输出端短路,用电流表测其短路电流 I_{SC},则等效内阻为

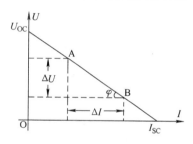

图 1.132　有源二端网络外特性曲线

$$R_0 = \frac{U_{OC}}{I_{SC}}$$

如果二端网络的内阻很小,若将其输出端口短路则易损坏其内部元件,因此不宜用此法。

2)伏安法测 R_0

用电压表、电流表测出有源二端网络的外特性曲线,如图 1.132 所示。根据外特性曲线求出斜率 $\tan \varphi$,则内阻

$$R_0 = \tan \varphi = \frac{\Delta U}{\Delta I} = \frac{U_{OC}}{I_{SC}}。$$

也可以先测量开路电压 U_{OC},再测量电流为额定值 I_N 时的输出端电压值 U_N,则内阻为

$$R_0 = \frac{U_{OC} - U_N}{I_N}。$$

3)半电压法测 R_0

如图 1.133 所示,当负载电压为被测网络开路电压的一半时,负载电阻(由电阻箱的读数确定)即为被测有源二端网络的等效内阻值。

4)零示法测 U_{OC}

在测量具有高内阻有源二端网络的开路电压时,用电压表直接测量会造成较大的误差。为了消除电压表内阻的影响,往往采用零示法,如图 1.134 所示。

零示法测量原理是用一低内阻的稳压电源与被测有源二端网络进行比较,当稳压电源的输出电压与有源二端网络的开路电压相等时,电压表的读数将为"0"。然后将电路断开,测量此时稳压电源的输出电压,即为被测有源二端网络的开路电压。

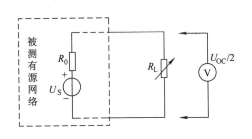

图 1.133 半电压法测 R_0

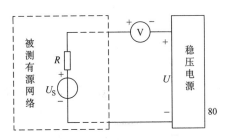

图 1.134 零示法测 U_{OC}

三、实验设备

序号	名　　　称	型号与规格	数量(个)	备　注
1	可调直流稳压电源	0～30 V	1	DG04
2	可调直流恒流源	0～500 mA	1	DG04
3	直流数字电压表	0～200 V	1	D31
4	直流数字毫安表	0～200 mA	1	D31
5	万用表		1	自备
6	可调电阻箱	0～99 999.9 Ω	1	DG09
7	电位器	1 K/2 W	1	DG09
8	戴维南定理实验电路板		1	DG05

四、实验内容

被测有源二端网络如图 1.135(a)。

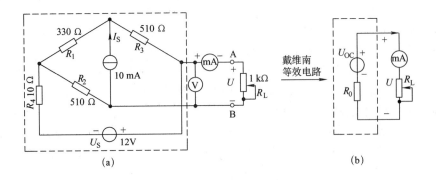

图 1.135 实验电路

(a)电路；(b)等效电路

　　(1)用开路电压、短路电流法测定戴维南等效电路的 U_{OC}、R_0 和诺顿等效电路的 I_{SC}、R_0。按图 1.135(a)接入稳压电源 $U_S=12$ V 和恒流源 $I_S=10$ mA，不接入 R_L。测出 U_{OC} 和 I_{SC}，并

计算出 R_0(测 U_{OC} 时,不接入毫安表)。

(2)负载实验。按图 1.135(a)接入 R_L,改变 R_L 阻值,测量有源二端网络的外特性曲线。

(3)验证戴维南定理:从电阻箱上取得按实验内容(1)所得的等效电阻 R_0 之值,然后令其与直流稳压电源(调到实验内容(1)时所测得的开路电压 U_{OC} 之值)相串联,如图 1.135(b)所示,仿照实验内容(2)测其外特性,对戴氏定理进行验证。

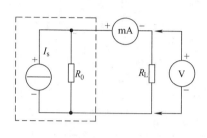

图 1.136 验证诺顿定理电路

(4)验证诺顿定理:从电阻箱上取得按实验内容(1)所得的等效电阻 R_0 之值,然后令其与直流恒流源(调到实验内容(1)时所测得的短路电流 I_{SC} 之值)相并联,如图 1.136 所示,仿照实验内容(2)测其外特性,对诺顿定理进行验证。

(5)有源二端网络等效电阻(又称入端电阻)的直接测量法,见图 1.135(a)。将被测有源网络内的所有独立源置零(去掉电流源 I_S 和电压源 U_S,并在原电压源所接的两点用一根短路导线相连),然后用伏安法或者直接用万用表的欧姆档去测定负载 R_L 开路时 A、B 两点间的电阻,此即为被测网络的等效内阻 R_0,或称网络的入端电阻 R_i。

(6)用半电压法和零示法测量被测网络的等效内阻 R_0 及其开路电压 U_{OC}。

五、实验注意事项

(1)测量时应注意电流表量程的更换。

(2)实验内容(5)中,电压源置零时不可将稳压源短接。

(3)用万表直接测 R_0 时,网络内的独立源必须先置零,以免损坏万用表。其次,欧姆档必须经调零后再进行测量。

(4)用零示法测量 U_{OC} 时,应先将稳压电源的输出调至接近于 U_{OC},再按图 1.135 测量。

(5)改接线路时,要关掉电源。

小　结

1. 支路电流法

以支路电流为变量列写独立节点的 KCL 方程,再补充和网孔个数相同的 KVL 方程,联立后求解出各支路电流,这种方法就是支路电流法。它的优点是直观,只要列出方程进行求解,就能得出结果。缺点是当支路数目较多时,因变量多而需要列的方程数多,求解过程麻烦,因此,此种方法只适用于支路数少的电路。

2. 节点电压法

参考节点:在电路中任意选择一个节点为非独立节点,此节点称为参考节点。

节点电压:各个独立节点与参考节点之间的电压,称为该节点的节点电压。

节点电压法:以独立节点的电位作为变量,依据 KCL 及欧姆定律,列出节点电位方程,求解出节点电位,进而求得各支路电流或要求的其他电路变量。节点方程一般通式为

左式＝节点电位×自电导－∑(相邻节点电位×该节点与相邻节点的互电导)

右式＝∑(与该节点相连支路的电动势/该支路电阻)＋∑ 与该节点相连的电流源的电流 电动势方向指向节点,取"＋",反之取"－"。电流源的电流方向指向节点,取"＋",反之取

"—"。此法优点：所需方程个数少于支路电流法，特别是节点少而支路多的电路用此法尤为方便，列写方程的规律易于掌握。缺点是对于一般给出的电阻参数、电压源形式的电路求解方程比较复杂。

3. 叠加定理

在线性电路中，任一瞬间，任一支路的响应（电压或电流）恒等于电路中每个独立源单独作用时在该支路产生的响应的代数和。叠加定理是线性电路叠加特性的概括表征，其重要性不仅在于用此法分析电路本身，而在于它为线性电路的定性、定量分析提供了理论依据。

进行叠加时只将电源分别考虑，电路的结构与参数不变。暂时不考虑的恒压源应予以短路，即令 $U_S = 0$；暂时不考虑的恒流源应予以开路，即令 $I_S = 0$。叠加是代数和，当分量与总量的参考方向一致时，分量取"＋"号；反之取"—"号。叠加定理只适用于线性电路的电压与电流的计算，而功率不能用叠加定理进行计算。

4. 戴维南定理与诺顿定理

任意一个线性有源二端网络 N，它对外电路的作用，可以用一个电压源和电阻串联来等效。其中等效电压源的电压等于有源二端网络的开路电压；其等效电压源的内阻等于网络 N 中所有独立源均为 0 值时所得无源二端网络的等效内阻。解题三步骤：①求开路电压；②求等效内阻；③画出等效电路接上待求支路，根据最简单的电路求出待求量。

诺顿定理同样是用来解决有源二端口网络的对外等效，即：任一有源二端口网络，对外而言，可以用一个实际电流源模型来等效。其中电流源的电流等于原二端口网络端口处短路电流；内电导等于原网络去掉内部独立源后，从端口处得到的等效电导。

思考与练习

[习题 7]　在图 1.137 所示电路中，已知 $E = 12$ V，$R_1 = 80$ Ω，$R_2 = R_5 = 120$ Ω，$R_3 = 240$ Ω。欲使电流 $I_4 = 0.06$ A，则 R_4 的值应为多少？

[习题 8]　用节点电压法计算图 1.138 所示电路中各支路电流。

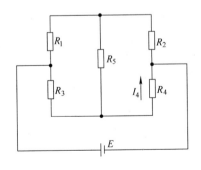

图 1.137　习题 7 的图

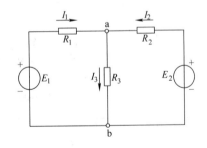

图 1.138　习题 8 电路

[习题 9]　电路如图 1.139 所示，试用叠加原理求电流 I。

[习题 8]　在图 1.140 所示的电路中，已知 $E = 16$ V，$R_1 = 8$Ω，$R_2 = 3$Ω，$R_3 = 4$ Ω，$R_4 =$

20 Ω, $R_L = 3$ Ω, 试计算电阻 R_L 上的电流 I_L : (1) 用戴维南定理; (2) 用诺顿定理。

[习题 11]　图 1.141 所示电路中, 已知: $U_{S1} = 18$ V, $U_{S2} = 12$ V, $I = 4$ A。用戴维南定理求电压源 U_S 等于多少?

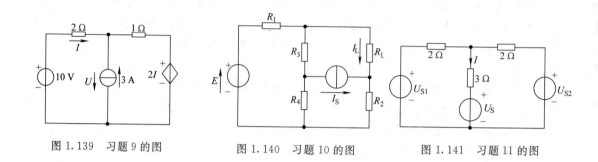

图 1.139　习题 9 的图　　　　图 1.140　习题 10 的图　　　　图 1.141　习题 11 的图

检查与评价 ////

检查项目	分配	评价标准	得分
基础知识掌握	30 分	(1)掌握支路电流法、戴维南定理、叠加定理进行电路的分析计算 (2)了解节点电压法分析计算电路	
线路连接	20 分	(1)能够根据电路的原理图和安装图,正确连接电路 (2)熟练掌握元器件的安装和接线工艺 (3)在完成电路连接的同时,能检测和排除电路的故障 (4)在工作过程中严格遵守电工安全操作规程,时刻注意安全用电和节约原材料 (5)培养学生团队合作、爱护工具、爱岗敬业、吃苦耐劳的精神	
实验过程	30 分	(1)实验过程正确合理,10分 (2)电压表、电流表、功率表、示波器、万用表等仪表使用正确,10分(每错一处扣5分,超过量程造成仪表损坏扣10分) (3)读数和数据记录正确,10分	
结果分析	20 分	(1)计算正确,10分 (2)结论正确,10分	

子学习领域4　认识正弦交流电路

布置任务

1. 知识目标

(1)了解正弦交流电基本概念,掌握正弦量三要素的概念。

(2)掌握正弦量的相量表示法,掌握正弦量解析式、波形图、相量、相量图表示及其间的相互转换。

(3)了解 R、L、C 元件的相量模型,理解电压与电流相量关系与相量图,掌握感抗、容抗的概念与计算。

(4)掌握相量法分析 RLC 串联电路,了解多阻抗串联电路。

(5)掌握正弦交流电路的有功功率、无功功率、视在功率、功率因素的概念及计算。

(6)了解 RLC 并联电路的分析方法及多阻抗并联电路。

2. 技能目标

掌握分析正弦交流电路一般方法和能力。

资讯与信息

由于交流电在电能的产生、传输和利用上具有一系列非直流电所可比拟的主要优点,例如,交流电机比直流电机经济、简便、容易制造,交流电可以利用变压器,很方便地获得电压的变换等等。目前90%以上的用电都是用交流电。交流电不仅为工业生产单位所利用,而且一般城市中的公共场所及家庭用户所用的电也都是取自交流电源。因此研究交流电路不仅只是为获得科学上的知识,同时也是一般应具备的普通常识。因为交流电是瞬息变化的电流,因此它比直流电要复杂些。

所谓正弦交流电路,是指含有正弦电源(激励)而且电路各部分所产生的电压和电流(响应)均按正弦规律变化的电路。交流发电机中所产生的电动势和正弦信号发生器所输出的信号电压,都是随时间按正弦规律变化的。在生产上和日常生活中所用的交流电,一般都是指正弦交流电。

信息1　正弦交流电的基本概念

正弦电压和电流是按照正弦规律周期性变化的,其波形如图 1.142 所示。由于正弦电压和电流的方向是周期性变化的,在电路图上所标的方向是指它们的参考方向,即代表正半周时的方向。在负半周时,由于所标的参考方向与实际方向相反,故其值为负。图中的虚线箭标代表电流的实际方向;＋、－代表电压的实际方向(极性)。

正弦电压和电流等物理量,常统称为正弦量。正弦量的特征表现在变化的快慢、大小及初始值三个方面,而它们分别由频率(或周期)、幅值(或有效值)和初相位来确定。所以,频率、幅值和初相位就称为确定正弦量的三要素。

1. 频率与周期

正弦量变化一次所需时间(秒)称为周期 T。每秒内变化的次数称为频率 f,它的单位是赫兹(Hz)。

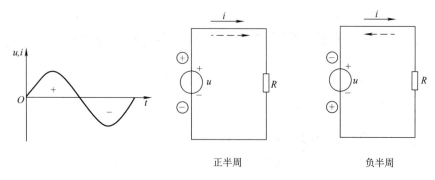

正半周   负半周

图 1.142　正弦电压与电流

频率是周期的倒数，即

$$f = \frac{1}{T} \tag{1.41}$$

我国和大多数国家都采用 50 Hz 作为电力标准频率，有些国家（如美国、日本等）采用 60 Hz。50 Hz 频率在工业上应用广泛，习惯上也称为工频。通常的交流电动机和照明负载都用这种频率。

在其他各种不同的技术领域内使用着各种不同的频率。例如，高频炉的频率是 $200 \sim 300$ kHz，中频炉的频率是 $500 \sim 8\ 000$ Hz；高速电动机的频率是 $150 \sim 2\ 000$ Hz；通常收音机中波段的频率是 $530 \sim 1\ 600$ kHz，短波段是 $2.3 \sim 23$ MHz。

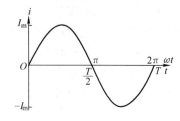

图 1.143　正弦波形

正弦量变化的快慢除用周期和频率表示外，还可用角频率 ω 来表示。因为一周期内经历了 2π 弧度（图 1.143），所以角频率为

$$\omega = \frac{2\pi}{T} = 2\pi f \tag{1.42}$$

它的单位是弧度每秒（rad/s）。

上式表示 T、f、ω 三者之间的关系，只要知道其中之一，则其余均可求出。

　　[例题 28]　已知 $f = 50$ Hz，试求 T 和 ω。

　　解：　$T = \dfrac{1}{f} = \dfrac{1}{50} = 0.02$ s

　　　　　$\omega = 2\pi f = 2 \times 3.14 \times 50 = 314$ rad/s

2. 幅值与有效值

正弦量在任一瞬间的值称为瞬时值，用小写字母来表示，如 i、u 及 e 分别表示电流、电压及电动势的瞬时值。瞬时值中最大的值称为幅值或最大值，用带下标字母 m 来表示，如 I_m、U_m 及 E_m 分别表示电流、电压及电动势的幅值。

图 1.143 是正弦电流的波形，它的数学表达式为

$$i = I_m \sin \omega t \tag{1.43}$$

正弦电流、电压和电动势的大小往往不是用它们的幅值，而是常用有效值（均方根值）来计量的。按照规定，有效值都用大写字母表示，和表示直流的字母一样。当周期电流为正弦量时，则 $I = \dfrac{I_m}{\sqrt{2}}$，$U = \dfrac{U_m}{\sqrt{2}}$，$E = \dfrac{E_m}{\sqrt{2}}$。

一般所讲的正弦电压或电流的大小,例如交流电压 380 V 或 220 V,都是指有效值。一般交流电流表和电压表的刻度也是根据有效值来定的。

[例题 29] 已知 $u = U_m \sin \omega t$,$U_m = 310$ V,$f = 50$ Hz,试求有效值 U 和 $t = \dfrac{1}{10}$ s 的瞬时值。

解:$U = \dfrac{U_m}{\sqrt{2}} = \dfrac{310}{\sqrt{2}} = 220$ V

当 $t = \dfrac{1}{10}$ 时,有

$$u = U_m \sin 2\pi f t = 310 \sin \frac{100\pi}{10} = 0$$

3. 初相位

正弦量是随时间而变化的,要确定一个正弦量还须从计时起点($t = 0$)上看。所取得计时点不同,正弦量的初始值($t = 0$ 时的值)就不同,到达幅值或某一特定值所需的时间也就不同。

正弦量也可用下式表示为

$$i = I_m \sin(\omega t + \varphi) \tag{1.44}$$

其波形如图 1.144 所示。在这种情况下,初始值 $i_0 = I_m \sin \varphi$,不为零。

以上两式中的角度 ωt 和 $\omega t + \varphi$ 称为正弦量的相位角或相位,它反映出正弦量变化的进程。当相位角随时间连续变化时,正弦量的瞬时值随之作连续变化。

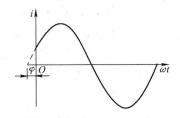

图 1.144　初相位不等于零的正弦波形

$t = 0$ 时的相位角称为初相位角或初相位。在式(1.43)中初相位为零;在式(1.44)中初相位为 φ。因此,所取计时起点不同,正弦量的初相位不同,其初始值也就不同。

在一个正弦交流电路中,电压 u 和电流 i 的频率是相同的,但初相位不一定相同,例如图 1.145 所示。图中 u 和 i 的波形可用下式表示

$$\left.\begin{array}{l} u = U_m \sin(\omega t + \varphi_1) \\ i = I_m \sin(\omega t + \varphi_2) \end{array}\right\} \tag{1.44}$$

它们的初相位分别为 φ_1 和 φ_2。

两个同频率正弦量的相位角之差或初相位角之差,称为相位角差或相位差,用 φ 表示。在式(1.44)中,u 和 i 的相位差为

$$\varphi = (\omega t + \varphi_1) - (\omega t + \varphi_2) = \varphi_1 - \varphi_2 \tag{1.44}$$

当两个同频率正弦量的计时起点($t = 0$)改变时,它们的相位和初相位即跟着改变,但是两者之间的相位差仍保持不变。

由图 1.145 的正弦波形可见,因为 u 和 i 的初相位不同(不同相),所以它们的变化步调是不一致的,即不是同时到达正的幅值或零值。图中,$\varphi_1 > \varphi_2$,所以 u 较 i 先到达正的幅值。这时我们说,在相位上 u 比 i 超前 φ 角,或者说 i 比 u 滞后 φ 角。

在图 1.146 所示的情况下,i_1 和 i_2 具有相同的初相位,即相位差 $\varphi = 0°$,则两者同相(相位相同);而 i_1 和 i_3 反相(相位相反),即两者的相位差 $\varphi = 180°$。

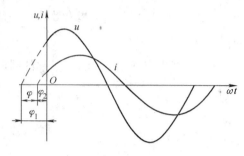

图 1.145　u 和 i 的初相位不相等

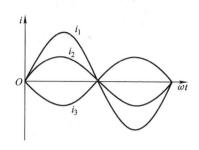

图 1.146　正弦量的同相和反相

信息 2　正弦量的相量表示法

一个正弦量具有幅值、频率及初相位三个特征。而这些特征可以用一些方法表示出来。正弦量的各种表示方法是分析与计算正弦交流电路的工具。

我们已经讲过两种表示法。一种是用三角函数式来表示，如 $i = I_m \sin \omega t$（这是正弦量的基本表示法）；一种是用正弦波形来表示，如图 1.143、图 1.144 所示。

此外，正弦量还可以用相量来表示；正弦量还可用旋转有向线段表示；而有向线段可用复数表示，所以正弦量也可用复数来表示。

令一直角坐标系的横轴表示复数的实部，称为实轴，以 $+1$ 为单位；纵轴表示虚部，称为虚轴，以 $+j$ 为单位。实轴与虚轴构成的平面称为复平面。复平面中有一个有向线段 A，其实部为 a，其虚部为 b，如图 1.147 所示，于是有向线段 A 可用下面的复数式表示为

$$A = a + jb \tag{1.45}$$

由图 1.147 可见，$r = \sqrt{a^2 + b^2}$ 是复数的大小，称为复数的模；$\varphi = \arctan \dfrac{b}{a}$ 是复数与实轴正方向间的夹角，称为复数的辐角。

因为 $a = r\cos\varphi, b = r\sin\varphi$，所以

$$A = a + jb = r\cos\varphi + jr\sin\varphi = r(\cos\varphi + j\sin\varphi) \tag{1.46}$$

根据欧拉公式 $\cos\varphi = \dfrac{e^{j\varphi} + e^{-j\varphi}}{2}$ 和 $\sin\varphi = \dfrac{e^{j\varphi} - e^{-j\varphi}}{2}$ 式

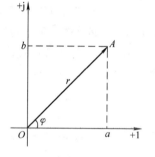

图 1.147　有向线段的复数表示

(1.46) 可写为

$$A = re^{j\varphi} \tag{1.47}$$

或简写为

$$A = r\angle\varphi \tag{1.48}$$

因此，一个复数可用上述几种复数式来表示。式(1.46)称为复数的直角坐标式；式(1.47)称为指数式；式(1.48)则称为极坐标式。三者可以互相转换。复数的加减运算可用直角坐标式，复数的乘除运算可用指数式或极坐标式。

如上所述，一个有向线段可用复数表示。如果用它来表示正弦量的话，则复数的模即为正弦量的幅值或有效值，复数的辐角即为正弦量的初相位。

为了与一般的复数相区别，我们把表示正弦量的复数称为相量，并在大写字母上打"·"。于是表示正弦电压 $u = U_m \sin(\omega t + \varphi)$ 的相量为

$$\dot{U}_m = U_m(\cos\varphi + j\sin\varphi) = U_m e^{j\varphi} = U_m\angle\varphi \tag{1.49}$$

或

$$\dot{U} = U(\cos\varphi + j\sin\varphi) = Ue^{j\varphi} = U\angle\varphi \tag{1.50}$$

$\dot{U}_m$ 是电压的幅值相量，$\dot{U}$ 是电压的有效值相量。注意，相量只是表示正弦量，而不是等于正弦量。图 1.147 中的有向线段应是初始位置($t=0$ 时)的有向线段，表示它的复数只具有两个特征，即模和辐角，也就是正弦量的幅值（或有效值）和初相位，如式(1.49)和(1.50)所表示的那样。由于在分析线性电路时，正弦激励和响应均为同频率的正弦量，频率是已知的或特定的，可不必考虑，只要求出正弦量的幅值（或有效值）和初相位即可。

按照各个正弦量的大小和相位关系用初始位置的有向线段画出的若干个相量的图形，称为相量图。在相量图上能形象地看出各个正弦量的大小和相互间的相位关系。例如，图 1.145 中用正弦波形表示的电压 u 和电流 i 两个正弦量，如用相量图表示则如图 1.148 所示。电压相量 $\dot{U}$ 比电流相量 $\dot{I}$ 超前 φ 角，也就是正弦电压 u 比正弦电流 i 超前 φ 角。

只有正弦周期量才能用相量表示，相量不能表示非正弦周期量。只有同频率的正弦量才能画在同一相量图上，不同频率的正弦量不能画在一个相量图上，否则就无法比较和计算。

由上可知，表示正弦量的相量有两种形式：相量图和复数式（相量式）。

最后讨论一下复数式中"j"的数学意义和物理意义。

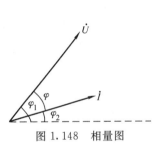

图 1.148　相量图

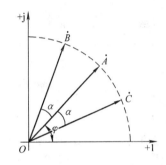

图 1.149　相量的超前与滞后

在图 1.149 中，如以 $e^{j\alpha}$ 乘相量 $\dot{A}=re^{j\varphi}$，则得

$$re^{j\varphi}e^{j\alpha}=re^{j(\varphi+\alpha)}=\dot{B}$$

即相量 $\dot{B}$ 的大小仍为 r，但与实轴正方向的夹角为 $\varphi+\alpha$。可见一个相量乘上 $e^{j\alpha}$ 后，即向前（逆时针方向）转了 α 角，就是相量 $\dot{B}$ 比相量 $\dot{A}$ 超前了 α 角。

同理，如以 $e^{-j\alpha}$ 乘相量 $\dot{A}$，则得

$$\dot{C}=re^{j(\varphi-\alpha)}$$

即向后（顺时针方向）转了 α 角，就是相量 $\dot{C}$ 比相量 $\dot{A}$ 滞后了 α 角。

当 $\alpha=\pm90°$ 时，则

$$e^{\pm j90°}=\cos 90°\pm j\sin 90°=0\pm j=\pm j$$

因此任意一个相量乘上 $+j$ 后，即向前旋转了 90°；乘上 $-j$ 后，即向后旋转了 90°。所以 j 称为旋转 90°的算子。

显然，如将实轴的单位相量 $+1$ 乘以算子 $+j$，则该单位相量 $+1$ 就向前旋转 90°，变为虚轴的单位相量 $+j$；如将虚轴的单位相量 $+j$ 乘以算子 $+j$，则它也要向前旋转 90°，就变为实轴的单位相量 -1，即 $(+j)(+j)=j^2=-1$

由上式可知，$j=\sqrt{-1}$，这就是复数中的虚数单位。

[例题 30]　试写出表示 $u_A=220\sqrt{2}\sin 314t$ V，$u_B=220\sqrt{2}\sin(314t-120°)$ V 和 $u_C=220\sqrt{2}\sin(314t+120°)$ V 的相量，并画出相量图。

解：分别用有效值相量$\dot{U}_A$、$\dot{U}_B$和$\dot{U}_C$表示正弦电压u_A、u_B和u_C，则

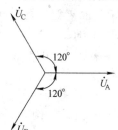

$$\dot{U}_A = 220\angle 0° = 220 \text{ V}$$

$$\dot{U}_B = 220\angle -120° = 220\left(-\frac{1}{2} - j\frac{\sqrt{3}}{2}\right)\text{V}$$

$$\dot{U}_C = 220\angle 120° = 220\left(-\frac{1}{2} + j\frac{\sqrt{3}}{2}\right)\text{V}$$

相量图如图 1.150 所示。

图 1.150　例题 30 的图

[**例题 31**]　图 1.151 所示的是时间 $t=0$ 时电压和电流的相量图，并已知 $U=220$ V，$I_1=10$ A，$I_2=52$ A，试分别用三角函数式及复数式表示各正弦量。

解：三角函数式表示为

$$u = 220\sqrt{2}\sin \omega t \text{ V}$$

$$i_1 = 10\sqrt{2}\sin(\omega t + 90°)\text{A}$$

$$i_2 = 5\sqrt{2}\sqrt{2}\sin(\omega t - 45°) = 10\sin(\omega t - 45°)\text{A}$$

复数式表示为

$$\dot{U} = 220e^{j0°} = 220\angle 0° \text{ V}$$

$$\dot{I}_1 = 10e^{j90°} = 10\angle 90° \text{ A}$$

$$\dot{I}_2 = 5\sqrt{2}e^{-j45°} = 5\sqrt{2}\angle -45° \text{ A}$$

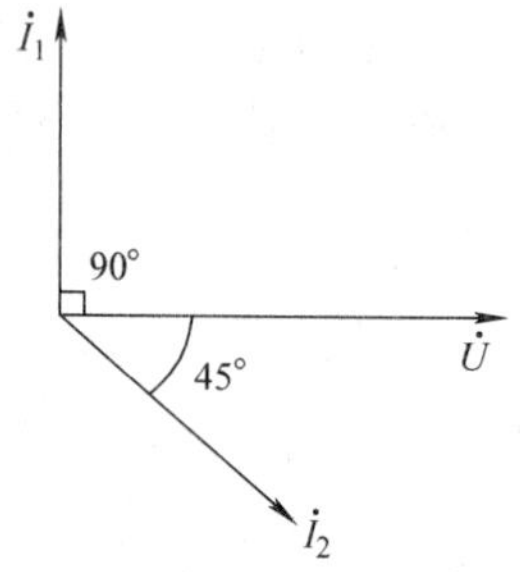

图 1.151　例题 31 的图

[**例题 32**]　在图 1.152 所示的电路中，设

$$i_1 = I_{1m}\sin(\omega t + \varphi_1) = 100\sin(\omega t + 45°)\text{A}$$

$$i_2 = I_{2m}\sin(\omega t + \varphi_2) = 60\sin(\omega t - 30°)\text{A}$$

试求总电流 i。

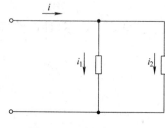

图 1.152　例题 32 的图

解：根据表示正弦量的几种方法对本题分别进行计算如下。

（1）用三角函数式求解。

$$
\begin{aligned}
i = i_1 + i_2 &= I_{1m}\sin(\omega t + \varphi_1) + I_{2m}\sin(\omega t + \varphi_2)\\
&= I_{1m}(\sin\omega t\cos\varphi_1 + \cos\omega t\sin\varphi_1)\\
&\quad + I_{2m}(\sin\omega t\cos\varphi_2 + \cos\omega t\sin\varphi_2)\\
&= (I_{1m}\cos\varphi_1 + I_{2m}\cos\varphi_2)\sin\omega t\\
&\quad + (I_{1m}\sin\varphi_1 + I_{2m}\sin\varphi_2)\cos\omega t
\end{aligned}
$$

同频率的两个正弦量相加，得到的仍然是一个同频率的正弦量。设此正弦量为

$$i = I_m\sin(\omega t + \varphi) = I_m\cos\varphi\sin\omega t + I_m\sin\varphi\cos\omega t$$

则　　　$$I_m\cos\varphi = I_{1m}\cos\varphi_1 + I_{2m}\cos\varphi_2$$

$$I_m\sin\varphi = I_{1m}\cos\varphi_1 + I_{2m}\sin\varphi_2$$

因此总电流 i 的幅值为

$$I_m = \sqrt{(I_{1m}\cos\varphi_1 + I_{2m}\cos\varphi_2)^2 + (I_{1m}\sin\varphi_1 + I_{2m}\sin\varphi_2)^2}$$

总电流 i 的初相位为

$$\varphi = \arctan\left(\frac{I_{1m}\sin\varphi_1 + I_{2m}\sin\varphi_2}{I_{1m}\cos\varphi_1 + I_{2m}\cos\varphi_2}\right)$$

将本题中的 $I_{1m}=100$ A, $I_{2m}=60$ A, $\varphi_1=45°$ 和 $\varphi_2=-30°$ 代入,则得

$$I_m=\sqrt{(70.7+52)^2+(70.7-30)^2}=\sqrt{122.7^2+40.7^2}=129 \text{ A}$$

$$\varphi=\arctan\left(\frac{70.7-30}{70.7+52}\right)=\arctan\left(\frac{40.7}{122.7}\right)=18°20'$$

故得 $i=129\sin(\omega t+18°20')$ A

(2)用正弦波形求解。

先作出表示电流 i_1 和 i_2 的正弦波形,而后将两波形的纵坐标相加,即得总电流 i 的正弦波形,从此波形上便可量出 i 的幅值和初相位,如图 1.153 所示。

(3)用相量图求解。

先作出表示 i_1 和 i_2 的相量 $\dot{I}_{1m}$ 和 $\dot{I}_{2m}$,而后以 $\dot{I}_{1m}$ 和 $\dot{I}_{2m}$ 为两邻边作一平行四边线,其对角线即为总电流 i 的幅值相量 $\dot{I}_m$,它与横轴正方向间的夹角即为初相位,如图 1.153 所示。

(4)用复数式求解。

将 $i=i_1+i_2$ 化为基尔霍夫电流定律的相量表示式,求 i 的相量 $\dot{I}_m$ 为

$$\dot{I}_m=\dot{I}_{1m}+\dot{I}_{2m}=I_{1m}e^{j\varphi_1}+I_{2m}e^{j\varphi_2}=100e^{j45°}+60e^{-j30°}$$
$$=(100\cos45°+j100\sin45°)+(60\cos30°-j60\sin30°)$$
$$=(70.7+j70.7)+(52-j30)=122.7+j40.7=129e^{j18°22'} \text{ A}$$

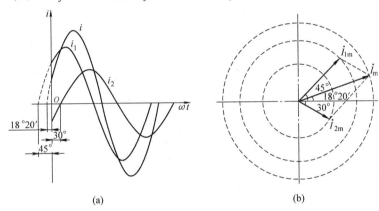

图 1.153 用正弦波形和相量图求例题 32 中的总电流 i

(a)正弦波形求解;(b)相量图求解

至此,我们得出了表示正弦量的几种不同的方法,它们的形式虽然不同,但都是用来表示一个正弦量的,只要知道一种表示形式,便可求出其他几种表示形式。

由上例可见,用三角函数式进行计算,非常烦琐,但三角函数式是正弦量的基本表示方法。用正弦波形虽可将几个正弦量的相互关系在图形上清晰地表示出来,但作图不便,且所得的结果也不太准确。相量图也是分析正弦量的常用方法。至于复数运算,可以把正弦量用复数表示,使三角函数的运算变换为代数运算,并能同时求出正弦量的大小和相位,这是分析正弦交流电路的主要运算方法。

信息 3 单一参数正弦交流电路的分析

1. 电阻元件的交流电路

金属导体的电阻与导体的尺寸及导体材料的导电性能有关,它是一个表示材料对电流起阻碍作用的物理量。

在图 1.154(a)中，u 与 i 的参考方向相同，根据欧姆定律得出

$$i = u/R \quad 或 \quad u = Ri \tag{1.51}$$

即电阻元件上的电压与通过的电流成线性关系。

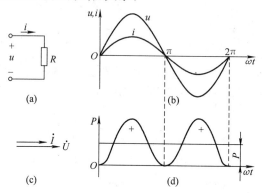

图 1.154 电阻元件的交流电路

(a)电路图;(b)电压与电流的正弦波形;(c)电压与电流的相量图;(d)功率波形

为了分析方便起见，选择电流经过零值并向正值增加的瞬间作为计时起点($t=0$)，即设 $i = I_\mathrm{m} \sin \omega t$ 为参考正弦量，则

$$u = Ri = RI_\mathrm{m} \sin \omega t = U_\mathrm{m} \sin \omega t \tag{1.52}$$

可见 u 也是一个同频率的正弦量。

比较上面两式即可看出，在电阻元件的交流电路中，电流和电压是同相的(相位差 $\varphi = 0$)。表示电压和电流的正弦波形如图 1.154(b)所示。

在式(1.52)中

$$U_\mathrm{m} = RI_\mathrm{m} \quad 或 \quad \frac{U_\mathrm{m}}{I_\mathrm{m}} = \frac{U}{I} = R \tag{1.53}$$

由此可知，在电阻元件电路中，电压的幅值(或有效值)与电流的幅值(或有效值)之比就是电阻 R。

如用相量表示电压与电流的关系，则为

$$\dot{U} = U \mathrm{e}^{\mathrm{j}0°} \qquad \dot{I} = I \mathrm{e}^{\mathrm{j}0°}$$

或

$$\frac{\dot{U}}{\dot{I}} = \frac{U}{I} = R \mathrm{e}^{\mathrm{j}0°} = R$$

即

$$\dot{U} = R \dot{I} \tag{1.54}$$

此即欧姆定律的相量表示式。电压和电流的相量图如图 1.154(c)所示。

知道了电压与电流的变化规律和相互关系后，便可计算出电路中的功率。在任意瞬间，电压瞬时值 u 与电流瞬时值 i 的乘积，称为瞬时功率，用小写字母 p 代表，即

$$p = p_\mathrm{R} = ui = U_\mathrm{m} I_\mathrm{m} \sin^2 \omega t = \frac{U_\mathrm{m} I_\mathrm{m}}{2}(1 - \cos 2\omega t) = UI(1 - \cos 2\omega t) \tag{1.55}$$

由功率波形图 1.154(d)可知，由于在电阻元件的交流电路中 u 与 i 同相，它们同时为正，同时为负，所以瞬时功率总是正值，即 $p \geqslant 0$。瞬时功率为正，这表明外电路从电源取用能量。在一个周期内，通常用下式计算电能

$$W = Pt$$

式中,P是一个周期内电路消耗电能的平均速率,即瞬时功率的平均值,称为平均功率。在电阻元件电路中,平均功率为

$$P = UI = RI^2 = \frac{U^2}{R} \tag{1.56}$$

[例题 33] 把一个 $100\ \Omega$ 的电阻元件接到频率为 50 Hz,电压有效值为 10 V 的正弦电源上,问电流是多少? 如保持电压值不变,而电源频率改为 5 000 Hz,这时电流将为多少?

解:因为电阻与频率无关,所以电压有效值保持不变时,电流有效值相等,即

$$I = \frac{U}{R} = \frac{10}{100} = 0.1\ \text{A} = 100\ \text{mA}$$

2. 电感元件的交流电路

在图 1.155(a)中所示的是一个电感线圈,L 称为线圈电感,也常称为自感,是电感元件的参数。电感的单位是亨利(H)或毫亨(mH)。

当电感线圈中通过交流电流 i 时,其中产生自感电动势 e_L。设电流 i、电动势 e_L 和电压 u 的参考方向如图 1.155(a)所示。根据基尔霍夫电压定律可得出

$$u = -e_\mathrm{L} = L\frac{\mathrm{d}i}{\mathrm{d}t} \tag{1.57}$$

此即电感元件上的电压与通过的电流的导数关系式。

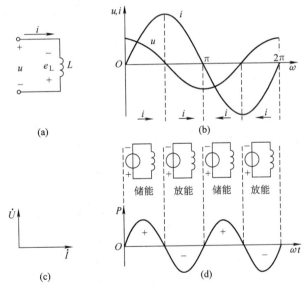

图 1.155　电感元件的交流电路

(a)电路图;(b)电压与电流的正弦波形;(c)电压与电流的相量图;(d)功率波形

设电流为参考正弦量,即

$$i = I_\mathrm{m}\sin \omega t$$

则

$$u = L\frac{\mathrm{d}(I_\mathrm{m}\sin \omega t)}{\mathrm{d}t} = \omega L I_\mathrm{m}\cos \omega t = \omega L I_\mathrm{m}\sin(\omega t + 90°) = U_\mathrm{m}\sin(\omega t + 90°) \tag{1.58}$$

也是一个同频率的正弦量。

比较式(1.57)与式(1.58)可知,在电感元件电路中,在相位上电流比电压滞后 $90°$(相位差 $\varphi = 90°$)。

表示电压 u 与电流 i 的正弦波形如图 1.155(b)所示。

在式(1.58)中

$$U_m = \omega L I_m$$

或
$$\frac{U_m}{I_m} = \omega L \tag{1.59}$$

由此可知,在电感元件电路中,电压的幅值(或有效值)的电流的幅值(或有效值)的比值为 ωL,它的单位为欧姆。当电压 U 一定时,ωL 越大,则电流 I 越小。可见它具有对交流电流起阻碍作用的物理性质,所以称为感抗,用 X_L 代表,即

$$X_L = \omega L = 2\pi f L \tag{1.60}$$

感抗 X_L 与电感 L、频率 f 成正比。因此,电感线圈对高频电流的阻碍作用很大,而对直流则可视为短路。

应该注意,感抗只是电压与电流的幅值或有效值之比,而不是它们瞬时值之比。

如设电压为 $u = U_m \sin \omega t$,则电流应为

$$i = \frac{U_m}{X_L} \sin(\omega t - 90°) = I_m \sin(\omega t - 90°)$$

因此,在分析与计算交流电路时,以电压或电流作为参考量都可以,它们之间的关系(大小和相位差)是一样的。

如用相量表示电压与电流的关系,则为

$$\dot{U} = U e^{j90°} \qquad \dot{I} = I e^{j0°}$$

$$\frac{\dot{U}}{\dot{I}} = \frac{U}{I} = X_L e^{j90°} = j X_L$$

或
$$\dot{U} = j X_L \dot{I} = j\omega L \dot{I} \tag{1.61}$$

式(1.61)表示电压的有效值等于电流的有效值与感抗的乘积,在相位上电压比电流超前 $90°$。因电流相量 $\dot{I}$ 乘上算子 j 后,即向前(逆时针方向)旋转 $90°$。电压和电流的相量图如图 1.155(c)所示。

知道了电压 u 和电流 i 的变化规律和相互关系后,便可找出瞬时功率的变化规律,即

$$p = p_L = ui = U_m I_m \sin \omega t \sin(\omega t + 90°)$$

$$= U_m I_m \sin \omega t \cos \omega t = \frac{U_m I_m}{2} \sin 2\omega t = UI \sin 2\omega t \tag{1.62}$$

由上式可见,p 是一个幅值为 UI,并以 2ω 的角频率随时间而变化的交变量,其变化波形如图 1.155(d)所示。从功率波形容易看出,p 的平均值为零。

从上述可知,在电感元件的交流电路中,没用能量消耗,只有电源与电感元件间的能量互换。这种能量互换的规模,我们用无功功率 Q 来衡量。规定无功功率等于瞬时功率 p_L 的幅值,即

$$Q = UI = I^2 X_L \tag{1.63}$$

它并不等于单位时间内互换了多少能量。无功功率的单位是乏(var)或千乏(kvar)。

应当指出,电感元件和后面将要讲的电容元件都是储能元件,它们与电源之间进行能量互换是工作所需。这对电源来说,也是一种负担。但对储能元件本身说,没有能量消耗,故将往返于电源与储能元件之间的功率命名为无功功率。因此,平均功率也可称为有功功率。

[例题 34] 已知 $u=110\sqrt{2}\sin(314t-30°)$ V，作用在电感 $L=0.2$ H 上，求电流 $i(t)$，并画出 $\dot{U}$、$\dot{I}$ 的相量图。

解：由 $u=110\sqrt{2}\sin(314t-30°)$ V 可写出矢量式为

$$\dot{U}=110\sqrt{2}\angle-30° \text{ V}$$

所以　　$\dot{I}=\dfrac{\dot{U}}{\mathrm{j}\omega L}=\dfrac{110\sqrt{2}\angle-30°}{\mathrm{j}\cdot314\cdot0.2}\approx2.47\angle-120°$ A

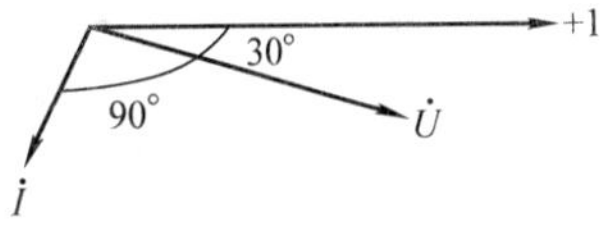

图 1.156　例题 34 相量图

由 $\dot{I}$ 可写出解析式为

$$i=2.47\sin(314t-120°)\text{A}$$

相量图如图 1.156 所示。

[例题 35]　若加在 $L=0.5$ H 的理想电感元件上的电压为 $U=220$ V，初相为 $60°$，求电流有效值和初相，并计算无功功率 Q，设 $f=50$ Hz。

解：由 $U=\omega LI$ 可得

$$I=\frac{U}{\omega L}=\frac{220}{100\pi\times0.5}\approx0.4\text{ A}$$

则　　$\varphi_i=-90°+\varphi_u=-90°+60°=-30°$

　　　$Q=UI=220\times1.4=308$ var

3. 电容元件的交流电路

图 1.157(a) 是一电容器。C 称为电容，是电容元件的参数，单位是法拉(F)，工程上多采用微法(μF)或皮法(pF)。

电压 u 与电流 i 的参考方向如图所示，经计算得出

$$i=C\frac{\mathrm{d}u}{\mathrm{d}t} \tag{1.64}$$

如果在电容器的两端加一正弦电压

$$u=U_m\sin\omega t$$

则　$i=C\dfrac{\mathrm{d}(U_m\sin\omega t)}{\mathrm{d}t}=\omega CU_m\cos\omega t=\omega CU_m\sin(\omega t+90°)=I_m\sin(\omega t+90°)$ (1.65)

也是一个同频率的正弦量。

比较上列两式可知，在电容元件电路中，在相位上电流比电压超前 $90°(\varphi=-90°)$。我们规定：当电流比电压滞后时，其相位差 φ 为正；当电流比电压超前时，其相位差 φ 为负。这样的规定是为了便于说明电路是电感性的还是电容性的。

表示电压和电流的正弦波形如图 1.157(b) 所示。

在式(1.65)中

$$I_m=\omega CU_m$$

或　　$\dfrac{U_m}{I_m}=\dfrac{U}{I}=\dfrac{1}{\omega C}$ (1.66)

由此可见，在电容元件电路中，电压的幅值(或有效值)与电流的幅值(或有效值)的比值为 $\dfrac{1}{\omega C}$。显然，它的单位是欧姆。当电压 U 一定时，$\dfrac{1}{\omega C}$ 越大，则电流 I 越小。可见它具有对电流起阻碍作用的物理性质，所以称为容抗，用 X_C 代表，即

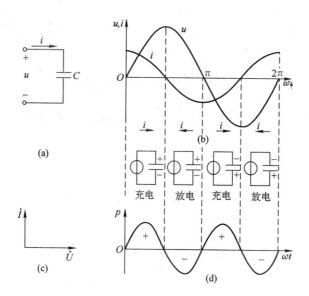

图 1.157 电容元件的交流电路

(a)电路图;(b)电压与电流的正弦波形;(c)电压与电流的相量图;(d)功率波形

$$X_C = \frac{1}{\omega C} = \frac{1}{2\pi f C}$$

容抗 X_C 与电容 C、频率 f 成反比。这是因为电容越大时,在同样电压下,电容器所容纳的电荷就越大,因而电流越大。当频率越高时,电容器的充电与放电就进行得越快,在同样电压下,单位时间内电荷的移动量就越多,因而电流越大。所以电容元件对高频电流所呈现的容抗很小,是一捷径,而对直流($f=0$)所呈现的容抗 $X_C \to \infty$,可视作开路。因此,电容元件有隔断直流的作用。

如用相量表示电压与电流的关系,则为

$$\dot{U} = U e^{j0°} \qquad \dot{I} = I e^{j90°}$$

$$\frac{\dot{U}}{\dot{I}} = \frac{U}{I} e^{-j90°} = -j X_C$$

或
$$\dot{U} = -j X_C \dot{I} = -j \frac{\dot{I}}{\omega C} = \frac{\dot{I}}{j \omega C} \tag{1.67}$$

式(1.67)表示电压的有效值等于电流的有效值与容抗的乘积,而在相位上电压比电流滞后 $90°$。因为电流相量 $\dot{I}$ 乘上算子($-j$)后,即顺时针方向旋转 $90°$。电压和电流的相量图如图 1.157(c)所示。

知道了电压 u 和电流 i 的变化规律与相互变化规律,即可找出瞬时功率的变化规律,即

$$p = p_C = ui = U_m I_m \sin \omega t \sin(\omega t + 90°) = U_m I_m \sin \omega t \cos \omega t$$

$$= \frac{U_m I_m}{2} \sin 2\omega t = UI \sin 2\omega t \tag{1.68}$$

可见,p 是一个以 2ω 的角频率随时间而变化的交变量,它的幅值为 UI。p 的波形如图 1.157(d)所示。从图得出,在电容元件电路中,平均功率 $P=0$。

这说明电容元件是不消耗能量的,在电源与电容元件之间只发生能量的互换。能量互换

的规模,用无功功率来衡量,它等于瞬时功率 p_C 的幅值。

为了同电感元件电路的无功功率相比较,我们也设电流 $i = I_m \sin \omega t$ 为参考正弦量,则

$$u = U_m \sin (\omega t - 90°)$$

于是得出瞬时功率

$$p = p_C = ui = -UI \sin 2\omega t$$

由此可见,电容元件电路的无功功率

$$Q = -UI = -X_C I^2 \qquad (1.69)$$

即电容性无功功率取负值,而电感性无功功率取正值,以资区别。

[例题 36] 某一电容器 $C = 63.6\ \mu F$,已知电流 $I = 2\ A$,$\varphi_i = 45°$,设 $\omega = 314\ rad/s$,求:(1) 电压的有效值和初相 φ_u;(2)无功功率 Q。

解:(1)由 $I = \omega C U$,可得

$$U = \frac{I}{\omega C} = \frac{2}{314 \times 63.6 \times 10^{-6}} \approx 100\ V$$

$$\varphi_u = -90° + \varphi_i = -90° + 45° = -45°$$

(2) $Q = UI = 200\ var$

信息 4 RLC 串联电路的分析

电阻、电感与电容元件串联的交流电路如图 1.158(a)所示。电路的各元件通过同一电流。电流与各电压的参考方向如图中所示。

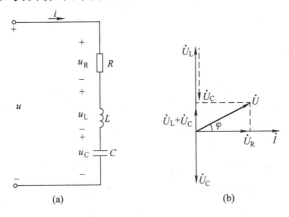

图 1.158 电阻、电感与电容元件串联的交流电路
(a)电路图;(b)相量图

根据基尔霍夫电压定律可列出

$$u = u_R + u_L + u_C = Ri + L\frac{di}{dt} + \frac{1}{C}\int i\,dt \qquad (1.70)$$

设电流 $i = I_m \sin \omega t$ 为参考正弦量,则电阻元件上的电压 u_R 与电流同相,即

$$u_R = RI_m \sin \omega t = U_{Rm} \sin \omega t$$

电感元件上的电压 u_L 比电流超前 $90°$,即

$$u_L = I_m \omega L \sin (\omega t + 90°) = U_{Lm} \sin (\omega t + 90°)$$

电容元件上的电压 u_C 比电流滞后 $90°$,即

$$u_C = \frac{I_m}{\omega C} \sin (\omega t - 90°) = U_{Cm} \sin(\omega t - 90°)$$

在上列各式中

$$\frac{U_{Rm}}{I_m} = \frac{U_R}{I} = R$$

$$\frac{U_{Lm}}{I_m} = \frac{U_L}{I} = \omega L = X_L$$

$$\frac{U_{Cm}}{I_m} = \frac{U_C}{I} = \frac{1}{\omega C} = X_C$$

同频率的正弦量相加,所得出的仍为同频率的正弦量。所以电源电压为

$$u = u_R + u_L + u_C = U_m \sin(\omega t + \varphi) \tag{1.71}$$

其幅值为 U_m,与电流 i 之间的相位差为 φ。

利用相量图来求幅值 U_m(或有效值 U)和相位差 φ 最为简便。如果将电压 u_R、u_L、u_C 用相量 $\dot{U}_R$、$\dot{U}_L$、$\dot{U}_C$ 表示,则相量相加即可得出电源电压 u 的相量 $\dot{U}$,如图 1.158(b)所示。由电压相量 $\dot{U}$、$\dot{U}_R$ 及 $\dot{U}_L + \dot{U}_C$ 所组成的直角三角形,称为电压三角形。利用这个电压三角形,可求得电源电压的有效值,即

$$U = \sqrt{U_R^2 + (U_L - U_C)^2} = \sqrt{(RI)^2 + (X_L I - X_C I)^2} = I\sqrt{R^2 + (X_L - X_C)^2}$$

也可写为

$$\frac{U}{I} = \sqrt{R^2 + (X_L - X_C)^2} \tag{1.72}$$

由上式可见,这种电路中电压与电流的有效值(或幅值)之比为 $\sqrt{R^2 + (X_L - X_C)^2}$。它的单位也是欧姆,也具有对电流起阻碍作用的性质,我们称它为电路的阻抗模,用 $|Z|$ 代表,即

$$|Z| = \sqrt{R^2 + (X_L - X_C)^2} = \sqrt{R^2 + (\omega L - \frac{1}{\omega C})^2} \tag{1.73}$$

可见 $|Z|$、R、$X_L - X_C$ 三者之间的关系也可用一个直角三角形——阻抗三角形来表示。

至于电源电压 u 与电流 i 之间的相位差 φ 也可从电压三角形得出,即

$$\varphi = \arctan \frac{U_L - U_C}{U_R} = \arctan \frac{X_L - X_C}{R} \tag{1.74}$$

因此,阻抗模 $|Z|$、电阻 R、感抗 X_L 及容抗 X_C 不仅表示了电压 u 及其分量 u_R、u_L 及 u_C 与电流 i 之间的大小关系,而且也表示了它们之间的相位关系。随着电路参数的不同,电压 u 与电流 i 之间的相位差 φ 也就不同。因此 φ 角的大小是由电路(负载)的参数决定的。

由式(1.74)看来,在频率一定时,不仅相位差 φ 的大小决定于电路的参数,而且电流滞后还是超前于电压,也与电路的参数有关。如果 $X_L > X_C$,即 $\varphi > 0$,则在相位上电流 i 比电压 u 滞后 φ 角,这种电路是电感性的。如果 $X_L < X_C$,即 $\varphi < 0$,则电流 i 比电压 u 超前 φ 角,这种电路是电容性的。当然,也可以使 $X_L = X_C$,即 $\varphi = 0$,则电流 i 与电压 u 同相,这种电路是电阻性的。

至此,我们应该注意,在分析与计算交流电路时必须时刻具有交流的概念,首先要有相位的概念。上述串联电路中四个电压的相位不同,电源电压应等于另外三个电压的相量和,如果直接写成 $U = U_R + U_L + U_C$,那就不对了。

如用相量表示电压与电流的关系,则为

$$\dot{U} = \dot{U}_R + \dot{U}_L + \dot{U}_C = R\dot{I} + jX_L\dot{I} - jX_C\dot{I} = [R + j(X_L - X_C)]\dot{I}$$

此即为基尔霍夫电压定律的相量表示式。

将上式写成

$$\frac{\dot{U}}{\dot{I}} = R + j(X_L - X_C) \tag{1.75}$$

式中，$R + j(X_L - X_C)$ 称为电路的阻抗，用大写的 Z 代表，即

$$Z = R + j(X_L - X_C) = \sqrt{R^2 + (X_L - X_C)^2}\, e^{j\arctan\frac{X_L - X_C}{R}} = |Z|\, e^{j\varphi} \tag{1.76}$$

由上式可见，阻抗的实部为"阻"，虚部为"抗"，它表示了电路的电压与电流之间的关系，既表示了大小关系(反映在阻抗的模 $|Z|$ 上)，又表示了相位关系(反映在辐角 φ 上)。

阻抗的辐角 φ 即为电流与电压之间的相位差。对电感性电路，φ 为正；对电容性电路，φ 为负。

阻抗不同于正弦量的复数表示，它不是一个相量，而是一个复数计算量。

用电压与电流的相量和阻抗来表示的 RLC 串联电路如图 1.159 所示。

上面讨论的是电压与电流之间的关系，现在再来讨论功率。

知道了电压 u 和电流 i 的变化规律与相互关系后，便可找出瞬时功率来，即

$$p = ui = U_m I_m \sin(\omega t + \varphi)\sin \omega t$$

因为　　$\sin(\omega t + \varphi)\sin \omega t = \dfrac{1}{2}\cos\varphi - \dfrac{1}{2}\cos(2\omega t + \varphi)$

及　　$\dfrac{U_m I_m}{2} = UI$

所以　　$p = UI\cos\varphi - UI\cos(2\omega t + \varphi)$

由于电阻元件上要消耗电能，相应的平均功率为

$$P = \frac{1}{T}\int_0^T p\,dt = \frac{1}{T}\int_0^T [UI\cos\varphi - UI\cos(2\omega t + \varphi)]\,dt = UI\cos\varphi$$

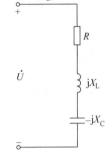

图 1.159　用相量和阻抗表示的电路

从电压三角形(图 1.158(b))可得出

$$U\cos\varphi = U_R = RI$$

于是　　$P = U_R I = RI^2 = UI\cos\varphi \tag{1.77}$

而电感元件与电容元件要储放能量，即它们与电源之间要进行能量互换，相应的无功功率可根据式(1.63)和式(1.69)得出

$$Q = U_L I - U_C I = (U_L - U_C)I = I^2(X_L - X_C) = UI\sin\varphi \tag{1.78}$$

式(1.77)和式(1.78)是计算正弦交流电路中平均功率(有功功率)和无功功率的一般公式。

由上述可知，一个交流发电机输出的功率不仅与发电机的端电压及其输出电流的有效值的乘积有关，而且还与电路(负载)的参数有关。电路所具有的参数不同，则电压与电流间的相位差 φ 就不同，在同样电压 U 和电流 I 之下，这时电路的有功功率和无功功率也就不同。式(1.77)中的 $\cos\varphi$ 称为功率因数。

在交流电路中，平均功率一般不等于电压与电流有效值的乘积，如将两者的有效值相乘，则得出所谓视在功率 S，即

$$S = UI = |Z| I^2 \tag{1.79}$$

交流电气设备是按照规定了的额定电压 U_N 和额定电流 I_N 来设计和使用的,变压器的容量就是以额定电压和额定电流的乘积,即所谓额定视在功率来表示的。

$$S_N = U_N I_N$$

视在功率的单位是伏·安(V·A)或千伏·安(kV·A)。

由于平均功 P、无功功率 Q 和视在功率 S 三者所代表的意义不同,为了区别起见,各采用不同的单位。

这三个功率之间有一定的关系,即

$$S = \sqrt{P^2 + Q^2} \tag{1.80}$$

显然,它们也可以用一个直角三角形——功率三角形来表示。

我们分析了电阻、电感与电容元件串联的交流电路,但在实际中我们常见到的是电阻与电感元件串联的电路(电容的作用可忽略)和电阻与电容元件串联的电路(电感的作用可忽略)。

交流电路中电压与电流的关系(大小和相位)有一定的规律性,是容易掌握的。现将几种正弦交流电路中电压与电流的关系列入表 1.3 中,以帮助总结和记忆。

表 1.3 正弦交流电路中电压与电流的关系

电路	一般关系式	相位关系	大小关系	复数式
R	$u = Ri$	$\varphi = 0$	$I = \dfrac{U}{R}$	$\dot{I} = \dfrac{\dot{U}}{R}$
L	$u = L\dfrac{di}{dt}$	$\varphi = +90°$	$I = \dfrac{U}{X_L}$	$\dot{I} = \dfrac{\dot{U}}{jX_L}$
C	$i = C$ 或 $u = \dfrac{1}{C}\int i\, dt$	$\varphi = -90°$	$I = \dfrac{U}{X_C}$	$\dot{I} = \dfrac{\dot{U}}{-jX_C}$
RL 串联	$u = Ri + L\dfrac{di}{dt}$	$\varphi > 0$	$I = \dfrac{U}{\sqrt{R^2 + X_L^2}}$	$\dot{I} = \dfrac{\dot{U}}{R + jX_L}$
RC 串联	$u = Ri + \dfrac{1}{C}\int i\, dt$	$\varphi < 0$	$I = \dfrac{U}{\sqrt{R^2 + X_C^2}}$	$\dot{I} = \dfrac{\dot{U}}{R - jX_C}$
RLC 串联	$u = Ri + L\dfrac{di}{dt} + \dfrac{1}{C}\int i\, dt$		$I = \dfrac{U}{\sqrt{R^2 + (X_L - X_C)^2}}$	$\dot{I} = \dfrac{\dot{U}}{R + j(X_L - X_C)}$

[例题 37] 已知 RLC 并联,$u=60\sqrt{2}\sin(100t+90°)$V,$R=15\ \Omega$,$L=300\ \text{mH}$,$C=8\ \mu\text{F}$,求 $i(t)$。

解:由 u 写出相量式可有

$$\dot{U}=60\angle 90°\text{V}$$

对于 R 有

$$\dot{I}_{\text{R}}=\frac{\dot{U}}{R}=\frac{60\angle 90°}{15}=4\angle 90°\ \text{A}$$

对于 C 有

$$\dot{I}_{\text{C}}=\text{j}\omega C\dot{U}=100\times 833\times 10^{-6}\times 60\angle(90°+90°)=5\angle 180°\ \text{A}$$

对于 L 有

$$\dot{I}_{\text{L}}=\frac{\dot{U}}{\text{j}\omega L}=\frac{60\angle 90°}{\text{j}100\times 300\times 10^{-3}}=2\angle 0°\ \text{A}$$

则总电流为

$$\dot{I}=\dot{I}_{\text{R}}+\dot{I}_{\text{C}}+\dot{I}_{\text{L}}=2\angle 0°+4\angle 90°-5=5\angle 127°\ \text{A}$$

由 $\dot{I}$ 可写出表达式为

$$i(t)=5\sqrt{2}\sin(100t+127°)\text{A}$$

[例题 38] 在电阻、电感、电容元件相串联的电路中,已知:(1)$\dot{U}=220\angle-30°$ V,$Z=50\angle-20°\Omega$;(2)$\dot{U}=220\angle 30°$V,$Z=50\angle 20°\Omega$,试求电路中电流 $\dot{I}$。

解:(1) $\dot{I}=\dfrac{\dot{U}}{Z}=\dfrac{220\angle-30°}{50\angle-20°}=4.4\angle-10°\ \text{A}$

其中($-30°$)和($-10°$)分别为电压 u 和电流 i 的初相位,它们的相位差 φ 为($-20°$),是负值,故为电容性电路,在相位上 i 超前于 u。

(2) $\dot{I}=\dfrac{\dot{U}}{Z}=\dfrac{220\angle 30°}{50\angle 20°}=4.4\angle 10°\ \text{A}$

其中 $30°$ 和 $10°$ 分别为电压 u 和电流 i 的初相位,它们的相位差 φ 为 $20°$,是正值,故为电感性电路,在相位上 i 滞后于 u。

[例题 39] 在电阻、电感、电容元件相串联的电路中,已知 $R=3\ \Omega$,$L=127\ \text{mH}$,$C=40\ \mu\text{F}$,电源电压 $u=220\sqrt{2}\sin(314t+20°)$ V。(1)求感抗、容抗和阻抗模;(2)求电流的有效值 I 与瞬时值 i 的表示式;(3)求各部分电压的有效值与瞬时值的表示式;(4)作相量图;(5)求功率 P 和 Q。

解:(1)$X_{\text{L}}=\omega L=314\times 127\times 10^{-3}\doteq 40\ \Omega$

$$X_{\text{C}}=\frac{1}{\omega C}=\frac{1}{314\times(40\times 10^{-6})}\doteq 80\ \Omega$$

$$|Z|=\sqrt{R^2+(X_{\text{L}}-X_{\text{C}})^2}=\sqrt{30^2+(40-80)^2}=50\ \Omega$$

(2)$I=\dfrac{U}{|Z|}=\dfrac{220}{50}=4.4\ \text{A}$

$$\varphi=\arctan\frac{X_{\text{L}}-X_{\text{C}}}{R}=\arctan\frac{40-80}{30}=-53°(\text{电容性})$$

$$i = 4.4\sqrt{2}\sin(314t + 20° + 53°) = 4.4\sqrt{2}\sin(314t + 73°)\,A$$

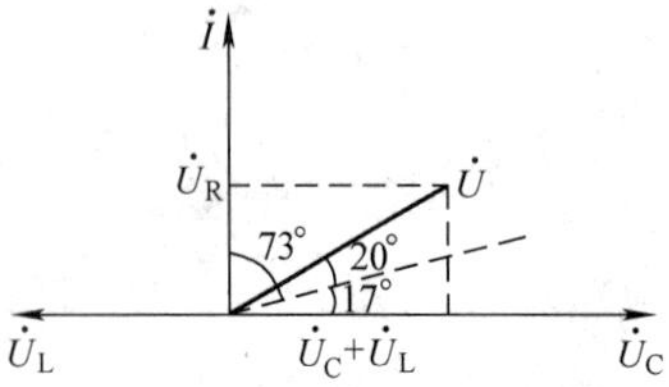

图 1.160 例题 39 的图

(3) $U_R = RI = 30 \times 4.4 = 132\,V$

$$u_R = 132\sqrt{2}\sin(314t + 73°)\,V$$

$$U_L = X_L I = 40 \times 4.4 = 176\,V$$

$$u_L = 176\sqrt{2}\sin(314t + 73° + 90°) = 176\sqrt{2}\sin(314t + 163°)\,V$$

$$U_C = X_C I = 80 \times 4.4 = 352\,V$$

$$u_C = 352\sqrt{2}\sin(314t + 73° - 90°) = 352\sqrt{2}\sin(314t - 17°)\,V$$

(4) 相量图如图 1.160 所示。

(5) $P = UI\cos\varphi = 220 \times 4.4 \times \cos(-53°) = 220 \times 4.4 \times 0.6 = 580.8\,W$

$Q = UI\sin\varphi = 220 \times 4.4\sin(-53°) = 220 \times 4.4 \times (-0.8) = -774.4\,var$(电容性)

[例题 40] 试用相量(复数)计算上例中的电流 $\dot{I}$ 和各部分电压 $\dot{U}_R$、$\dot{U}_L$、$\dot{U}_C$。

解: $\dot{U} = 220\angle 20°\,V$

$$Z = R + j(X_L - X_C) = 30 + j(40 - 80) = 30 - j40 = 50\angle -53°\,\Omega$$

$$\dot{I} = \frac{\dot{U}}{Z} = \frac{220\angle 20°}{50\angle -53°} = 4.4\angle 73°\,A$$

$$\dot{U}_R = R\dot{I} = 30 \times 4.4\angle 73° = 132\angle 73°\,V$$

$$\dot{U}_L = jX_L\dot{I} = j40 \times 4.4\angle 73° = 176\angle 163°\,V$$

$$\dot{U}_C = -jX_C\dot{I} = -j80 \times 4.4\angle 73° = 352\angle -17°\,V$$

信息 5 阻抗的串联与并联

1. 阻抗的串联

图 1.161(a)是两个阻抗串联的电路。根据基尔霍夫电压定律可写出它的相量表示式为

$$\dot{U} = \dot{U}_1 + \dot{U}_2 = Z_1\dot{I} + Z_2\dot{I} = (Z_1 + Z_2)\dot{I} \tag{1.81}$$

两个串联的阻抗可用一个等效阻抗 Z 来代替,在同样电压的作用下,电路中电流的有效值和相位保持不变。根据图 1.161(b)所示的等效电路可写出

$$\dot{U} = Z\dot{I} \tag{1.82}$$

比较上列两式,则得

$$Z = Z_1 + Z_2 \tag{1.83}$$

因为一般 $U \neq U_1 + U_2$ 即

$$|Z|I \neq |Z_1|I + |Z_2|I$$

所以 $|Z| \neq |Z_1| + |Z_2|$

由此可见,只有等效阻抗才等于各个串联阻抗之和。在一般的情况下,等效阻抗可写为

$$Z = \sum Z_k = \sum R_k + j\sum X_k = |Z|e^{j\varphi} \tag{1.84}$$

式中，$|Z|=\sqrt{(\sum R_k)^2+(\sum X_k)^2}$，$\varphi=\arctan\dfrac{\sum X_k}{\sum R_k}$。

在上列各式的 $\sum X_k$ 中，感抗 X_L 取正号，容抗 X_C 取负号。

[**例题 41**]　在图 1.161(a) 中，有两个阻抗 $Z_1=6.16+\mathrm{j}9\ \Omega$ 和 $Z_2=2.5-\mathrm{j}4\ \Omega$，它们串连接在 $\dot{U}=220\angle30°\ \mathrm{V}$ 的电源上。试用相量计算电路中的电流 $\dot{I}$ 和各个阻抗上的电压 $\dot{U}_1$ 和 $\dot{U}_2$，并作相量图。

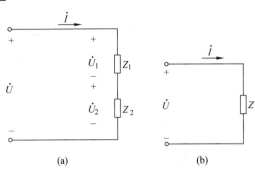

图 1.161　阻抗串联电路
(a)两个阻抗的串联；(b)等效电路

解：$Z=Z_1+Z_2=\sum R_k+\mathrm{j}\sum X_k=$

$(6.16+2.5)+\mathrm{j}(9-4)=8.66+\mathrm{j}5=10\angle30°\ \Omega$

$$\dot{I}=\frac{\dot{U}}{Z}=\frac{220\angle30°}{10\angle30°}=22\angle0°\ \mathrm{A}$$

$$\dot{U}_1=Z_1\ \dot{I}=(6.16+\mathrm{j}9)\times22=10.9\angle55.6°\times22=239.8\angle55.6°\ \mathrm{V}$$

$$\dot{U}_2=Z_2\ \dot{I}=(2.5-\mathrm{j}4)\times22=4.17\angle-58°\times22=103.6\angle-58°\ \mathrm{V}$$

可用 $\dot{U}=\dot{U}_1+\dot{U}_2$ 验算。电流与电压的相量图如图 1.162 所示。

2. 阻抗的并联

图 1.161(a) 是两个阻抗的电路。根据基尔霍夫电流定律可写出它的相量表示式为

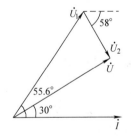

图 1.162　例题 41 的图

$$\dot{I}=\dot{I}_1+\dot{I}_2=\frac{\dot{U}}{Z_1}+\frac{\dot{U}}{Z_2}=\dot{U}\left(\frac{1}{Z_1}+\frac{1}{Z_2}\right) \tag{1.85}$$

两个并联的阻抗也可用一个等效阻抗 Z 来代替。根据图 1.163 (b)所示等效电路可写出

$$\dot{I}=\frac{\dot{U}}{Z} \tag{1.86}$$

比较上列两式，则得

$$\frac{1}{Z}=\frac{1}{Z_1}+\frac{1}{Z_2} \tag{1.87}$$

或　　　　$Z=\dfrac{Z_1 Z_2}{Z_1+Z_2}$

因为一般 $I\neq I_1+I_2$，即

$$\frac{U}{|Z|}\neq\frac{U}{|Z_1|}+\frac{U}{|Z_2|}$$

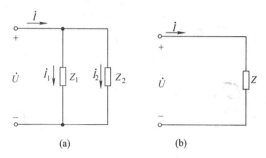

图 1.163 阻抗并联电路

(a)两个阻抗的并联；(b)等效电路

所以 $$\frac{1}{|Z|} \neq \frac{1}{|Z_1|} + \frac{1}{|Z_2|}$$

由此可见，只有等效阻抗的倒数才等于各个并联阻抗的倒数之和，在一般情况下可写为

$$\frac{1}{|Z|} = \sum \frac{1}{Z_k} \qquad (1.88)$$

[例题 42] 在图 1.163(a)中，有两个阻抗 $Z_1 = 3 + j4$ Ω 和 $Z_2 = 8 - j6$ Ω，它们并连接在 $\dot{U} = 220\angle 0°$ V 的电源上。试计算电路中的电流 $\dot{I}_1$、$\dot{I}_2$ 和 $\dot{I}$，并作相量图。

解：$Z_1 = 3 + j4 = 5\angle 53°$ Ω　　$Z_2 = 8 - j6$ Ω $= 10\angle -37°$ Ω

$$Z = \frac{Z_1 Z_2}{Z_1 + Z_2} = \frac{5\angle 53° \times 10\angle -37°}{3 + j4 + 8 - j6} = \frac{50\angle 16°}{11 - j2} = \frac{50\angle 16°}{11.8\angle -10.5°} = 4.47\angle 26.5°\ \Omega$$

$$\dot{I}_1 = \frac{\dot{U}}{Z_1} = \frac{220\angle 0°}{5\angle 53°} = 44\angle -53°\ \text{A}$$

$$\dot{I}_2 = \frac{\dot{U}}{Z_2} = \frac{220\angle 0°}{10\angle -37°} = 22\angle 37°\ \text{A}$$

$$\dot{I} = \frac{\dot{U}}{Z} = \frac{220\angle 0°}{4.47\angle 26.5°} = 49.2\angle -26.5°\ \text{A}$$

可用 $\dot{I} = \dot{I}_1 + \dot{I}_2$ 验算。电压与电流的相量图如图 1.164 所示。

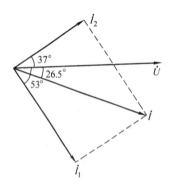

图 1.164 例题 42 的图

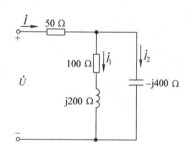

图 1.165 例题 43 的图

[例题 43] 在图 1.165 中，电源电压 $\dot{U} = 220\angle 0°$ V。试求：(1)等效阻抗 Z；(2)电流 $\dot{I}$、$\dot{I}_1$ 和 $\dot{I}_2$。

解：(1)等效阻抗为

$$Z = 50 + \frac{(100 + j200)(-j400)}{100 + j200 - j400} = 50 + 320 + j240 = 370 + j240 = 440\angle 33°\ \Omega$$

（2）电流分别为

$$\dot{I}=\frac{\dot{U}}{Z}=\frac{220\angle 0°}{440\angle 33°}=0.5\angle -33°\ \text{A}$$

$$\dot{I}_1=\frac{-\mathrm{j}400}{100+\mathrm{j}200-\mathrm{j}400}\times 0.5\angle -33°=\frac{400\angle -90°}{224\angle -63.4°}\times 0.5\angle -33°$$

$$=0.89\angle -59.6°\ \text{A}$$

$$\dot{I}_2=\frac{100+\mathrm{j}200}{100+\mathrm{j}200-\mathrm{j}400}\times 0.5\angle -33°=\frac{224\angle 63.4°}{224\angle -63.4°}\times 0.5\angle -33°=0.5\angle 93.8°\ \text{A}$$

[例题 44]　在图 1.166 所示的电路中，试求 $\dot{U}$ 和 $\dot{I}$ 同相时 Z_{ab} 等于多少？已知 $U_{ab}=U_{bc}$，$R=10\ \Omega$，$X_C=\dfrac{1}{\omega C}=10\ \Omega$，$Z_{ab}=R+\mathrm{j}X_L$。

解：$Z_{bc}=\dfrac{-\mathrm{j}RX_C}{R-\mathrm{j}X_C}=\dfrac{-\mathrm{j}10\times 10}{10-\mathrm{j}10}=5-\mathrm{j}5\ \Omega$

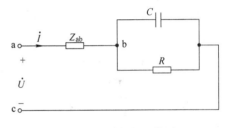

图 1.166　例题 44 的图

所以　　　$\dot{U}=\dot{U}_{ab}+\dot{U}_{bc}$

$$=\dot{I}(Z_{ab}+Z_{bc})$$

$$=\dot{I}[(R_1+\mathrm{j}X_L)+(5-\mathrm{j}5)]$$

$$=\dot{I}[(R_1+5)+\mathrm{j}(X_L-5)]$$

若 $\dot{U}$ 和 $\dot{I}$ 同相，则上式的虚部必为零，则

$$X_L=5\ \Omega$$

又因为 $U_{ab}=U_{bc}$，则

$$|Z_{ab}|=|Z_{bc}|,\ \sqrt{R_1^2+X_L^2}=\sqrt{5^2+5^2}$$

解之得　$R_1=5\ \Omega$

于是　　$Z_{ab}=5+\mathrm{j}5\ \Omega$

信息 6　用相量法分析正弦交流电路

同计算复杂直流电路一样，复杂交流电路也要应用支路电流法、节点电压法、叠加原理和戴维南定理等方法来计算与分析。所不同的是，电压和电流应以相量表示，电阻、电感和电容及其组成的电路应以阻抗来表示。

[例题 45]　在图 1.167 所示的电路中，已知 $\dot{U}_1=230\angle 0°\ \text{V}$，$\dot{U}_2=227\angle 0°\ \text{V}$，$Z_1=0.1+\mathrm{j}0.5\ \Omega$，$Z_2=0.1+\mathrm{j}0.5\ \Omega$，$Z_3=5+\mathrm{j}5\ \Omega$。试用支路电流法求电流 $\dot{I}_3$。

解：应用基尔霍夫定律列出相量表示式方程为

$$\begin{cases} \dot{I}_1+\dot{I}_2-\dot{I}_3=0 \\ Z_1\dot{I}_1+Z_3\dot{I}_3=\dot{U}_1 \\ Z_2\dot{I}_2+Z_3\dot{I}_3=\dot{U}_2 \end{cases}$$

将已知数据代入，即得

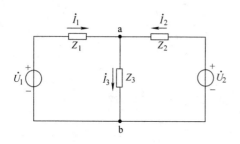

图 1.167 例题 45 的图

$$\begin{cases} \dot{I}_1 + \dot{I}_2 - \dot{I}_3 = 0 \\ (0.1+\mathrm{j}0.5)\dot{I}_1 + (5+\mathrm{j}5)\dot{I}_3 = 230\angle 0° \\ (0.1+\mathrm{j}0.5)\dot{I}_2 + (5+\mathrm{j}5)\dot{I}_3 = 227\angle 0° \end{cases}$$

解之得

$$\dot{I}_3 = 31.3\angle -46.1° \text{ A}$$

[**例题 46**] 应用戴维南定理计算上例中的电流 $\dot{I}_3$。

解：图 1.167 的电路可化为图 1.168 所示的等效电路。

等效电源的电压 $\dot{U}_0$ 可由图 1.169(a)求得

$$\dot{U}_0 = \frac{\dot{U}_1 - \dot{U}_2}{Z_1 + Z_2}Z_2 + \dot{U}_2 = \frac{230\angle 0° - 227\angle 0°}{2(0.1+\mathrm{j}0.5)} \times$$

$$(0.1+\mathrm{j}0.5) + 227\angle 0° = 228.85\angle 0 \text{ V}$$

等效电源的内阻抗 Z_0 可由图 1.169(b)求得

$$Z_0 = \frac{Z_1 Z_2}{Z_1 + Z_2} = \frac{Z_1}{2} = \frac{0.1+\mathrm{j}0.5}{2}$$

$$= 0.05 + \mathrm{j}\,0.25 \ \Omega$$

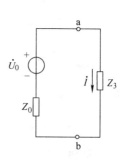

图 1.168 图 1.167 所示电路的等效电路

而后由图 1.168 求得

$$\dot{I}_3 = \frac{\dot{U}_0}{Z_0 + Z_3} = \frac{228.85\angle 0°}{(0.05+\mathrm{j}0.25)+(5+\mathrm{j}5)} = 31.3\angle -46.1° \text{ A}$$

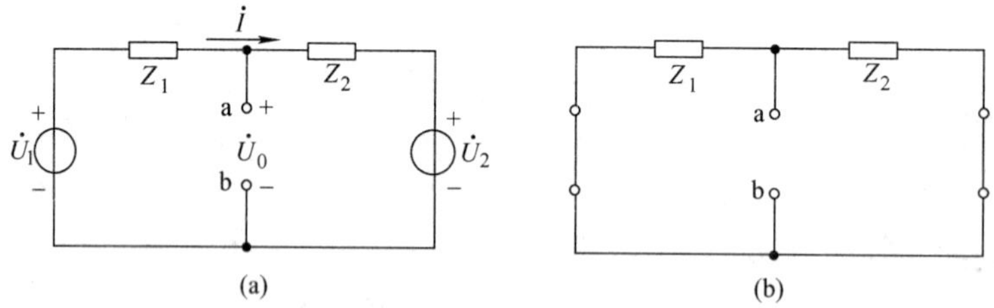

图 1.169 计算等效电源的 $\dot{U}_0$ 和 Z_0 的电路

(a)计算 U_0；(b)计算 Z_0

[**例题 47**] 图 1.170 所示电路已知 $R = 10 \text{ k}\Omega$，$C = 0.01$ μF，输入信号 $\dot{U}_1 = 1\angle 0° \text{ V}$，其频率 $f = 1\,000 \text{ Hz}$，试求输出电压 $\dot{U}_2$。

解：$\dot{U}_2 = R\dot{I} = R\dfrac{\dot{U}_1}{R + \dfrac{1}{\mathrm{j}\omega C}} = \dfrac{\mathrm{j}\omega RC}{1+\mathrm{j}\omega RC}\dot{U}_1$

$$= \frac{\mathrm{j}(2\times3.14\times10^3\times10\times10^3\times0.01\times10^{-6})}{1+\mathrm{j}(2\times3.14\times10^3\times10\times10^3\times0.01\times10^{-6})}\times1\angle 0°$$

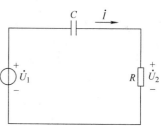

图 1.170 例题 47 的图

$$= \frac{j0.628}{1+j0.628} = \frac{0.628\angle 90°}{1.18\angle 32.13°} = 0.53\angle 57.87° \text{ V}$$

信息7　功率因数的提高

大家都知道,直流电路的功率等于电流与电压的乘积,但交流电路则不然。在计算交流电路的平均功率时还要考虑电压与电流间的相位差 φ,即

$$P = UI\cos\varphi$$

上式中的 $\cos\varphi$ 是电路的功率因数。在前面已讲过,电压与电流间的相位差或电路的功率因数决定于电路(负载)的参数。只有在电阻负载(例如白炽灯、电阻炉等)的情况下,电压和电流才同相,其功率因数为1。对其他负载来说,其功率因数均介于0与1之间。

当电压与电流之间有相位差时,即功率因数不等于1时,电路中发生能量互换,出现无功功率 $Q = UI\sin\varphi$。这样就引起下面两个问题。

1. 发电设备的容量不能充分利用

$$P = U_N I_N \cos\varphi$$

由上式可见,当负载的功率因数 $\cos\varphi < 1$ 时,而发电机的电压和电流又不容许超过额定值,显然这时发电机所能发出的有功功率就减小了。功率因数越低,发电机所发出的有功功率就越小,而无功功率却越大。无功功率越大,即电路中能量互换的规模越大,则发电机发出的能量就不能充分利用,其中有一部分即在发电机与负载之间进行互换。

例如容量为 1 000 kV·A 的变压器,如果 $\cos\varphi = 1$,即能发出 1 000 kW 的有功功率,而在 $\cos\varphi = 0.7$ 时,则只能发出 700 kW 的功率。

2. 增加线路和发电机绕组的功率损耗

当发电机的电压 U 和输出的功率 P 一定时,电流 I 与功率因数成反比,而线路和发电机绕组上的功率损耗 ΔP 则与 $\cos\varphi$ 的平方成反比,即

$$\Delta P = rI^2 = (r\frac{P^2}{U^2})\frac{1}{\cos^2\varphi}$$

式中, r 是发电机绕组和线路的电阻。

由上述可知,功率因数的提高,能使发电设备的容量得到充分利用,同时也能使电能得到大量节约。也就是说,在同样的发电设备的条件下能够多发电。

功率因数不高,根本原因就是由于电感性负载的存在。例如生产中最常用的异步电动机在额定负载时的功率因数为 0.7~0.9,如果在轻载时其功率因数就更低。其他如工频炉、电焊变压器以及日光灯等负载的功率因数也都是较低的。电感性负载的功率因数之所以小于1,是由于负载本身需要一定的无功功率。从技术经济观点出发,如何解决这个矛盾,也就是如何才能减少电源与负载之间能量的互换,而又使电感性负载能取得所需的无功功率,这就是我们所提出的要提高功率因数的实际意义。

按照供用电规则,高压供电的工业企业的平均功率因数不低于 0.95,其他单位的平均功率因数不低于 0.9。

提高功率因数,常用的方法就是与电感性负载并联静电电容器(设置在用户或变电所中),

电路分析及应用

其电路图和相量图如图 1.171 所示。

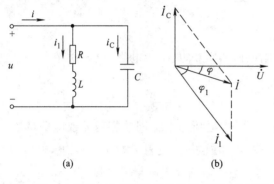

图 1.171　电容器与电感性负载并联以提高功率因数

(a)电路图；(b)相量图

并联电容器以后，电感性负载的电流 $I_1 = \dfrac{U}{\sqrt{R^2 + X_L^2}}$ 和功率因数 $\cos \varphi_1 = \dfrac{R}{\sqrt{R^2 + X_L^2}}$ 均未变化，这是因为所加电压和负载参数没有改变。但电压 u 和线路电流 i 之间的相位差 φ 变小了，即 $\cos \varphi$ 变大了。这里我们所讲的提高功率因数，是指提高电源或电网的功率因数，而不是指提高某个电感性负载的功率因数。

在电感性负载上并联了电容器以后，减少了电源与负载之间的能量互换。这时电感性负载所需的无功功率，大部分或全部都是就地供给（由电容器供给），就是说能量的互换现在主要或完全发生在电感性负载与电容器之间，因而使发电机容量能得到充分利用。

其次，由相量图可见，并联电容器以后线路电流也减小了（电流相量相加），因而减小了功率损耗。

应该注意，并联电容器以后有功功率并未改变，因为电容器是不消耗电能的。

[**例题 48**]　今有 40 W 的日光灯一个，使用时灯管与镇流器（可近似地把镇流器看作纯电感）串联在电压为 220 V、频率为 50 Hz 的电源上。已知灯管工作时属于纯电阻负载，灯管两端的电压等于 110 V，试求镇流器的感抗与电感。这时电路的功率因数等于多少？若将功率因数提高到 0.8，问应并联多大电容。

解：日光灯的等效电路及相量图如图 1.172(a)、(b)所示。

已知 $U_R = 110$ V，$P_R = 40$ W，所以

$$I = \frac{P_R}{U_R} = \frac{40}{110} = 0.36 \text{ A}$$

从相量图上可知

$$\cos \varphi = \frac{U_R}{U} = \frac{110}{220} = 0.5, \quad \varphi = 60°$$

$$R = \frac{U_R}{I} = \frac{110}{0.36} = 305.6 \ \Omega$$

则

$$X_L = \tan 60° R = \sqrt{3} \times 305.6 = 529.3 \ \Omega$$

$$L = \frac{X_L}{\omega} = \frac{529.3}{314} = 1.68 \text{ H}$$

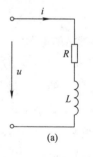
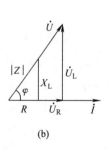

图 1.172　例题 48 的图

若将功率因数提高到 0.8，应并联电容值为

$$C = \frac{P}{\omega U^2}(\tan \varphi_1 - \tan \varphi_2) = \frac{40}{314 \times 220^2}(\tan 60° - \tan 37°) = 2.58 \ \mu\text{F}$$

信息 8　串联谐振电路

一、谐振现象

在正弦交流电路中,感抗与容抗的大小随频率变化并有相互补偿的作用,因此在某一频率下,含 L 和 C 的电路会出现电流与电压同相的情况,这种现象称为谐振。

二、串联电路的谐振条件

图 1.173 所示 RLC 串联电路,在正弦电压作用下,该电路的复阻抗为

$$Z = R + j(\omega L - \frac{1}{\omega C}) = R + j(X_L - X_C) = | Z | < \varphi$$

其中, $\varphi = \arctan \dfrac{X_L - X_C}{R}$ 。

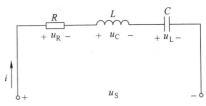

图 1.173　RLC 串联电路

若电源电压与回路电流同相位,即 $\varphi = 0$ 时,电路发生谐振,则有

$$X_L - X_C = 0 \rightarrow \omega L = \frac{1}{\omega C} \tag{1.89}$$

可知串联电路产生谐振的条件为:感抗等于容抗。

由上式可见,谐振的发生不但与 L 和 C 有关,而且与电源的角频率 ω 有关。因此,通过改变 L、C 或 ω 的方法都可使电路发生谐振,这种做法称调谐。在实际中有以下三种调谐方法。

(1)若 L、C 固定时,通过改变电源的角频率使电路谐振称为调频调谐。由式(1.89)得谐振角频率为

$$\omega_0 = \frac{1}{\sqrt{LC}} \tag{1.90}$$

或谐振频率

$$f_0 = \frac{1}{2\pi \sqrt{LC}} \tag{1.91}$$

可见,谐振频率是由电路参数决定的。它是电路本身的一种固有性质,所以又称之为电路的"固有频率"。因此对 RLC 串联电路来说,并不是对外加电压的任意一种频率都能发生谐振。要想达到谐振,必须使外加电压的频率 f 与电路固有频率 f_0 相等,即 $f = f_0$ 。

(2)当 L 和 ω 固定时,通过改变电容 C 使电路谐振称为调容调谐。由式(1.90)得

$$C = \frac{1}{\omega_0^2 L} \tag{1.92}$$

(3)当 C 和 ω 固定时,通过改变 L 使电路谐振称为调感调谐。由式(1.90)得

$$L = \frac{1}{\omega_0^2 C} \tag{1.93}$$

以上介绍了三种调谐的方法。如若不希望电路发生谐振时,就应设法使式(1.89)条件不满足。

[**例题 49**]　串联谐振电路中, $L = 4$ mH, $C = 160$ pF。试求该电路发生谐振的频率。

解:由式(1.91)可得

$$f_0 = \frac{1}{2\pi\sqrt{LC}} = \frac{1}{2\pi\sqrt{4\times10^{-3}\times160\times10^{-12}}} \approx 200 \text{ kHz}$$

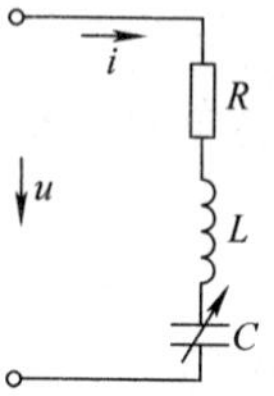

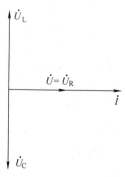

[例题 50] 图 1.174 所示为一 RLC 串联电路,已知 $R=10\ \Omega$,$L=500\ \mu H$,C 为可变电容,变化范围为 $12\sim290$ pF。若外施信号源频率为 800 kHz,则电容应为何值才能使电路发生谐振。

解:$C = \frac{1}{\omega^2 L} = \frac{1}{(2\pi f)^2 L} = \frac{1}{(2\times\pi\times800\times10^3)^2\times500\times10^{-6}} = 79.2 \text{ pF}$

图 1.174 例题 50 图

三、串联谐振电路的基本特征

(1)谐振时,电路阻抗最小且为纯电阻。因为谐振时,电抗 $X=0$,所以 $|Z| = \sqrt{R^2+X^2} = R$ 为最小,且为纯电阻,即

$$Z_0 = R \tag{1.94}$$

(2)谐振时,电路的电抗为零,$X=0$,感抗与容抗相等并等于电路的特性阻抗,即

$$\frac{1}{\omega_0 C} = \omega_0 = \sqrt{\frac{L}{C}} = \rho \tag{1.95}$$

ρ 电路的特性阻抗,单位为 Ω。它由电路的 L、C 参数决定,是衡量电路特性的重要参数。

(3)谐振时,电路中的电流最大,且与外加电源电压同相。

若电源电压一定时,谐振阻抗最小,则

$$I_0 = \frac{\dot{U}_S}{Z_0} = \frac{\dot{U}_S}{R}$$

或 $\qquad I = \frac{U_S}{R} \tag{1.96}$

(4)谐振时,电感电压与电容电压大小相等、相位相反。其大小为电源电压的 Q 倍。其电压关系为

$$U_{L0} = U_{C0} = I\omega_0 L = \frac{U_S}{R}\omega_0 L = \frac{\omega_0 L}{R}U_S = QU_S \tag{1.97}$$

$$U_{R0} = U_S \tag{1.98}$$

式中,$Q = \frac{\omega_0 L}{R} = \frac{1}{\omega_0 CR} = \frac{\rho}{R}$,为谐振回路的品质因数,工程中常叫作 Q 值。它是一个无量纲的量。

谐振电路的相量图,如图 1.175 所示。

由于 $U_{L0} = U_{C0} = QU_S$。如果 $Q \gg 1$,则电感电压和电容电压远远超过电源电压。因此,串联谐振又称电压谐振。

在无线电技术中,所传输的信号电压往往很微弱,为此常利用电压谐振现象获得较高的电压。而在电力系统中,电源电压本身就高,如若谐振,就会产生过高电压,损坏电气设备,甚至发生危险,因此应避免电路发生谐振,以保证设备和系统的安全运行。

(5)谐振时,电路的无功功率为零,电源供给电路的能量,全部消耗在电阻上。

图 1.175 谐振电路相量图

电路在发生谐振时,由于感抗等于容抗,所以感性无功功率与容性无功功率相等,电路的无功功率为零。这说明电感与电容之间有能量交换,而且达到完全补偿,不与电源进行能量交换,电源供给电路的能量,全部消耗在电阻上。

[例题 51]　如图 1.173 所示 RLC 串联电络,已知 $R=9.4\ \Omega$、$L=30\ \mu H$、$C=211\ pF$,电源电压 $U=0.1\ mV$,求电路发生谐振时的谐振频率 f_0、回路的特性阻抗 ρ、品质因数 Q 及电容上的电压 U_{C0}。

解: 电路的谐振频率为

$$f_0=\frac{1}{2\pi\sqrt{LC}}=\frac{1}{2\pi\sqrt{30\times10^{-6}\times211\times10^{-12}}}\approx2\times10^6=2\ MHz$$

回路的特性阻抗为

$$\rho=\sqrt{\frac{L}{C}}=\sqrt{\frac{30\times10^{-6}}{211\times10^{-12}}}\approx377\ \Omega$$

电路的品质因数为

$$Q=\frac{\rho}{R}=\frac{377}{9.4}=40$$

电容电压为

$$U_{C0}=QU=40\times0.1=4\ mV$$

信息 9　并联谐振电路

实际的并联谐振回路常常由电感线圈与电容器并联而成。其电路模型如图 1.176 所示,R 是线圈本身的电阻。

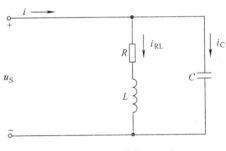

图 1.176　并联谐振电路

一、并联电路的谐振条件

对并联电路,应用复导纳分析较为方便。图 1.176 所示电路的复导纳为

$$
\begin{aligned}
Y &= \frac{1}{R+j\omega L}+j\omega C=\frac{R}{R^2+(\omega L)^2}+j\left[-\frac{\omega L}{R^2+(\omega L)^2}+\omega C\right]\\
&= G+j(-B_L+B_C)\\
&= G+jB=|Y|\angle\varphi'
\end{aligned}
\tag{1.99}
$$

式中,$|Y|=\sqrt{G^2+B^2}$,$\varphi'=\arctan\left(\dfrac{B}{G}\right)$。

当导纳的虚部为零,即 $B=0$,$B_L=B_C$,$\varphi'=0$ 端口电压 U 与总电流 I 同相,电路呈纯阻性,这时电路发生谐振。可见并联谐振的条件是 $B=0$,即为 $\left[-\dfrac{\omega L}{R_2+(\omega L)_2}+\omega C=0\right]$。对于图 1.176 所示电路,$B=0$,即可解得

$$\omega_0=\sqrt{\frac{1}{LC}-\frac{R^2}{L^2}}=\frac{1}{\sqrt{LC}}\sqrt{1-\frac{CR^2}{L}}\tag{1.100}$$

$$f_0=\frac{1}{2\pi}\sqrt{\frac{1}{LC}-\frac{R^2}{L^2}}=\frac{1}{2\pi\sqrt{LC}}\sqrt{1-\frac{CR^2}{L}}\tag{1.101}$$

在电路参数一定的条件下,改变电源的频率能否达到谐振,要由式中根号的值是正还是负来确定:

如果 $1-\dfrac{CR^2}{L}>0$,即 $R<\sqrt{\dfrac{L}{C}}$,则 ω_0 为实数电路有一谐振频率,电路可能发生谐振;

如果 $R>\sqrt{\dfrac{L}{C}}$,则 ω_0 为虚数,电路不可能发生谐振。

实际应用的并联谐振电路,线圈本身的电阻很小,在高频电路中一般都能满足 $R\ll\omega_0 L$ 或 $\dfrac{R^2}{L^2}\ll\dfrac{1}{LC}$,于是

$$\omega_0\approx\frac{1}{\sqrt{LC}} \tag{1.102}$$

$$f_0\approx\frac{1}{2\pi\sqrt{LC}} \tag{1.103}$$

二、并联谐振电路的基本特征

(1)谐振时,回路阻抗呈纯电阻性,回路端电压与总电流同相。

由图 1.176 可得各支路电流为

$$I_L=\frac{U}{\sqrt{R^2+(\omega_0 L)^2}}\qquad\left(\text{当 }R\ll\omega_0 L\text{ 时},I_L\approx\frac{U}{\omega_0 L}\right) \tag{1.104}$$

$$I_C=U\omega_0 C \tag{1.105}$$

而总电流

$$I=I_0=UG=\frac{UR}{R^2+(\omega_0 L)^2} \tag{1.106}$$

与电压同相位

当 $R\ll\omega_0 L$ 时,$\dfrac{1}{\omega_0 L}\approx\omega_0 C\gg G$,于是可得 $I_L\approx I_C\gg I_0$,即在谐振时两并联支路的电流近似于相等,比总电流大许多倍。

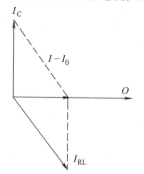

图 1.177 并联谐振相量图

并联谐振时,电压、电流的相量图如图 1.177 所示。

(2)在 $R\ll\omega_0 L$ 条件下,谐振时电路阻抗为最大值,即 $Z_0=\dfrac{L}{RC}$,回路导纳为最小值。

并联谐振时,电纳 $B=0$,故导纳只有实部,电路的等效阻抗 Z_0 为纯电阻,且为输入电导的倒数,可得

$$Z_0=\frac{1}{G}=\frac{R+(\omega_0 L)^2}{R}$$

将式(1.101)的 ω_0 代入,可得

$$Z_0=\frac{1}{G}=\frac{L}{RC} \tag{1.107}$$

上式表明,谐振时电路的等效阻抗最大,其值由电路参数决定而与外加电源频率无关。电感线圈的电阻越小,则谐振时电路的等效阻抗越大。当 $R=0$ 时,$Z=\infty$,这时电路呈现极大的电阻。

（3）并联谐振时,电路的特性阻抗与串联谐振电路的特性阻抗一样,均为

$$\rho=\sqrt{\frac{L}{C}} \tag{1.108}$$

（4）谐振时,电感支路电流与电容支路电流近似相等并为总电流的 Q 倍。

并联谐振的品质因数定义为谐振时的容纳（或感纳）与输入电导 G 的比值,即

$$Q=\frac{\omega_0 C}{G}=\frac{\omega_0 C}{\dfrac{RC}{L}}=\frac{\omega_0 C}{R}=\frac{1}{R}\sqrt{\frac{L}{C}}=\frac{\rho}{R} \tag{1.109}$$

谐振时,支路电流与 Q 值的关系可推导如下

$$Q=\frac{\omega_0 C}{G}=\frac{\omega_0 CU}{GU}=\frac{I_C}{I_0} \tag{1.110}$$

可见在并联谐振时,支路电流是总电流的 Q 倍,即 $I_L\approx I_C=QI_0$,因此并联谐振也称电流谐振。

引入品质因数后,可以推导出并联振阻抗与品质因数的关系为

$$Z_0=\frac{L}{RC}=\frac{1}{R}\sqrt{\frac{L}{C}}\sqrt{\frac{L}{C}}=Q\sqrt{\frac{L}{C}}=Q\rho \tag{1.111}$$

（5）若电源为电流源,并联谐振时,由于谐振阻抗最大,故回路端电压为最大。

[例题 52]　如图 1.178 所示的线圈与电容器并联电路,已知线圈的电阻 $R=10\ \Omega$,电感 $L=0.127\ \text{mH}$,电容 $C=200\ \text{pF}$,谐振时总电流 $I_Q=0.2\ \text{mA}$ 试求:(1)电路的谐振频率和谐振阻抗;(2)电感支路和电容支路的电流。

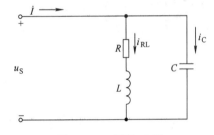

图 1.178　例题 52 图

解:谐振回路的品质因数为

$$Q=\frac{1}{R}\sqrt{\frac{L}{C}}=\frac{1}{10}\sqrt{\frac{0.127\times10^{-3}}{200\times10^{-12}}}\approx80$$

因为电路的品质因数 Q 远远大于 1,所以谐振频率为

$$f_0\approx\frac{1}{2\pi\sqrt{LC}}=\frac{1}{2\pi\sqrt{0.127\times10^{-3}\times200\times10^{-12}}}\approx10^6\ \text{Hz}$$

电路的谐振阻抗为

$$Z_0=\frac{L}{CR}=Q^2R=80^2\times10=64\ 000\ \Omega=64\ \text{k}\Omega$$

$$I_{LO}\approx I_{CO}=QI_0=80\times0.2=16\ \text{mA}$$

[例题 53]　收音机的中频放大耦合电路是一个线圈与电容器并联谐振回路,其谐振频率为 465 kHz,电容 $C=200\ \text{pF}$,回路的品质因数 $Q=100$。求线圈的电感 L 和电阻 R。

解: $f_0\approx\dfrac{1}{2\pi\sqrt{LC}}$

$$L=\frac{1}{(2\pi f_0)^2 C}=\frac{1}{(2\pi\times465\times10^3)^2\times200\times10^{-12}}\approx0.578\times10^{-3}\ \text{H}$$

$$R=\frac{1}{Q}\sqrt{\frac{L}{C}}=\frac{1}{100}\sqrt{\frac{0.578\times10^{-3}}{200\times10^{-12}}}\approx17\ \Omega$$

　　串联谐振电路适用于内阻较小的信号源,当信号源的内阻较大时。由于信号源内阻与谐振电路相串联,这会使谐振回路的品质因数大大降低,从而使电路的选择性变坏,所以遇到高内阻信号源时,宜采用并联谐振电路。

实际应用

一、交流电应用实例——起重冶金用防爆电机

　　正弦交流电可以通过变压器变换电压,在远距离输电时,通过升高电压以减少线路损耗,获得最佳经济效果。而当使用时,又可以通过降压变压器把高压变为低压,这既有利于安全,又能降低设备的绝缘要求。此外,交流电动机与直流电动机相比,具有构造简单、造价低廉、维护简便等优点,所以正弦交流电获得了广泛的应用。

图 1.179　冶金用防爆电机

　　工业中的大部分电机都是交流电来驱动的。电机按工作电源分类,可分为直流电动机和交流电动机。其中交流电动机还分为单相电动机和三相电动机。

　　防爆电机是一种可以在易燃易爆环境中使用的一种电机,运行时不产生电火花。防爆电机主要用于煤矿、石油天然气、石油化工和化学工业。此外,在纺织、冶金、城市煤气、交通、粮油加工、造纸、医药等部门也被广泛应用。防爆电机作为主要的动力设备,通常用于驱动泵、风机、压缩机和其他传动机械。图 1.179 所示为冶金用防爆电机。

二、交流调速及变频器在冶金行业的应用

　　中国的钢产量已连续多年居世界第一,并每年以 20% 以上的高速度在增长。但作为制造业基础的钢铁工业问题仍然非常突出,能耗水平高,我国电工产品耗电约占全国总发电量的 70%,而冶金系统年耗电量约占全国发电量的 9.3% 左右(包括电弧炉、铁合金电炉等),其中驱动的电动机占很大一部分,因此其有效操作和节能降耗对冶金行业是至关重要的。

　　国家大力倡导节能,变频器迎来发展的黄金时期。目前,交流电动机变频调速优于以往的任何调速方式,在冶金、石化、机械、电力、中央空调及水处理等行业得到普遍应用。

　　将变频技术应用于交流调速系统已成为一种必然趋势。现在正在进行大规模建设和技术改造。由于冶金行业具有特殊的工况,因此对变频器的性能也提出了更高、更特殊的技术要求。冶金行业中变频器的典型应用如下:轧机、线材轧机、处理线、卷取机、风机、料浆泵等,如图 1.180 所示。

三、相量法在排除电力系统故障分析中的应用

　　三相交流电中的电流、电压等正弦变化量可以用相量图来表示。通过相量图分析交流电的电流或电压的有效值和相位关系,可以直观地看到它们之间的相互关系,有利于快速、准确地分析和排除电力系统故障。例如:发电厂的一台热电机组,在机组启动并带负荷时,发电机纵差动保护系统发出动保护回路断线信号,经现场检查未发现断线现象,但用相位伏安表在差动继电器输入端测量,测出的两组差动保护电流互感器的电流的有效值和相位差值,根据相量法对二次电流或电压回路的故障进行分析,可以从理论上为故障排除定性地指出方向,因而避

免思路的盲目和混乱,收到事半功倍的效果。

(a)

(b)

(c)

图 1.180　冶金行业变频器典型应用

(a)高速线材机专用变频器;(b)线材轧机控制系统;(c)卷取机

四、实际应用中提高功率因数的重要意义

1. 为什么要提高功率因数

用电功率因数是指用电负荷的有功功率与视在功率的比值。电力用户用电设备,如变压器、感应电动机、电力线路等,除从电力系统吸取有功功率外,还要吸取无功功率。无功功率仅完成电磁能量的相互转换,并不作功。无功和有功同样重要,没有无功,变压器不能变压,电动机不能转动,电力系统不能正常运行。无功功率的消耗导致用电功率因数降低,因而占用了电力系统发供电设备提供有功功率的能力,或增加了发送无功功率的设施,同时也增加了电力系统输电过程中的有功功率损耗。因而世界各国电力企业对电力用户的用电功率因数都有要求,并按用户用电功率因数的高低在经济上给予奖惩。

2. 提供功率因数可以降低线损

功率因数是指有功功率与视在功率之比:$\cos \varphi = P/S$。功率因数的大小,是随负荷的性质和有功功率在视在功率中所占的比例决定的。在感性负荷的电路中,功率因数在 0 与 1 之间变化,即 $0 < \cos \varphi < 1$。如果用户负荷所需的无功功率(包括变压器的无功功率损耗)都能就地补偿,就地供应,供电可变损失就可以大为降低,电压质量也相应得到改善。用户装设了并联电容器,负荷功率因数从 $\cos \varphi_1$ 提高到 $\cos \varphi_2$,当输送的有功功率和电压不变时,供电线路和变压器的损耗有所降低;供电线路有功功率损耗减少的数值小;变压器铜耗减少。所以电力用户安装了无功补偿设备后,可节约有功功率损耗电量。

另外,提高功率因数还能提高线路或设备输送有功功率的能力,从而可减小发供电设备的装机容量和投资,并能提高线路电压,改善电能质量。对用户来说,由于供电部门对用户实行按功率因数调整电费的办法,如果功率因数高于其规定标准,电业部门给予奖励,减收电费;低于规定标准的予以罚款,加收电费。所以提高功率因数可减少企业电费开支,降低产品成本。

3. 提高功率因数的方法

提高功率因数最常用的方法就是在需要无功的用电或供电设备上并联无功补偿电容器,这样,上述设备所需要的无功功率,便可由并联电容器供给,如图 1.181 所示。

(a)   (b)

图 1.181 实际应用的并联无功补偿装置

(a)桩上式自动投切高压并联电容器装置;(b)集合式高压并联电容器补偿装置

由原来的功率因数补偿到所需要的功率因数,需要并联的电容器容量可用下式计算

$$Q = P\left[\sqrt{\frac{1}{\cos^2\varphi_1} - 1} - \sqrt{\frac{1}{\cos^2\varphi_2} - 1}\right] \tag{1.112}$$

式中:Q——应补偿的无功功率,kvar;

$\quad\quad P$——最大负荷月的平均有功功率,kW;

$\quad\quad \cos\varphi_1$——补偿前的功率因数;

$\quad\quad \cos\varphi_2$——补偿后的功率因数。

在实际应用中,可根据事先计算好的表格查出所需补偿的无功容量。

五、无功功率补偿箱在冶金工业中的应用

节能降耗是企业降低成本的一项主要措施,冶金行业采用"无功功率补偿箱"可以提高电机功率因数,减少企业内部的无功损耗,减少电压损失,增加有功功率。图 1.182 所示为冶金工业中常用的无功功率补偿装置。

(a)   (b)   (c)

图 1.182 冶金工业中常用无功功率补偿装置

(a)无功功率补偿柜;(b)无功功率补偿箱;(c)智能无功功率自动补偿装置

六、利用补偿电容提高感应炉的功率因数

电炉是利用电热效应供热的冶金炉。电炉设备通常是成套的,包括:电炉炉体,电力设备(电炉变压器、整流器、变频器等),开闭器,附属辅助电器(阻流器、补偿电容等),真空设备,检测控制仪表(电工仪表、热工仪表等),自动调节系统,炉用机械设备(进出料机械、炉体倾转装置等)。冶金工业上电炉主要用于钢铁、铁合金、有色金属等的熔炼、加热和热处理。

电炉分七大类:电阻炉、感应炉、真空炉、电子束炉、热处理(或熔炼)机组、热处理辅助设备、燃烧炉。

感应炉是冶金行业中常用的一种电炉,感应炉是利用物料的感应电热效应而使物料加热或熔化的电炉。感应炉的基本部件是用紫铜管绕制的感应圈。感应圈两端加交流电压,产生交变的电磁场,导电的物料放在感应圈中,因电磁感应在物料中产生涡流,受电阻作用而使电能转变成热能来加热物料。

为了提高感应加热的电热效率,供电频率要合宜,小型熔炼炉或对物料的表面加热采用高频电,大型熔炼炉或对物料深透加热采用中频或工频电。感应圈是电感量相当大的负载,其功率因数一般很低。为了提高功率因数,感应圈一般并联电容器,称为补偿电容。感应加热装置,主要用于钢、铜、铝和锌等的熔铸,加热快,烧损少,机械化和自动化程度高,适合配置在自动作业线上。

七、室内线路的安装

室内配线分为明敷和暗敷两种,明敷是指导线沿墙壁、天花板、横梁及柱子等表面敷设,暗敷是将导线穿管埋设在墙内、地下或装设在顶棚里。配线方法有瓷瓶配线、槽板配线、塑料护套线配线、线管配线、钢索配线等。

(一)室内配线的基本要求和配线工序

1. 室内配线的要求

室内配线,首先应符合电气装置安装的基本要求,即:安全、可靠、经济、方便、美观。

配线施工除考虑以上几条基本要求外,应使整个线路布置合理、整齐、安装牢固。在整个施工过程中,还应严格按照其技术要求,进行合理的施工。

室内配线一般有如下一些要求。

(1)所用导线的额定电压应大于线路的工作电压。导线的绝缘强度应符合线路的安装方式和敷设环境条件。

(2)导线敷设时,应尽量避免接头,因为常常由于导线接头质量不好而造成事故。若必须接头时,应采用压接或焊接。

(3)导线在连接和分支处,不应受机械力的作用,导线与设备接线端子的连接要牢靠压实。

(4)穿在管内的导线或电缆,在任何情况下都不能有接头,必须接头时,应把接头放在接线盒、灯头盒或开关盒内。

(5)室内配线只有在干燥场所才能采用绝缘子或瓷(塑料)夹明配线,要求横平竖直,导线水平高度距地不应小于2.5 m,垂直敷设不应低于1.8 m,否则应用钢管或槽板加以保护,以防机械损伤。

(6)进户线穿墙时应安装过墙管保护,过墙管两端伸出墙面不小于10 mm,太长会影响美观,同时距地面不得小于2.5 m,并应采取防雨措施,进户线的室外端应采用绝缘子固定。

(7)当导线沿墙壁或天花板敷设时,导线与建筑物之间的最小距离为:瓷夹板配线不应小于 5 mm,瓷瓶配线不应小于 10 mm。在通过伸缩缝的地方,导线敷设应略有松弛。对于线管配线则应设补偿盒,以适应建筑物的伸缩。

(8)当导线互相交叉且距离又较近时,为避免碰线,在每根导线上应套以塑料管,并将套管固定,以防短路。

(9)室内埋地金属管内的导线,宜用塑料护套塑料绝缘导线,金属穿线管必须作保护接零。

(10)穿线管内导线的总截面积(包括外皮)不应超过管内径截面积的 40%。

(11)当导线的负荷电流大于 25 A 时,为避免涡流效应,应将同一回路的三相导线穿于同一根金属管内。

(12)不同回路、不同电压及交流与直流的导线,不应穿于同一根管内,但以下情况除外:①供电电压在 50 V 及以下者;②同一设备的电力线路和无防干扰要求的控制回路;③照明花灯的所有回路,但管内导线总数不应多于 8 根。

(13)为确保用电安全,室内电气管线与其他管道间应保持一定距离。

2. 室内配线的施工程序

室内配线主要包括以下几道工序。

(1)根据施工图样,确定电器安装位置,导线敷设途径及导线穿过墙壁和楼板的位置。

(2)在土建抹灰前,将配线所有的固定点打好孔洞,埋设好支持构件,最好配合土建搞好预埋预留工作。

(3)装设绝缘支持物、线夹、支架或保护管。

(4)敷设导线。

(5)安装灯具及电器设备。

(6)测试导线绝缘,连接导线、分支和封端,并将导线出线接头和设备连接。

(7)校验、自检、试通电。

(二)绝缘子配线

瓷夹与瓷瓶统称为绝缘子。在室内布线中,如果线路载流量小,且无机械损伤的干燥明显处,采用瓷夹配线。如果线路载流量大,对于机械强度要求较高、环境又比较潮湿的场合,可用瓷瓶配线,这种配线方式不仅适合于室内、浴室,也适用于室外。室内瓷瓶配线所用瓷瓶有鼓形瓷瓶、针式瓷瓶、蝶式瓷瓶、悬式瓷瓶等。

瓷夹板配线的结构简单,布线费用少,安装和维修方便,但由于瓷夹板较薄,导线距建筑物较近,机械强度也小,容易损坏,因此,在室内配线中,已逐渐被护套线配线所取代,仅在干燥且用电量较小的少数场合仍被采用。

瓷瓶配线是利用瓷瓶支持导线的一种配线方式。导线截面较细的一般采用鼓形瓷瓶配线,导线截面较粗的一般采用其他几种瓷瓶配线。

1. 绝缘子配线在施工前应做的准备工作

(1)定位　定位工作应在土建抹灰前进行。首先按施工图确定灯具、开关、插座和配电箱等电器设备的安装地点,然后再确定导线的敷设位置、穿过墙壁和楼板的位置,以及起始、转角、终端瓷瓶的固定位置,最后再确定中间瓷瓶的安装位置。在开关、插座和灯具附近约50 mm 处,都应安装瓷瓶。

(2)划线　划线工作应考虑与所配线路适用且整洁美观,尽可能沿房屋线脚、墙角等处敷设。划线可用粉袋线,也可采用边缘有正确尺寸刻度的木板条。划线时,沿建筑物表面由一端向另一端逐段划出导线所经过的路径,用铅笔或粉笔划出瓷瓶的安装位置,并在每个开关、灯具、插座固定点的中心处划一个"×"号。划线时相邻瓷瓶间的距离不要太大,排列要对称均匀。

(3)凿眼　按划线定位进行凿眼。在砖墙上凿眼,可采用钢凿或电钻。用电钻钻眼时,应采用合金钢钻头。用钢凿打眼口要小,孔内要大,孔深按实际需要确定。若在墙上穿通孔,在快要打通时注意减小工具上的压力,以免将墙壁的另一面打掉大块的砖。在混凝土结构上凿眼,可采用钢钎或电锤。用钢钎头打眼,操作时钢钎要放直,用铁锤敲击,边敲边转动钢钎,切不可用力过猛,以防把钢钎头打断。

(4)埋设紧固件　所有的孔眼凿好后,可埋设木楔、支架或弹簧螺钉。埋设时首先在孔眼中洒水淋湿,然后用水泥灰浆填充。

(5)埋设穿墙瓷管或过楼板钢管　最好在土建时预埋,这样可以减少凿孔的工作量。过梁或其他混凝土结构上预留瓷管孔,应当在土建铺模板时进行,按正确位置先放好适当大小的毛竹管或塑料管,待土建拆去模板刮糙后,将毛竹管去掉,换上瓷管。若采用塑料管,亦可不去掉,直接代替瓷管使用。穿墙的瓷管一般应用整根的,如果墙壁过厚,可用两根接起来,接缝处用黑胶布加以固定。接口应对正、紧密,以便于穿线。如果墙壁较薄,可按所需长度切断。

2. 绝缘子的固定

绝缘子固定方法随支持面形状而定。一般有木螺钉固定法、胀管法固定法和支架固定法。

木螺钉固定法主要适用于瓷夹和鼓形瓷瓶。在木结构上可采用木螺钉直接拧入固定。在砖石结构或混凝土结构上,除配合土建预埋木砖外,还可以用预埋弹簧螺钉的方法固定。

胀管法固定多用于在砖墙或混凝土结构上,不需要用水泥砂浆预埋。支架固定法适用于在各种结构上的瓷瓶配线。加工支架所用角钢的规格应不小于 25 mm×25 mm×3 mm。支架制作应平整端正,焊接牢固,角钢要作防锈处理,符合规范要求,埋设应横平竖直。

3. 导线敷设

当导线分支时,必须在分支点处设置瓷瓶支持导线,如图 1.183 所示。电线在同一平面内,如有弯曲时,瓷瓶必须设在转角的内侧,如图 1.184 所示。

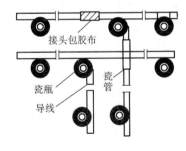

图 1.183　瓷瓶的分支作法

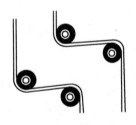

图 1.184　瓷瓶在同一平面的转弯作法

瓷瓶的绑扎方法有两种:双绑法,一般截面在 10 mm 以上的导线都用这种绑法,如图 1.185 所示。单绑法,适用于 6 mm 及以下的小截面导线,如图 1.186 所示。终端固定导线时应按图 1.187 所示绑法。

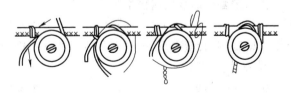

图 1.185　导线的双绑法

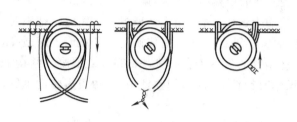

图 1.186　导线的单绑法

图 1.187　终端瓷瓶导线的绑扎

当导线穿过墙壁时,应将导线穿入预先埋设好的保护管内,并在墙壁的两边固定。穿过楼板时也应将导线穿入预先埋设好的钢管内。穿线时,先在钢管两端装好护口,再进行穿线,避免管口割破导线绝缘。当导线自潮湿房屋通入干燥房屋时,保护管应用沥青胶封住,以防潮气串户。穿墙保护管和过楼板的钢管,一般都在土建施工时预埋。穿墙保护管可用瓷管或硬塑料管。当线路交叉、分支和跨越其他管道时的作法,如图 1.188 所示。

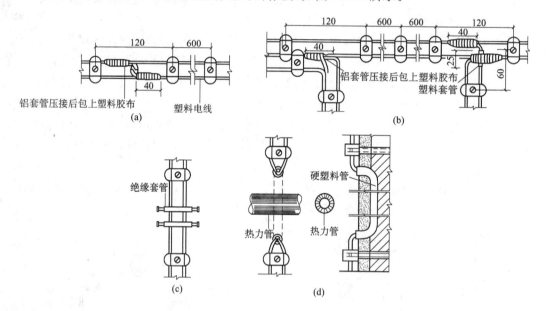

图 1.188　线路接头和交叉做法

(a)线路接头做法;(b)分支线路接头做法;(c)线路交叉做法;(d)线路与管道交叉做法

(三)塑料护套线配线

1. 划线定位

塑料护套线的敷设应横平竖直。敷设导线前,先用粉线按照设计弹出正确的水平线和垂直线,确定起始点位置,再按塑料护套线截面大小每隔 150～300 mm 划出铝片卡的固定位置。导线在距终端、转弯中点、电气器具或接线盒边缘 50～100 mm 处都要设置铝片卡进行固定。

2. 铝片卡固定

铝片卡的固定方法应根据建筑物的具体情况而定。在木结构上,可用一般钉子钉牢;在有抹灰层的墙上,可用鞋钉直接钉牢。在混凝土结构上,可采用环氧树脂黏接,为增加黏接面积,可利用穿卡底片,先把穿卡底片黏接在建筑物上,待黏接剂干固后,再穿上铝片卡。黏接前应对黏接面进行处理,用钢丝刷把接触面刷干净,再用湿布揩净待干,穿卡底片的接触面也应处理干净。将处理过的建筑物表面和穿卡底片的接触面拉毛,再均匀地涂上黏接剂,进行黏接。黏接时,用手稍加一定的压力,边压边转,使黏接面接触良好,养护1~5天,等黏接剂充分硬化后,方可敷设塑料护套线。夏天养护时间可略短一些。

在钉铝片卡时,一定要使钉帽与铝片卡一样平,以免划伤线皮。铝片卡的型号应根据导线规格及数量来选择。其规格有0~4号5种,号码越大,长度越长。

3. 塑料护套线配线

在水平方向敷设塑料护套线时,如果导线很短,为便于施工,可按实际需要长度先将导线剪断,把它盘起来,然后再一手持导线,一手将导线固定在铝片卡上。如果线路较长,且又有几根导线平行敷设时,可用绳子先把导线吊挂起来,使导线重量不完全承受在铝片卡上,然后将护套线轻轻地整理平整后用铝片卡扎牢,并轻轻拍平,使其紧贴墙面。每只铝片卡所扎导线最多不要超过3根。垂直敷设时,应自上而下操作。

弯曲护套线时用力要均匀,不应损伤护套和芯线的绝缘层,其弯曲半径不应小于导线外径的3倍,弯曲角度不小于90°当导线通过墙壁和楼板时应加保护管,保护管可用钢管、瓷管或塑料管。当导线水平敷设距地面低于2.5m或垂直敷设距地面低于1.8 m时应加管保护。

塑料护套线的接头,最好放在开关、灯头或插座处,以求整齐美观。如果接头不能放在这些地方,在分支接头和中间接头处,应装置接线盒,接头应采用焊接或压接。当护套线与接地体、发热管道接近或交叉时,应加强绝缘保护。容易机械损伤的部位,应穿钢管保护。

护套线在空心楼板内敷设,则不用其他保护措施,但楼板孔内不应有积水和其他损伤导线的杂物。

塑料护套线亦可以穿管敷设。有关技术要求和线管配线相同。

4. 塑料护套线配线的注意事项

(1)室内使用塑料护套线配线时,其截面规定铜芯不小于0.5 mm,铝芯不小于1.5 mm。室外使用塑料护套线配线时,其截面规定,铜芯不小于1.0 mm,铝芯不小于2.5 mm。

(2)护套线不可在线路上直接连接,可通过瓷接头、接线盒或借用其他电器的接线桩来连接线头。

(3)护套线转弯时,转弯圆度要大,以免损伤导线,转弯前后应各用一个铝片线卡夹住,如图1.189(a)所示。

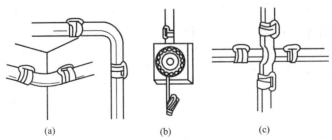

图1.189 铝片线卡的安装

(a)转角部分;(b)进入木台;(c)十字交叉

(4)护套线进入木台前应安装一个铝片线卡,如图1.189(b)所示。

(5)两根护套线相互交叉时,交叉处要用四个铝片线卡夹住,如图 1.189(c)所示,护套线应尽量避免交叉。

(6)护套线路的离地最小距离不小于 0.5 m,在穿越楼板及离地低于 0.15 m 的一般护套线,应加电线管保护。

(四)线管配线

线管配线有明配和暗配两种,其中主要包括线管选择、线管加工、线管敷设和穿线等几道工序。

1. 线管选择

线管的选择,首先应根据敷设环境来选择线管类型,然后再决定管子的规格。一般明配于潮湿场所和埋于地下的管子,均应使用厚壁钢管;明配或暗配于干燥场所的钢管,宜使用薄壁钢管。硬塑料管适用于室内或有酸、碱等腐蚀介质的场所,但不得在高温和易受机械损伤的场所敷设。半硬塑料管和塑料波纹管适用于一般民用建筑的照明工程暗敷设,但不得在高温场所内敷设。软金属管多用来作为钢管和设备的连接。

管子规格的选择应根据管内所穿导线的根数和截面决定,一般规定管内导线的总截面积(包括外护层)不应超过管子内径截面积的 40%。所选用的线管不应有裂缝和扁折,无堵塞,钢管管内应无铁屑及毛刺,切断口应锉平,管口应刮光。

2. 线管加工

需要敷设的线管,应在敷设前进行一系列的加工,如除锈、切割套螺纹和弯曲等。

1)除锈涂漆

敷设之前,将所选用钢管内外的灰渣、油污与锈块等清除。为防止除锈后重新氧化,应迅速涂漆。钢管外壁刷漆要求与敷设方式有关。

(1)埋入混凝土内的钢管不刷防腐漆。

(2)埋入道渣垫层和土层内的钢管应刷两道沥青或使用镀锌钢管。

(3)埋入砖墙内的钢管应刷红丹漆等防腐漆。

(4)明敷钢管应刷一道防腐漆,一道面漆(若设计无规定颜色,一般用灰色漆)。

(5)埋入有腐蚀性土层中的钢管,应按设计规定进行防腐处理。

2)切割套螺纹

在配管时,应根据实际需要长度对管子进行切割。管子的切割应使用钢锯、管子切割刀或电动切管机,严禁用气割。

管子和管子连接,管子和接线盒、配电箱的连接,都要在管子端部套螺纹。焊接钢管套螺纹,可用管子绞板(俗称代丝)或电动套螺纹机。电线管和硬塑料管套螺纹,可用圆丝板。

套螺纹时,先将管子在管子压力上固定压紧,然后再套螺纹。如利用电动套螺纹机,可提高工效。套完螺纹后,应随即清扫管,将管口端面和内壁的毛刺用锉刀锉光,使管口保持光滑,以免割破绝缘导线。

3)弯管

在线路敷设中,由于走向的改变,管道必须随之弯曲。弯管的工具常用管弯管器、木架弯管器、滑轮弯管器、电动或液压弯管机。对于管壁较厚或管径较大的钢管,可用气焊加热弯曲。在用氧炔焰加热时要注意火候,若火候不到,无法使其弯曲;加热过度,又容易弯瘪。最好在加热前,先用干燥砂粒灌入管内并捣实,然后再加热弯曲,即可避免弯瘪现象发生。对于薄壁大口径管道,灌砂弯管显得更为重要。施工时要尽量减少弯头。为了便于穿线,管子的弯曲角度一般要在90°以上。管子弯曲半径,明配管一般不小于管子外径的6倍,只有一个弯时,可不小于管外径的4倍,整排钢管在转弯处,宜弯成同心圆的弯儿;暗配时不应小于管外径的6倍,敷设于地下或混凝土楼板内时,不应小于管外径的10倍。

为了穿线方便,水平敷设的电线管路超过下列长度,或弯曲过多时,中间应增设接线盒或拉线盒:

①管子长度每超过45 m,无弯曲时;

②管子长度每超过30 m,有1个弯时;

③管子长度每超过20 m,有2个弯时;

④管子长度每超过12 m,有3个弯时。

否则应选择大一级的管径。

3. 线管连接

1)钢管连接

钢管与钢管之间的连接,无论是明敷还是暗敷,一般都采用管箍连接,管箍两端要焊接用圆钢或扁钢制作的跨接线,如图1.190所示,管端套丝长度不应小于管箍长度的1/2。为了保证管接口的严密性,管子的丝扣部分应顺螺纹方向缠上麻丝,或缠以聚四氟乙烯塑料防水带。再用管钳子拧紧,使两管口间吻合。不允许将管子对焊连接。对于直径50 mm及以上的暗配管可采用套管焊接的方式,套管的长度为所连接管子外径的1.5~3倍。连接管的对口处应在套管的中心,焊口应焊接牢固、严密。

钢管进入灯头盒、开关盒、拉线盒及配电箱时,暗配管可用焊接固定,管口露出盒(箱)应小于5 mm;明配管应用锁紧螺母或管帽固定,露出锁紧螺母的丝扣为2~4扣,如图1.191所示。

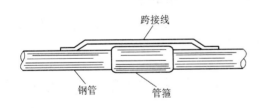

图1.190　钢管连接处接地

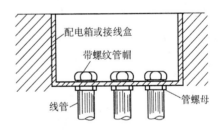

图1.191　钢管和接线盒(箱)连接

2)硬塑料管连接

(1)插入法连接　连接前先将连接的两根管子的管口分别倒成内侧角和外侧角,如图1.192所示。然后用汽油或酒精把管子的插接段的油污杂物擦干净,接着将阴管插接段(长度为1.2~1.5倍的管子直径)放在电炉或喷灯上加热至145℃左右,呈柔软状态后,在阳管插入部分涂一层胶合剂(过氧乙烯胶)后迅速插入阴管,立即用湿布冷却,使管子恢复原来硬度,如图1.193所示。

(2)套接法连接　连接前先将同径的硬塑料管加热扩大成套管,然后把需要连接的两管端倒角,用汽油或酒精擦干净,待汽油挥发后,涂以胶合剂迅速插入热套管中,并用湿布冷却,套接情况如图1.194所示。也可以用焊接方法予以焊牢密封。

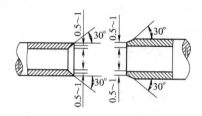

图 1.192　管口倒角

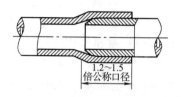

图 1.193　插入法连接

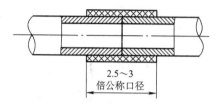

图 1.194　硬塑料管的套管接法连接

4. 线管敷设

(1)明管敷设　明管配线要求整齐美观、安全可靠。一般管路应沿着建筑物水平或垂直敷设,其允许偏差在 2 m 以内均为 3 mm,全长不应超过管子内径的 1/2。当管子沿墙、柱或屋架等处敷设时,可用管卡或管夹固定。

(2)暗管敷设　线管在现浇混凝土构件内敷设管子,可用铁丝将管子绑扎在钢筋上,也可以用钉子钉在模板上,但应将管子用垫块垫起,用铁丝绑牢,垫块可用碎石块,垫高 15 mm 以上。此项工作是在浇灌前进行的。线管配在砖墙内敷设时,一般在土建砌砖时预埋,否则,应先在砖墙上留槽或开槽,然后在砖缝里打入木榫并钉钉子,再用铁丝将管子绑扎在钉子上,最后将钉子打入,使管子充分嵌入槽内。应保证管子离墙表面净距不小于 15 mm。在地坪内配管,必须在土建浇制混凝土前埋设。固定方法可用木桩或圆钢等打入地中,再用铁丝将管子绑牢。为使管子全部埋设在地坪混凝土层内,应将管子垫高,离土层 15～20 mm,这样,可减少地下湿土对管子的腐蚀。埋于地下的线管不宜穿过设备基础,在穿过建筑物基础时,应加保护管保护。当有许多管子并排敷设在一起时,必须使其各个离开一定距离,以保证其间也灌上混凝土。进入落地式配电箱的管子应排列整齐,管口应高出配电箱基础面不小于 50 mm。为避免管口堵塞影响穿线,管子配好后要将管口用木塞或塑料塞堵好。管子连接处以及钢管与接线盒连接处,要做好接地处理。

5. 线管穿线

管内穿线工作一般应在管子全部敷设完毕及土建地坪和粉刷工程结束后进行。在穿线前应将管中的积水及杂物清除干净。

穿线时应严格按照规范要求进行,不同回路、不同电压和交流与直流的导线,不得穿入同一根管子内。但下列回路可以除外:①电压为 65 V 以下的回路;②同一台设备的电动机回路和无抗干扰要求的控制回路;③照明花灯的所有回路;④同类照明的几个回路,但管内导线总数不应多于 8 根。

同一交流回路的导线必须穿于同一根钢管内。导线在管内不得有接头和扭结,其接头应放在接线盒内。

槽板配线、钢索配线等其他配线方式,因使用较少,本书未予介绍。

八、电缆的检修

1. 电缆常见故障

1)电缆故障的主要形式

(1)线路故障主要包括断线和不完全断线故障。

(2)绝缘故障包括绝缘损坏或击穿,如相间短路,单相接地等。

(3)综合故障兼有以上两种故障。

2)故障原因的分析

电缆产生故障的原因很多,常见的有如下一些故障。

(1)机械损伤　电缆直接受到外力损伤,如基建施工时受挖掘工具的损伤,或由于电缆铅包层的疲劳损坏、铅包龟裂、弯曲过度、热胀冷缩等引起电缆的机械损伤。

(2)绝缘受潮　由于设计或施工不良,水分浸入,使绝缘受潮,绝缘性能下降。绝缘受潮是电缆终端头和中间接线盒最常见的故障。

(3)绝缘老化　电缆中的浸渍剂在电热作用下,化学分解使介质损耗增大,导致电缆局部过热,绝缘老化造成击穿。

(4)电缆击穿　由于设计不当,电缆长期过热,使电缆过热击穿;或由于操作过电压,造成电缆过电压击穿。

(5)材料缺陷　材料质差引起,如电缆中间接线盒或电缆终端头等附件的铸铁质量差,有细小裂缝或砂眼,造成电缆损坏。

(6)化学腐蚀　由于电缆线路受到酸、碱等化学腐蚀,使电缆击穿。

2. 电缆故障的检测

(1)故障的判定　故障判定时应注意以下几点。

①无论何种电缆,均须在电缆与电力系统完全隔离后,才可进行鉴定故障性质的试验。

②鉴定故障性质的试验,应包括每根电缆芯的对地绝缘电阻,各电缆芯间的绝缘电阻和每根电缆芯的连续性。

③鉴定故障性质可用兆欧表试验。电缆在运动中或试验中已发现故障,兆欧表不能鉴别其性质时,可用高压直流来测试电缆芯间及芯与铅包间的绝缘。

④电缆二芯接地故障时,不允许利用另一芯的自身电容做声测试验。

⑤电缆故障的测寻方法可参照表 1.4 进行。测出故障点距离后,应根据故障的性质,采用声测法或感应法定出故障点的确切位置。充油电缆的漏油点可采用流量法和冷冻法测寻。

表 1.4　测寻电缆故障点的方法

故　障　情　况			电桥法	感应法	脉冲反射示波器法	脉冲振荡示波器法
接地电阻小于 10 kΩ	单相		○	△①	△②	○
	二相	短路接地	○	△①	△②	○
接地电阻小于 10 kΩ	三相	短路接地	△③	△①	△②	○
	护层接地		○	△①	△②	○
高阻接地			△	×	×	○
断　线			△	×	○	×
闪　络			×	×	×	○

（2）故障点的精测方法　主要有感应法和声测法等。

①感应法原理是，当音频电流经过电缆线时，在电缆周围产生电磁波，携带感应接收器沿电缆线路行走，可以听到电磁波的音响。在故障点，音频电流突变，电磁波的音响也发生突变。该方法适用于寻找断相、线间低电阻短路故障。不适用于寻找高电阻短路及单相接地故障。

②声测法原理是利用电容器充电后经过球隙向故障线芯放电，故在故障点附近用拾音器可判断故障点的准确位置。

3. 故障处理

（1）发现电缆故障部位后，应按《电业安全工作规程》的规定进行处理。

（2）清除电缆故障部分后，必须进行电缆绝缘的潮气试验和绝缘电阻试验。检验潮气用油的温度为150℃对于橡塑电缆则以导线内有无水滴作为判断标准。

（3）电缆故障修复后，必须核对相位，并做耐压试验，合格后，才可恢复运行。

九、白炽灯照明线路

白炽灯结构简单，使用可靠，价格低廉，其结构和安装都较简单。

（一）灯具种类

1. 灯泡

灯泡由灯丝、玻璃泡和灯头三部分组成。灯泡的灯丝一般都由钨丝制成，当钨丝通过电流时，就被燃至白炽而发光。灯泡的外壳一般用很透明的玻璃制成，但也有用不同颜色的玻璃制成。功率为40 W或超过40 W的灯泡，在玻璃壳内充有氩气和氮气等惰性气体，使钨不易挥发。灯泡的灯头有插口式和螺口式两种。白炽灯泡按工作电压可分为6 V、12 V、24 V、36 V、110 V、220 V等多种。在安装灯泡时，应注意使灯泡的工作电压与线路电压保持一致。白炽灯发光效率较低，寿命也不长，但光色较受人们欢迎。

2. 灯座

灯座可称为灯头，其品种较多。常用的灯座如图1.195所示，可按使用场所进行选择。

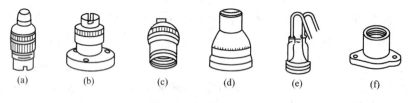

图1.195　常用灯座

（a）插口吊灯座；（b）插口平灯座；（c）螺口吊灯座；（d）螺口平灯座；（e）防水螺口吊灯座；（f）防水螺口平灯座

3. 开关

开关的品种也很多，常用的开关如图1.196所示。按应用结构，它又可分为单联开关和双联开关。

（二）白炽灯照明线路原理图

1. 单联开关控制白炽灯

它是由一只单联开关控制一只白炽灯，其接线原理如图1.197所示。

2. 双联开关控制白炽灯

它是由两只双联开关来控制一只白炽灯，其接线原理如图1.198所示。

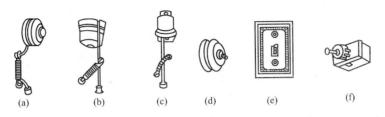

图 1.196　常用开关

(a)拉线开关;(b)顶装式拉线开关;(c)防水式拉线开关;(d)平开关;(e)暗装开关;(f)台灯开关

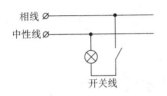

图 1.197　单联开关控制白炽灯接线原理图

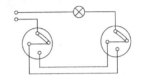

图 1.198　双联开关控制白炽灯接线原理图

(三)白炽灯照明线路的安装

白炽灯照明线路的安装分为灯座的安装和开关的安装两部分。

1. 灯座的安装

安装注意事项如下:平灯座上有两个接线柱,一个与电源中性线连接,另一个与来自开关的一根线连接。对于插口平灯座,它的两个接线柱可任意连接上述两个线头。而对于螺口平灯座,为了使用安全,必须把电源中性线连接在接通螺纹圈的接线柱上,把来自开关的连接线连接在连通中心簧片的接线柱上,如图 1.199 所示。

吊灯灯座必须用两根绞合的塑料软线或花线作为与挂线盒的连接线,且导线两端均应将绝缘层剥去。挂线盒内接线时,将上端塑料软线串入挂线盒,并在盖孔内打个结,使其能承受吊灯的重力,然后将软线上端两个线头分别穿入挂线盒底座正中凸起部分的两个侧孔里,再分别接到两个接线柱上,罩上挂线盒盖,接着将下端塑料软线串入吊灯座盖孔内,也打一个结,然后把两个线头接到吊灯座的两个接线柱上,罩上吊灯座盖即可,安装方法如图 1.200 所示。

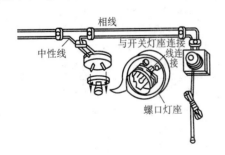

图 1.199　螺口平灯座的安装图

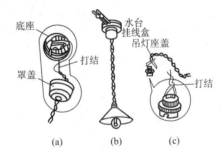

图 1.200　吊灯座的安装

(a)挂线盒内接线;(b)装成的吊灯;(c)吊灯座的接线

2. 开关的安装

开关的安装分为单联开关的安装和双联开关的安装。

(1)单联开关的安装　在墙上准备装开关的地方装木榫,将一根相线和一根开关线穿过木台的两孔,并将木台固定在墙上,同时将两根导线穿过开关两孔眼,接着固定开关并进行接线,装上开关盖子即可。

（2）双联开关的安装　双联开关一般用于两处控制一只灯的线路，其安装方法如图 1.201 所示。图中号码 1 和 6 分别为两只双联开关中连铜片的接头，这两个接头不能接错，双联开关接错时会发生短路事故，所以接好线应该仔细检查后方可通电使用。

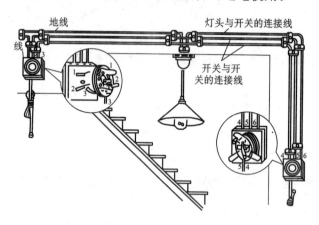

图 1.201　双联开关安装方法

3. 插座的安装

插座的种类很多，如圆扁通用双极插座、扁式单相三极插座、暗式圆扁通用双极插座、圆式三相四极插座等，按相数分主要有单相插座和三相插座两类。安装方法很简单，但要注意，凡带接地接头的，在接线时它要与接地线或接零线相接，切不可用插座中的中性线作为接地线。

白炽灯照明线路的常见故障分析见表 1.5。

表 1.5　白炽灯照明线路常见故障分析

故障现象	产生原因	检修方法
灯泡不亮	(1)灯泡钨丝烧断 (2)电源熔断器的熔丝烧断 (3)灯座或开关接线松动或接触不良 (4)线路中有断路故障	(1)调换新灯泡 (2)检查熔丝烧断的原因并更换熔丝 (3)检查灯座和开关的接线处并修复,用电气或用校火灯头检查 (4)检查线路的断路处并修复
开关合上后熔断器熔丝烧断	(1)灯座内两线头短路 (2)螺口灯座内中心铜片与螺旋铜圈相碰、短路 (3)线路中发生短路 (4)用电器发生短路 (5)用电量超过熔丝容量	(1)检查灯座内两接线头并修复 (2)检查灯座并扳校准中心铜片 (3)检查导线是否老化或损坏并修复 (4)检查用电器并修复 (5)减小负载或更换熔断器
灯泡忽亮忽暗或忽亮忽熄	(1)灯丝烧断,但受震后忽接忽离 (2)灯座或开关接线松动 (3)熔断器熔丝接头接触不良 (4)电源电压不稳定	(1)调换灯泡 (2)检查灯座和开关并修复 (3)检查熔断器并修复 (4)检查电源电压

故障现象	产生原因	检修方法
灯泡发出强烈白光并瞬时或短时烧坏	(1)灯泡额定电压低于电源电压 (2)灯泡钨丝有搭丝,从而使电阻减小,电流增大	(1)更换与电源电压相符的灯泡 (2)更换新灯泡
灯光暗淡	(1)正常现象,不必修理 (2)调高电源电压 (3)检查线路,更换导线	(1)灯泡内钨丝挥发后,积聚在玻壳内表面透光度降低,同时由于钨丝挥发后变细,电阻增大,电流减小,光通亮减小 (2)电源电压过低 (3)线路因年久老化或绝缘损坏有漏电现象

十、荧光灯照明线路

(一)荧光灯照明线路的结构及工作原理

荧光灯又叫日光灯,是应用较普遍的一种照明灯具。

1. 荧光灯照明线路的结构

荧光灯由灯管、启辉器、镇流器、灯架和灯座等组成。

(1)灯管 由玻璃管、灯丝和灯丝引出脚组成,玻璃管内抽成真空后充入少量汞和氢等惰性气体,管壁涂有荧光粉,在灯丝上涂有电子粉。

(2)启辉器 由氖泡、纸介质电容、出线脚和外壳等组成,氖泡内装有∩形动触片和静触片。

(3)镇流器 主要由铁芯和线圈等组成。使用时注意镇流器功率必须与灯管功率相符。

(4)灯架 有木制和铁制两种,规格应配合灯管长度。

(5)灯座 灯座有开启式和弹簧式两种。

2. 荧光灯的工作原理

荧光灯的工作原理图,如图1.202所示。当日光灯接通电源后,电源电压经过镇流器、灯丝,加在启辉器的∩形动触片和静触片之间,引起辉光放电,放电时产生的热量使∩形动触片膨胀并向外延伸,与静触片接触,接通电路,使灯丝预热并发射电子。与此同时,由于∩形动触片与静触片相接触,使两片间电压为零而停止辉光放电。∩形动触片冷却并复原脱离静触

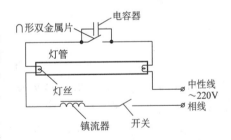

图1.202 荧光灯的工作原理图

片,在动触片断开瞬间,在镇流器两端会产生一个比电源电压高得多的感应电动势,这个感应电动势加在灯管两端,使灯管内惰性气体被电离而引起弧光放电,随着灯管内温度升高,液态汞就会汽化游离,引起汞蒸气弧光放电而发出肉眼看不见的紫外线,紫外线激发灯管内壁的荧光粉后,发出近似日光的灯光。

镇流器另外还有两个作用:一个是在灯丝预热时,限制灯丝所需的预热电流值,防止灯丝因预热温度过高而烧断,并保证灯丝电子的发射能力;二是在灯管启辉后,维持灯管的工作电压和限制灯管工作电流在额定值,以保证灯管能稳定工作。

并联在氖泡上的电容有两个作用,一是与镇流器线圈形成LC振荡电路,能延长灯丝的预热时间和维持感应电动势;二是能吸收干扰收音机和电视机的交流杂声。当电容击穿时,剪除后启辉器仍能使用。

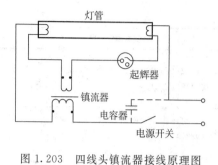

图 1.203　四线头镇流器接线原理图

当灯管一端灯丝断裂时,连接两引出脚后即可继续使用。

四线头镇流器的接线原理图,如图 1.203 所示。

（二）荧光灯照明线路的安装

荧光灯线路的安装方法,如图 1.204 所示。其接线步骤如下。

（1）启辉器座上的两个接线柱分别与两个灯座中的一个接线柱连接。

（2）一个灯座中余下的另一个接线柱与电源的中性线相连接,另一灯座中余下的另一个接线柱与镇流器的一个接头连接。

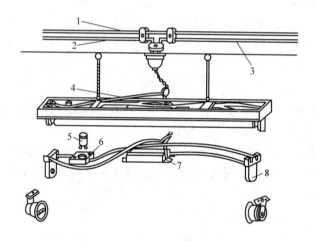

图 1.204　荧光灯线路的安装

1—火线；2—地线；3—灯光与开关的连接线；4—木架；5—启辉器
6—启辉器座；7—镇流器；8—灯座

（3）镇流器另一个接头与开关的一个接线柱连接,而开关另一个接线柱与电源火线连接。

荧火灯照明线路的常见故障分析见表 1.6。

表 1.6　荧光灯照明线路的常见故障分析

故障现象	产生原因	检修方法
日光灯管不能发光	(1)灯座或启辉器底座接触不良	(1)转动灯管,使灯管四极和灯座四夹座接触使启辉器两极与底座二铜片接触,找出原因并修复
	(2)灯管漏气或灯丝断	(2)用万用表检查或观察荧光粉是否变色,确认灯管坏,可换新灯管
	(3)镇流器线圈断路	(3)修理或调换镇流器
	(4)电源电压过低	(4)不必修理
	(5)新装日光灯接线错误	(5)检查线路

续表

故障现象	产生原因	检修方法
光灯抖动或两头发光	(1)接线错误或灯座灯脚松动 (2)启辉器氖泡内动、静触片不能分开或电容器击穿 (3)镇流器配用规格不合适或接头松动 (4)灯管陈旧,灯丝上电子发射物质放电作用降低 (5)电源电压过低或线路电压降过大 (6)气压过低	(1)检查线路或修理灯座 (2)将启辉器取下,用两把螺钉旋具的金属头分别触及启辉器底座两块铜片,然后将两根金属杆相碰,并立即分开,如灯管能跳亮,则启辉器坏了,应更换启辉器 (3)调换适当镇流器或加固接头 (4)调换灯管 (5)如有条件升高电压或加粗导线 (6)用热毛巾对灯管加热
灯管两头发黑或生黑斑	(1)灯管陈旧,寿命将终的现象 (2)如果新灯管,可能因启辉器损坏使灯丝发射物质加速挥发 (3)灯管内水银凝结是细灯管常见现象 (4)电源电压太高或镇流器配用不当	(1)调换灯管 (2)调换启辉器 (3)灯管工作后即能蒸发或灯管旋转180° (4)调整电源电压或调换适当的镇流器
灯光闪烁或光在管内滚动	(1)新灯管暂时现象 (2)灯管质量不好 (3)镇流器配用规格不符或接线松动 (4)启辉器损坏或接触不好	(1)开用几次或对调灯管两端 (2)换一根灯管试一试有无闪烁 (3)调换合适的镇流器或加固接线 (4)调换启辉器或加固启辉器
灯光亮度降低或色彩转差	(1)灯管陈旧的必然现象 (2)灯管上积垢太多 (3)电源电压太低或线路电压降太大 (4)气温过低或冷风直吹灯	(1)调换灯管 (2)清除灯管积垢 (3)调整电压或加粗导线 (4)加防护罩或避开冷
灯管寿命短或发光后立即熄灭	(1)镇流器配用规格不合或质量较差,或镇流器内部线圈短路,致使灯管电压过高 (2)受到剧震,将使灯丝震断 (3)新装灯管因接线错误将灯管烧坏	(1)调换或修理镇流器 (2)调换安装位置或更换灯管 (3)检修线路
镇流器有杂音或电磁声	(1)镇流器质量较差或其铁芯的硅钢片未夹紧 (2)镇流器过载或其内部短路 (3)镇流器受热过度 (4)电源电压过高引起镇流器发出声音 (5)启辉器不好引起开启时辉光杂音 (6)镇流器有微弱声,但影响不大	(1)调换镇流器 (2)调换镇流器 (3)检查受热原因 (4)如有条件设法降压 (5)调换启辉器 (6)是正常现象,可用橡皮垫衬,以减少震动
镇流器过热或冒烟	(1)电源电压过高,或容量过低 (2)镇流器内线圈短路 (3)灯管闪烁时间长或使用时间太长	(1)有条件可调低电压或换用容量较大的镇流器 (2)调换镇流器 (3)检查闪烁原因或减少继续使用的时间

任务实施

实施6 正弦稳态交流电路相量的研究

一、实验目的

(1)研究正弦稳态交流电路中电压、电流相量之间的关系。

(2)掌握日光灯线路的接线。

(3)理解改善电路功率因数的意义并掌握其方法。

二、原理说明

(1)在单相正弦交流电路中,用交流电流表测得各支路的电流值,用交流电压表测得回路各元件两端的电压值,它们之间的关系满足相量形式的基尔霍夫定律,即 $\sum I=0$ 和 $\sum U=0$。

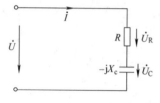

图 1.205　RC 串联电路

(2)图 1.205 所示的 RC 串联电路,在正弦稳态信号 U 的激励下,U_R 与 U_C 保持有 90°的相位差,即当 R 阻值改变时,U_R 的相量轨迹是一个半圆。U、U_C 与 U_R 三者形成一个直角形的电压三角形,如图 1.206 所示。R 值改变时,可改变 φ 角的大小,从而达到移相的目的。

(3)日光灯线路如图 1.207 所示,图中 A 是日光灯管,L 是镇流器,S 是启辉器,C 是补偿电容器,用以改善电路的功率因数($\cos \varphi$ 值)。

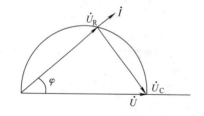

图 1.206　相量图

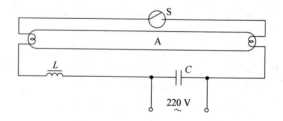

图 1.207　日光灯线路图

三、实验设备

序号	名称	型号与规格	数量(个)	备注
1	交流电压表	0～450 V	1	D33
2	交流电流表	0～5 A	1	D32
3	功率表		1	D34
4	自耦调压器		1	DG01
5	镇流器、启辉器	与 40 W 灯管配用	各1	DG09
6	日光灯灯管	40 W	1	屏内
7	电容器	1 μF,2.2 μF,4.7 μF/500 V	各1	DG09
8	白炽灯及灯座	220 V,15 W	1～3	DG08
9	电流插座		3	DG09

四、实验内容

(1)按图1.205接线。R为220 V、15 W的白炽灯泡,电容器为4.7 μF/450 V。经指导教师检查后,接通实验台电源,将自耦调压器输出(即U)调至220 V。记录U、U_R、U_C值,验证电压三角形关系。

(2)日光灯线路接线与测量。按图1.208接线。经指导教师检查后接通实验台电源,调节自耦调压器的输出,使其输出电压缓慢增大,直到日光灯刚启辉点亮为止,记下三表的指示值。然后将电压调至220 V,测量功率P,电流I,电压U、U_L、U_A等值,验证电压、电流相量关系。

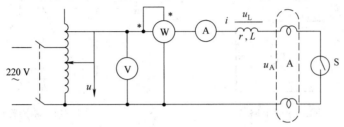

图1.208　日光灯线路接线图

(3)并联电路——电路功率因数的改善。按图1.209组成实验线路。接通实验台电源,将自耦调压器的输出调至220 V,记录功率表、电压表读数。通过一只电流表和三个电流插座分别测得三条支路的电流,改变电容值,进行三次重复测量。

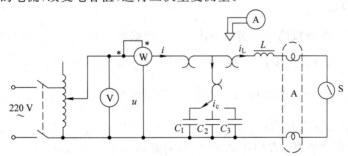

图1.209　改善电路功率因数实验线路

五、实验注意事项

(1)本实验用交流市电220 V,务必注意用电和人身安全。

(2)功率表要正确接入电路。

(3)线路接线正确,日光灯不能启辉时,应检查启辉器及其接触是否良好。

实施7　RLC串联谐振电路的研究

一、实验目的

(1)学习用实验方法绘制RLC串联电路的幅频特性曲线。

(2)加深理解电路发生谐振的条件、特点,掌握电路品质因数(电路Q值)的物理意义及其测定方法。

二、原理说明

(1)在图1.210所示的RLC串联电路中,当正弦交流信号源的频率f改变时,电路中的感抗、容抗随之而变,电路中的电流也随 f 而变。取电阻 R 上的电压 u_o 作为响应,当输入电压 u_L 的幅值维持不变时,在不同频率的信号激励下,测出 U_o 的值,然后以 f 为横坐标,以 U_o/U_L 为纵坐标(因 U_L 不变,故也可直接以 U_o 为纵坐标),绘出光滑的曲线,此即为幅频特性曲线,亦称谐振曲线,如图 1.211 所示。

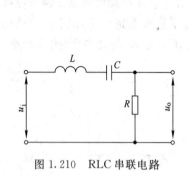

图 1.210 RLC 串联电路

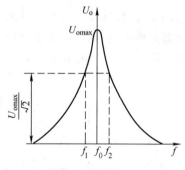

图 1.211 幅频特性曲线

(2)在 $f=f_0=\dfrac{1}{2\pi\sqrt{LC}}$ 处,即幅频特性曲线尖峰所在的频率点,f_0 称为谐振频率。此时 $X_L=X_C$,电路呈纯阻性,电路阻抗的模为最小。在输入电压 U_L 为定值时,电路中的电流达到最大值,且与输入电压 u_L 同相位。从理论上讲,此时 $U_L=U_R=U_o$,$U_L=U_C=QU_i$,式中的 Q 称为电路的品质因数。

(3)电路品质因数 Q 值的两种测量方法:一是根据公式 $Q=\dfrac{U_L}{U_o}=\dfrac{U_C}{U_o}$ 测定,U_C 与 U_L 分别为谐振时电容器 C 和电感线圈 L 上的电压;另一方法是通过测量谐振曲线的通频带宽度 $\Delta f=f_2-f_1$,再根据 $Q=\dfrac{f_0}{f_2-f_1}$ 求出 Q 值。式中 f_0 为谐振频率,f_2 和 f_1 是失谐时,亦即输出电压的幅度下降到最大值的 $1/\sqrt{2}(=0.707)$ 倍时的上、下频率点。Q 值越大,曲线越尖锐,通频带越窄,电路的选择性越好。在恒压源供电时,电路的品质因数、选择性与通频带只决定于电路本身的参数,而与信号源无关。

三、实验设备

序号	名称	型号与规格	数量(个)	备注
1	低频函数信号发生器		1	DG03
2	交流毫伏表	0~600 V	1	D83
3	双踪示波器		1	自备
4	频率计		1	DG03
5	谐振电路实验电路板	$R=200\ \Omega,1\ k\Omega$ $C=0.01\ \mu F,0.1\ \mu F$ $L\approx30\ mH$		DG07

四、实验内容

(1)按图 1.212 组成监视、测量电路。先选用 C_1、R_1,用交流毫伏表测电压,用示波器监视信号源输出。令信号源输出电压 $U_L=4V_{P-P}$,并保持不变。

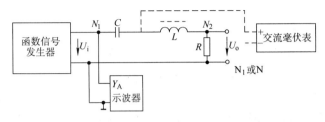

图 1.212　实验线路图

（2）找出电路的谐振频率 f_0，其方法是，将毫伏表接在 R（200 Ω）两端，令信号源的频率由小逐渐变大（注意要维持信号源的输出幅度不变），当 U_o 的读数为最大时，读得频率计上的频率值即为电路的谐振频率 f_0，并测量 U_C 与 U_L 之值（注意及时更换毫伏表的量限）。

（3）在谐振点两侧，按频率递增或递减 500 Hz 或 1 kHz，依次各取 8 个测量点，逐点测出 U_o、U_L、U_C 的值，记录各数据。$U_L = 4V_{P-P}$，$C = 0.01\ \mu F$，$R = 200\ \Omega$，找出 f_0 的值。计算 $f_2 - f_1$ 和 Q 的值。

（4）将电阻改为 R_2，重复实验内容（2）、（3）的测量过程。

（5）选 C_2，重复实验内容（2）～（4）。

五、实验注意事项

（1）测试频率点的选择应在靠近谐振频率附近多取几点。在变换频率测试前，应调整信号输出幅度（用示波器监视输出幅度），使其维持在 $4V_{P-P}$。

（2）测量 U_C 和 U_L 数值前，应将毫伏表的量限改大，而且在测量 U_L 与 U_C 时毫伏表的"＋"端应接 C 与 L 的公共点，其接地端应分别触及 L 和 C 的近地端 N_2 和 N_1。

（3）实验中，信号源的外壳应与毫伏表的外壳绝缘（不共地）。如能用浮地式交流毫伏表测量，则效果更佳。

六、预习思考题

（1）根据实验线路板给出的元件参数值，估算电路的谐振频率。

（2）改变电路的哪些参数可以使电路发生谐振，电路中 R 的数值是否影响谐振频率值？

（3）如何判别电路是否发生谐振？测试谐振点的方案有哪些？

（4）电路发生串联谐振时，为什么输入电压不能太大，如果信号源给出 3 V 的电压，电路谐振时，用交流毫伏表测 U_L 和 U_C，应该选择用多大的量限？

（5）要提高 RLC 串联电路的品质因数，电路参数应如何改变？

（6）本实验在谐振时，对应的 U_L 与 U_C 是否相等？如有差异，原因何在？

七、实验报告

（1）根据测量数据，绘出不同 Q 值时三条幅频特性曲线，即：$U_o = f(f)$，$U_L = f(f)$，$U_C = f(f)$。

（2）计算出通频带与 Q 值，说明不同 R 值时对电路通频带与品质因数的影响。

（3）对两种不同的测 Q 值的方法进行比较，分析误差原因。

（4）谐振时，比较输出电压 U_o 与输入电压 U_L 是否相等？试分析原因。

（5）通过本次实验，总结、归纳串联谐振电路的特性。

（6）心得体会及其他。

小　结

1. **正弦量的三要素及其表示**

以正弦电流为例,在确定参考方向下,它的解析式为

$$i(t) = I_\mathrm{m}\sin(\omega t + \varphi_i) = \sqrt{2}I\sin(2\pi ft + \varphi_i)$$

其中,振幅值 I_m(有效值 I)、角频率 ω(或频率 f 及周期 T)、初相角 φ_i 是决定正弦量的三要素。它们分别表示正弦量变化的范围、变化的快慢及其初始状态。根据正弦量的三要素,它也可以用波形图来表示。

相量只体现了三要素中的两个要素。

2. **元件约束和相互约束的相量式**

(1)在关联参考方向下

$$\dot{U}_\mathrm{R} = R\dot{I}_\mathrm{R}$$

$$\dot{U}_\mathrm{L} = jX_\mathrm{L}\dot{I}_\mathrm{L}$$

$$\dot{U}_\mathrm{C} = -jX_\mathrm{C}\dot{I}_\mathrm{C}$$

(2)KCL:$\sum \dot{I} = 0$

KVL:$\sum \dot{U} = 0$

3. **复阻抗**

在电压电流关联参考方向下,元件电压与电流两者关系的相量形式为

$$\dot{U} = Z\dot{I}$$

元件复阻抗

$$Z = \frac{\dot{U}}{\dot{I}} = |Z|\underline{/\varphi_z}$$

其中,$|Z| = \dfrac{U}{I}$, $\varphi_z = \varphi_u - \varphi_i$。

4. **相量法**

将正弦电路的激励和响应用相量表示,每一个元件用阻抗表示,那么直流电路的分析计算方法可以类推到正弦交流电路。首先要把原来的正弦电路参数的模型用相量模型表示,然后选用合适的方法分析计算。

5. **功率**

$$P = UI\cos\varphi$$

$$Q = UI\sin\varphi$$

$$S = \sqrt{P^2 + Q^2} = UI$$

功率因数 $\cos\varphi = \dfrac{P}{S}$,感性负载并联电容可提高功率因数。

思考与练习

[习题12] 一正弦电流的最大值 $I_\mathrm{m} = 15$ A,频率 $f = 50$ Hz,初相位为 $42°$,试求当 $t = 0.001$ s 时电流的相位及瞬时值。

[习题 13]　设某电路中的电流 $i = I_m \sin\left(\omega t + \dfrac{2\pi}{3}\right)$ A，当 $t = 0$ 时，电流的瞬时值 $i = 0.866$ A，试求有效值 I。

[习题 14]　已知正弦量 $\dot{U} = 220\,e^{j30°}$ V 和 $\dot{I} = -4 - j3$ A，试分别用三角函数式、正弦波形及相量图表示它们。

[习题 15]　把一个线圈接到 50 Hz、100 V 的交流电源上时，测得线圈中电流为 20 A；若把该线圈接到同样电压、频率为 60 Hz 的交流电源上时，测得线圈中电流为 18 A。试求线圈的电阻及电感。

[习题 16]　在图 1.213 中，已知 $U = 220$ V，$R = 22\ \Omega$，$X_L = 22\ \Omega$，$X_C = 11\ \Omega$，试求电流 I_R、I_L、I_C 及 I。

[习题 17]　试求图 1.214 所示电路中的各支路电流和总阻抗，并画出相量图。

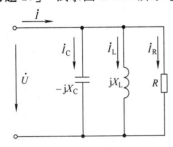

图 1.213　习题 16 的图

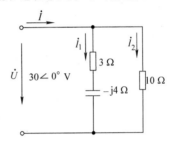

图 1.214　习题 17 的图

[习题 18]　在图 1.215 中，设 $U = 100$ V，$f = 100$ Hz，$L = 63.7$ mH，$C = 31.8\ \mu F$，$R = 10\ \Omega$。试求：(1)电流的有效值、电路的有功功率、无功功率、功率因数；(2)当 C 多大时，P 最大？此时的 Q_L、Q_C、Q 为多少？

[习题 19]　某收音机输入电路的电感约为 0.3 mH，可变电容器的调节范围为 25～360 pF。试问能否满足收听中波段535～1 605 kHz 的要求。

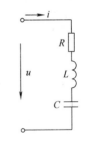

图 1.215　习题 18 的图

[习题 20]　有一 RLC 串联电路，$R = 500$，$L = 60$ mH，$C = 0.053$ pF。试计算电路的谐振频率、通频带宽度 $\Delta f = f_2 - f_1$ 及谐振时的阻抗。

[习题 21]　有一 RLC 串联电路，它在电源频率为 500 Hz 时发生谐振。谐振时电流 I 为 0.2 A，容抗为 314 Ω，并测得电容电压 U_C 为电源电压 U 的 20 倍。试求该电路的电阻 R 和电感 L。

检查与评价

检查项目	分配	评 价 标 准	得分
基础 知识 掌握	30 分	(1)掌握正弦交流电的基本概念及正弦量的三要素 (2)掌握正弦量的相量表示，正弦量解析式、波形图的相互转换 (3)掌握 R、L、C 元件电压与电流的相量关系与相量图，感抗、容抗的概念 (4)应用相量法分析 RLC 串、并联电路 (5)理解正弦交流电的有功功率、无功功率、视在功率、功率因数的计算 (6)理解提高功率因数的意义及有关计算	

电路分析及应用

续表

检查项目	分配	评 价 标 准	得分
线路连接	20分	(1)能够根据电路的原理图和安装图,正确连接电路 (2)熟练掌握元器件的安装和接线工艺 (3)在完成电路连接的同时,能检测和排除电路的故障 (4)在工作过程中严格遵守电工安全操作规程,时刻注意安全用电和节约原材料 (5)培养学生团队合作、爱护工具、爱岗敬业、吃苦耐劳精神	
实验过程	30分	(1)实验过程正确合理,10分 (2)电压表、电流表、功率表、示波器、万用表等仪表使用正确,10分(每错一处扣5分,超过量程造成仪表损坏扣10分) (3)读数和数据记录正确,10分	
结果分析	20分	(1)计算正确,10分 (2)结论正确,10分	

学习领域二

三相交流电的输配、测量及应用

    三相交流电是目前世界上使用最为广泛的交流电,从发电到输配电一般也都采用三相制。三相交流输配电系统如图 2.1 所示。

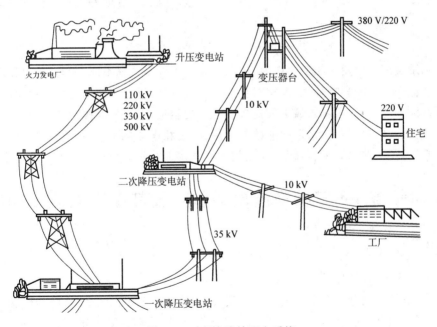

图 2.1　三相交流输配电系统

    由图中可见,发电厂发出的三相交流电经变压器升压和降压后输送到城市、农村,所以我们的生活和生产用电都是交流电。在矿山、交通运输、纺织、印染、造纸、印刷、化工、机床工业的主要驱动机械设备电机是交流电动机,农业灌溉、粮食加工的动力源也是交流电动机。特别是,冶金工业的冶炼、浇铸、各类轧钢机及其辅助加工生产线上的主要电气设备,以及天车、吊车、电葫芦及高炉、转炉、电弧炉升降移动装置的驱动,大部分还是变频交流电动机。电弧炉炼

131

钢时炉料的加热、感应炉、加热炉热量的产生也都使用的是三相交流电。图 2.2 为钢铁联合企业生产的流程图。此图显示出交流电在冶金工业中的应用是十分广泛的。

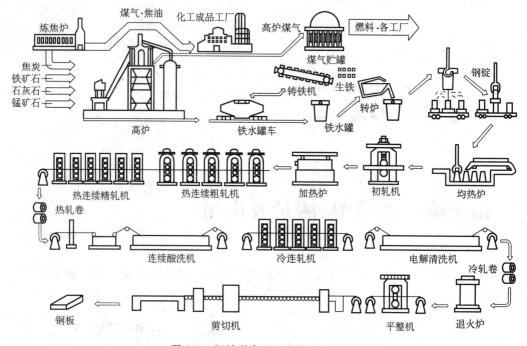

图 2.2　钢铁联合企业生产的流程图

　　工业和冶金工业使用三相交流电时,电路中会产生许多频率不同的非正弦电压和电流(称为谐波),它们对电网的影响很大,严重时会损坏电气设备,所以在使用三相交流电时应设法减小和抑制谐波。为此,本学习领域主要完成的学习内容是:①三相电源的星形及三角形的连接和使用,三相负载的星形及三角形的连接和使用;②三相电路的分析和测量;③变压器互感器的测量与应用;④谐波的减小与抑制;⑤三相交流电在工农业生产及冶金工业生产中的应用。

子学习领域 1　三相交流电的特点及其在工农业中的应用

布置任务

　　1. 知识目标

　　(1)了解三相交流电在工农业生产中的应用,知道对称三相正弦量、相序的概念。

　　(2)掌握三相电源绕组作星形、三角形两种连接方式下线电压、相电压的关系。

　　(3)掌握三相负载作星形连接及三角形连接时负载承受的电压以及电路中线电流、相电流、中性线电流的关系。

　　(4)学会进行三相负载作星形连接及三角形连接时有功功率、无功功率和视在功率的分析。

　　2. 技能目标

　　(1)能够进行三相电源绕组的星形连接及三角形连接。

（2）能够进行三相负载的星形连接及三角形连接。

（3）能够测量三相负载作星形连接及三角形连接时的电压、电流及功率。

（4）会使用和连接三相电表。

资讯与信息

信息 1 三相电源及其连接

一、对称三相交流电压的产生

对称三相电压是三相交流发电机产生的,发电机的结构如图 2.3 所示。

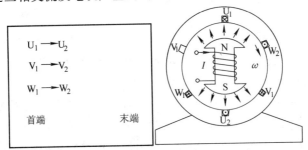

图 2.3 发电机结构图

定子中放三个线圈,三线圈空间位置各差 120°,转子装有磁极并以 ω 的速度旋转。三个线圈中便产生了三个单相电压。该三个电压是频率相同、幅值相等,对于选定的参考方向相位依次相差 120°的一组正弦交流电压。令 U 相的初相为零,V 相滞后 U 相 120°,W 相滞后 V 相 120°,其解析式为

$$\begin{cases} u_U = U\sqrt{2}\sin \omega t \text{ V} \\ u_V = U\sqrt{2}\sin(\omega t - 120°) \text{ V} \\ u_W = U\sqrt{2}\sin(\omega t + 120°) \text{ V} \end{cases} \tag{2.1}$$

用相量式表示为

$$\begin{cases} \dot{U}_U = U \underline{/0°} \text{ V} \\ \dot{U}_V = U \underline{/-120°} \text{ V} \\ \dot{U}_W = U \underline{/120°} \text{ V} \end{cases} \tag{2.2}$$

三相正弦电压的波形图与相量图如 2.4 所示。

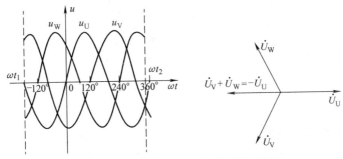

图 2.4 三相正弦电压的波形图与相量图

三相电压源的始端称为相头,标以 U_1、V_1、W_1;末端称为相尾,标以 U_2、V_2、W_2。规定参考正极性标在相头,负极性标在相尾。

从计时起点开始三相交流电依次出现正幅值(或零值)的顺序称为相序。图2.4所示的三相交流电的相序是 $U-V-W-U$,称为正序;如果相序为 $U-W-V-U$,则称为反序。电力系统一般采用正序。

由于对称三相电压的幅值相等,频率相同,彼此间的相位差也相等,因此它们的瞬时值或相量之和为零,即

$$u_U + u_V + u_W = 0$$

或
$$\dot{U}_U + \dot{U}_V + \dot{U}_W = 0 \tag{2.3}$$

二、三相交流电源的连接

三相电源并不是每相直接引出两根线和负载相接,而是把它们按一定方式连接后,再向负载供电。通常有两种连接方式。

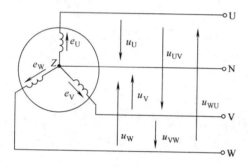

图 2.5 三相交流电源星形连接

1. 三相交流电源的星形连接

如图2.5所示,将三个末端接在一起,从始端引出三根导线,这种连接方法称为星形连接。末端的连接点称为中(性)点,用 N 表示。从中(性)点引出的导线称为中(性)线。从发电机绕组三个始端 U、V、W 引出的黄、绿、红三根导线称为相线或端线,俗称火线。

三相交流电源的星形连接时可以对外输出两种电压。

(1)相电压 三相线与中性线之间电压,称为相电压,分别为 $\dot{U}_{UN}$、$\dot{U}_{VN}$、$\dot{U}_{WN}$,有时也可简写为 $\dot{U}_U$、$\dot{U}_V$、$\dot{U}_W$。当三个相电压有效值相等时,有 $U_U = U_V = U_W = U_P$。

(2)线电压 两根端线之间的电压称为线电压,分别为 $\dot{U}_{UV}$、$\dot{U}_{VW}$、$\dot{U}_{WU}$。当三个线电压有效值相等时,有 $U_{UV} = U_{VW} = U_{WU} = U_L$。注意下标规定了两种电压的参考方向,星形连接时三相电源可引出四根线与负载相接,在电力系统中称这种供电方式为三相四线制。

当电源做星形连接时,相电压和线电压关系从图2.5可知

$$\begin{cases} u_{UV} = u_U - u_V \\ u_{VW} = u_V - u_W \\ u_{WU} = u_W - u_U \end{cases} \tag{2.4}$$

用相量表示为

$$\begin{cases} \dot{U}_{UV} = \dot{U}_U - \dot{U}_V \\ \dot{U}_{VW} = \dot{U}_V - \dot{U}_W \\ \dot{U}_{WU} = \dot{U}_W - \dot{U}_U \end{cases} \tag{2.5}$$

当对称时,取一式进行计算,得

$$\dot{U}_{UV} = \dot{U}_U - \dot{U}_V = \dot{U}_U - \dot{U}_U \left(-\frac{1}{2} - j\frac{\sqrt{3}}{2} \right) = \dot{U}_U \left(1 + \frac{1}{2} + j\frac{\sqrt{3}}{2} \right) = \sqrt{3}\dot{U}_U \angle 30°$$

其余两个线电压也可推出类似结果。

结论：当三个相电压对称时，三个线电压有效值相等且为相电压的$\sqrt{3}$倍，即

$$U_L = \sqrt{3} U_P \qquad (2.6)$$

相位上线电压比相应的相电压超前$30°$，即

$$\begin{cases} \dot{U}_{UV} = \sqrt{3} \dot{U}_U \underline{/30°} \\ \dot{U}_{VW} = \sqrt{3} \dot{U}_V \underline{/30°} \\ \dot{U}_{WU} = \sqrt{3} \dot{U}_W \underline{/30°} \end{cases} \qquad (2.7)$$

相电压与线电压的相量图如2.6所示。

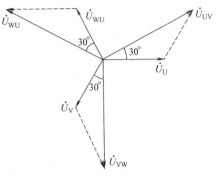

图2.6　相电压与线电压相量图

在我国低压配电系统中规定相电压为220 V，线电压为380 V。

2. 三相交流电源的三角形连接

如图2.7(a)所示，把三个单相电源的始端与末端顺次连成一个闭合回路，在从两个电源的连接点引出端线。相线与中性线之间的电压为相电压，分别为$\dot{U}_{UN}$、$\dot{U}_{VN}$、$\dot{U}_{WN}$，有时也可简写为$\dot{U}_U$、$\dot{U}_V$、$\dot{U}_W$，当三个相电压有效值相等时，有$U_U = U_V = U_W = U_P$；两根端线之间的电压称为线电压，分别为$\dot{U}_{UV}$、$\dot{U}_{VW}$、$\dot{U}_{WU}$，当三个线电压有效值相等时，有$U_{UV} = U_{VW} = U_{WU} = U_L$。很显然，三相电源星形连接可以同时提供相电压和线电压，而三角形连接不能引出中性线，只能提供线电压且线电压等于相电压。即：$\dot{U}_{UV} = \dot{U}_U$，$\dot{U}_{VW} = \dot{U}_V$，$\dot{U}_{WU} = \dot{U}_W$。如果三相电源只引出三根线与负载相接，则称为三相三线制供电方式。

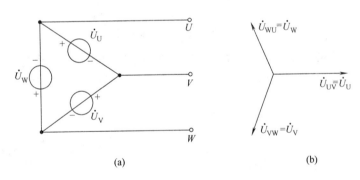

(a)　　　　　　　　　　　　(b)

图2.7　三相交流电源的三角形连接与相量图

(a)三相交流电源三角形连接；(b)相量图

需要注意的是：三角形连接时，不能将某相接反，否则三相电源回路内的电压达到相电压的2倍，导致电流过大，将烧坏电源绕阻。因此，做三角形连接时，预留一个开口用电压表测量开口电压，如果电压近于零或很小，再闭合开口，否则，就要查找哪一相接反了。

信息2　负载星形连接的三相电路

三相电路的负载有两类：一类是对称的三相负载，如三相电动机；另一类是单相负载，如电灯、电炉、单相电机等各种单相用电器。在低压供电系统中，对于大量使用的单相负载应尽可能均匀分配在各相中，使其也近似于对称三相负载。从后面的分析将会看到，对称三相负载具

有许多优点。

为了与三相电源相接,三相负载也有两种连接方式:星形连接与三角形连接。于是三相电源与三相负载之间的连接有五种组合。至于采用哪一种组合,取决于电源提供的电压等级与负载的额定电压,应该使负载承受的相电压等于其额定电压。

负载星形连接的三相四线制电路一般可用图 2.8(a)所示的电路表示。每相负载的阻抗为 Z_U、Z_V、Z_W,如果 $Z_U = Z_V = Z_W = Z$,称为对称三相负载。三相电路中,流过每根端线中电流称为线电流,分别用 i_U、i_V、i_W 表示,流过每相负载的电流称为相电流,分别用 $i_{U'N'}$、$i_{V'N'}$、$i_{W'N'}$ 表示;流过中性线的电流称为中性线电流,用 i_N 表示。

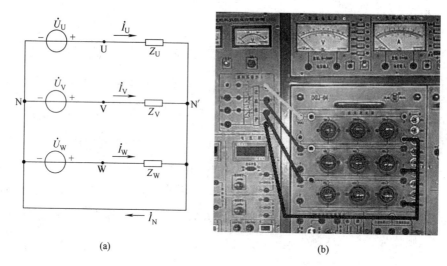

(a)　　　　　　　　　　(b)

图 2.8　负载星形连接的三相四线制电路

(a)电路图;(b)实际电路接线

在图 2.8(a)所示的电流参考方向下,显然,三相负载星形连接时,线电流与相应相电流相等,即

$$\begin{cases} i_U = i_{U'N'} \\ i_V = i_{V'N'} \\ i_W = i_{W'N'} \end{cases} \tag{2.8}$$

根据基尔霍夫定律,中性线电流与线电流的关系为

$$i_N = i_U + i_V + i_W \tag{2.9}$$

写成相量式,有

$$\dot{I}_N = \dot{I}_U + \dot{I}_V + \dot{I}_W$$

图 2.8(a)是具有两个节点、四条支路的电路,可用弥尔曼定理求出电源中点 N 与负载中点 N′ 之间的电压,即中点电压

$$\dot{U}_{N'N} = \frac{Y_U \dot{U}_U + Y_V \dot{U}_V + Y_W \dot{U}_W}{Y_U + Y_V + Y_W + Y_N} \tag{2.10}$$

其中,$Y_U = \dfrac{1}{Z_U}$,$Y_V = \dfrac{1}{Z_V}$,$Y_W = \dfrac{1}{Z_W}$,$Y_N = \dfrac{1}{Z_N}$。

各相负载的电压为

$$\begin{cases} \dot{U}'_U = \dot{U}_U - \dot{U}_{N'N} \\ \dot{U}'_V = \dot{U}_V - \dot{U}_{N'N} \\ \dot{U}'_W = \dot{U}_W - \dot{U}_{N'N} \end{cases} \tag{2.11}$$

各相负载的电流及中线电流为

$$\dot{I}_U = Y_U \dot{U}'_U, \; \dot{I}_V = Y_V \dot{U}'_V, \; \dot{I}_W = Y_W \dot{U}'_W$$

$$\dot{I}_N = Y_N \dot{U}'_{N'N} = \dot{I}_U + \dot{I}_V + \dot{I}_W$$

如果不考虑端线及中线阻抗,负载相电压即为电源相电压,每项负载的电流可分别求出为

$$\begin{cases} \dot{I}_U = \dfrac{\dot{U}_U}{Z_U} \\[2mm] \dot{I}_V = \dfrac{\dot{U}_V}{Z_V} \\[2mm] \dot{I}_W = \dfrac{\dot{U}_W}{Z_W} \end{cases} \tag{2.12}$$

如果三相负载对称,即 $Z_U = Z_V = Z_W = Z$,由于三相电源电压对称,故 $\dot{U}_{N'N} = 0$,此时有

$$\dot{U}'_U = \dot{U}_U, \; \dot{U}'_V = \dot{U}_V, \; \dot{U}'_W = \dot{U}_W$$

$$\dot{I}_U = \dfrac{\dot{U}_U}{Z}, \; \dot{I}_V = \dfrac{\dot{U}_V}{Z}, \; \dot{I}_W = \dfrac{\dot{U}_W}{Z}$$

可见负载相电压对称,相电流也对称。于是,中线电流等于零,即

$$\dot{I}_N = Y_N \dot{U}'_{N'N} = \dot{I}_U + \dot{I}_V + \dot{I}_W = 0$$

此时相量图如图 2.9 所示。

从上述分析可以看出。对于对称三相电路,只需取一相计算,其余两相的电压(电流)可以根据对称性写出来。例如取出 U 相计算,画出单相计算图,如图 2.10 所示。计算 $\dot{I}_U$ 后,可根据对称性写出 $\dot{I}_V$、$\dot{I}_W$。注意单相图中中性线阻抗必须为零,这是因为在对称三相电路中,不管中性线 Z_N 为多少,$\dot{U}_{N'N}$ 总是零,N 与 N′ 点等电位。因此图 2.10 中 N 点 N′ 应该以理想导线连接。

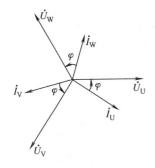

图 2.9　三相负载对称相量图

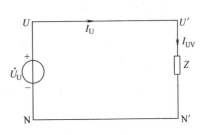

图 2.10　单相计算图

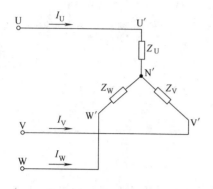

图 2.11 三相三线制电路

上述分析还可以看出,对于对称三相电路,有无中线并不影响电路。去掉中性线,电路可为图 2.11 所示,成为三相三线制。一般地,以 Y_0 表示星形带中线的三相四线制电路,以 Y 表示星形不带中线的三相三线制电路。生产上最常用的三相电动机就是以三相三线制供电的。可是在低压配电系统中都是采用三相四线制,在这里中性线是不能随意去掉的而且规定中性线不能装开关与熔断器。这是因为在低压配电系统中,有大量单相负载存在,使得三相负载总是不对称的。根据式(2.10),此时 $\dot{U}_{N'N} \neq 0$,于是三相负载的相电压也不相同,有的高,有的低,这样就使得各相负载无法正常工作,严重时还会烧毁负载。如果是中性线的阻抗 Z_N 接近零,就能在负载不对称的情况下,强迫 $\dot{U}_{N'N} = 0$,使负载相电压保持对称。可见在三相四线制中的中性线的作用是非常重要的。

[例题 1] 有一星形连接的三相负载,每相的电阻 $R = 6\ \Omega$,感抗 $X_L = 8\ \Omega$,电源电压对称,设 $U_{UV} = 380\sqrt{2}\sin(\omega t + 30°)$ V,试求电流(参照图 2.11)。

解:因为负载对称,只须计算一相(譬如 U 相)即可。

由图 2.6 的相量图可知,$U_U = \dfrac{U_{UV}}{\sqrt{3}} = \dfrac{380}{\sqrt{3}} = 220$ V,U_U 比 U_{UV} 滞后 30°,即

$$u_U = 220\sqrt{2}\sin \omega t \text{ V}$$

U 相电流为

$$I_U = \frac{U_U}{|Z_U|} = \frac{220}{\sqrt{6^2 + 8^2}} = 22 \text{ A}$$

i_U 比 u_U 滞后 φ 角,即

$$\varphi = \arctan \frac{X_L}{R} = \arctan \frac{8}{6} = 53°$$

所以 $i_U = 22\sqrt{2}\sin(\omega t - 53°)$ A

因为电流对称,其他两相的电流则为

$$i_V = 22\sqrt{2}\sin(\omega t - 53° - 120°) = 22\sqrt{2}\sin(\omega t - 173°) \text{ A}$$

$$i_W = 22\sqrt{2}\sin(\omega t - 53° + 120°) = 22\sqrt{2}\sin(\omega t + 67°) \text{ A}$$

[例题 2] 对称三相电源,电压为 380 V 向一组负载供电。三相负载 $Z_U = (8 + j6)\ \Omega$,$Z_V = (8 + j6)\ \Omega$,$Z_W = 10\ \Omega$ 为 Y_O 形连接。试求:(1)各相电流及中线电流;(2)若 U 相短路,中线断开,求负载的各相电流。

解:设 $\dot{U}_U = 220\ \underline{/0°}$ V,$\dot{U}_V = 220\ \underline{/-120°}$ V,$\dot{U}_W = 220\ \underline{/120°}$ V。

(1)由于中线的存在,又不计中线阻抗,如图 2.12 所示,$\dot{U}_{N'N} = 0$,所以负载各相电压等于电源相电压并

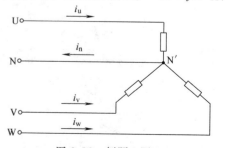

图 2.12 例题 2 图 1

且对称,则

$$\dot{I}_U=\frac{\dot{U}_U}{Z_U}=\frac{220\ \underline{/0^\circ}}{10\ \underline{/36.9^\circ}}=22\ \underline{/-36.9^\circ}\ A$$

$$\dot{I}_V=\frac{\dot{U}_V}{Z_V}=\frac{220\ \underline{/-120^\circ}}{10\ \underline{/36.9^\circ}}=22\ \underline{/-156.9^\circ}\ A$$

$$\dot{I}_W=\frac{\dot{U}_W}{Z_W}=\frac{220\ \underline{/120^\circ}}{10}=22\ \underline{/120^\circ}\ A$$

(2)若 U 相短路,且中线断开,如图 2.13 所示,则

$$\dot{I}_V=\frac{\dot{U}_V-\dot{U}_U}{Z_V}=\frac{-\dot{U}_{UV}}{Z_V}=\frac{-380\ \underline{/30^\circ}}{10\ \underline{/36.9^\circ}}=38\ \underline{/173.1^\circ}\ A$$

$$\dot{I}_W=\frac{\dot{U}_W-\dot{U}_U}{Z_W}=\frac{\dot{U}_{WU}}{Z_W}=\frac{380\ \underline{/150^\circ}}{10\ \underline{/0^\circ}}=38\ \underline{/150^\circ}\ A$$

$$\dot{I}_U=-(\dot{I}_V+\dot{I}_W)=-(38\ \underline{/173.1^\circ}+38\ \underline{/150^\circ})=-74.35\ \underline{/161.5^\circ}\ A$$

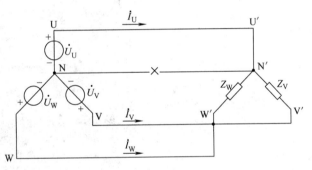

图 2.13　例题 2 图 2

[例题 3]　图 2.14(a)所示对称三相电路中,每相负载阻抗 $Z=(6+j8)$ Ω,端线阻抗 $Z_1=$ (1+j1) Ω 电源线电压有效值为 380 V,求负载各相电流、每条端线中的电流、负载各相电压。

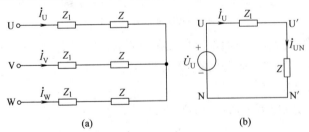

图 2.14　例题 3 图
(a)三相电路;(b)U 相电路

解:由已知 $U_L=380$ V,得 $U_P=\frac{U_1}{\sqrt{3}}=\frac{380}{\sqrt{3}}$ V=220 V,画出 U 相的电路,如图 2.14(b)所

示。设 $\dot{U}_U=220\ \underline{/0^\circ}$ V,则 U 相电流为

$$\dot{I}_{U'N'}=\frac{\dot{U}_U}{Z_1+Z}=\frac{220\ \underline{/0^\circ}}{(1+j)+(6+j8)}=\frac{220\ \underline{/0^\circ}}{11.4\ \underline{/52.1^\circ}}\ A\approx19.3\ \underline{/-52.1^\circ}\ A$$

U 负载相电压为

$$\dot{U}_{U'N'} = \dot{I}_{U'N'}Z = 19.3\ \underline{/-52.1} \times (6+\mathrm{j}8) = 192\ \underline{/1°}\ \mathrm{V}$$

因为负载是 Y 形连接,所以线电流等于相电流,即

$$\dot{I}_U = \dot{I}_{U'N'} = 19.3\ \underline{/-52.1}\ \mathrm{A}$$

而 Y、W 两相电流,电压可根据对称性推得为

$$\dot{I}_V = \dot{I}_{V'N'} = 19.3\ \underline{/-172.1°},\ \dot{U}_{V'N'} = 192\ \underline{/-119°}\ \mathrm{V}$$

$$\dot{I}_W = \dot{I}_{W'N'} = 19.3\ \underline{/69.7°},\ \dot{U}_{W'N'} = 192\ \underline{/121°}\ \mathrm{V}$$

信息 3　负载三角形连接的三相电路

负载三角形连接的三相电路一般可用图 2.15(a)表示,每相负载的阻抗分别为 Z_{UV}、Z_{VW}、Z_{WU},电压和电流方向如图中所示。

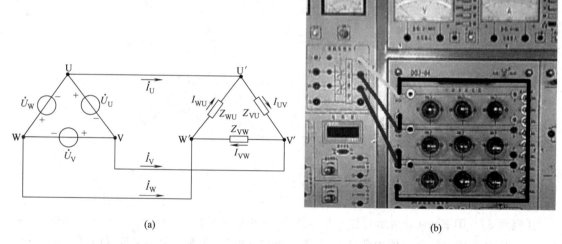

(a)　　　　　　　　　　　　　　　　　(b)

图 2.15　负载三角形连接的三相电路

(a)电路图;(b)实际接线图

如果不考虑端线阻抗,各相负载都直接接在电源的线电压上,负载的相电压与电源的线电压相等。因此,不论负载对称与否,其相电压总是对称的,即

$$U_{UV} = U_{VW} = U_{WU} = U_L = U_P$$

但此时的相电流与线电流不同,各相负载的相电流为

$$\dot{I}_{UV} = \frac{\dot{U}_{UV}}{Z_{UV}},\ \dot{I}_{VW} = \frac{\dot{U}_{VW}}{Z_{VW}},\ \dot{I}_{WU} = \frac{\dot{U}_{WU}}{Z_{WU}} \qquad (2.13)$$

负载的线电流可应用基尔霍夫电流定律列出下列各式进行计算

$$\dot{I}_U = \dot{I}_{UV} - \dot{I}_{WU}$$

$$\dot{I}_V = \dot{I}_{VW} - \dot{I}_{UV} \qquad (2.14)$$

$$\dot{I}_W = \dot{I}_{WU} - \dot{I}_{VW}$$

如果负载对称 $Z_{UV} = Z_{VW} = Z_{WU} = Z$,则相电流也对称。

为了分析方便。设 $\dot{I}_{UV}=I_P\underline{/0°}$，$\dot{I}_{VW}=I_P\underline{/-120°}$，$\dot{I}_{WU}=I_P\underline{/120°}$，此时线电流 $\dot{I}_U$ 为

$$\dot{I}_U=\dot{I}_{UV}-\dot{I}_{WU}=I_P-I_P\left(-\frac{1}{2}+j\frac{\sqrt{3}}{2}\right)=\sqrt{3}I_P\left(\frac{\sqrt{3}}{2}-j\frac{1}{2}\right)=\sqrt{3}I_P\underline{/-30°}$$

其余两个线电流 $\dot{I}_V$、$\dot{I}_W$ 也有类似结果。所以负载对称时，线电流的有效值是相电流有效值的 $\sqrt{3}$ 倍，线电流的相位滞后于相应相电流 $30°$，即

$$(2.15)\quad\begin{cases}\dot{I}_U=\sqrt{3}\,\dot{I}_{UV}\underline{/-30°}\\[2mm]\dot{I}_V=\sqrt{3}\,\dot{I}_{VW}\underline{/-30°}\\[2mm]\dot{I}_W=\sqrt{3}\,\dot{I}_{WU}\underline{/-30°}\end{cases}$$

可见，对于对称三相电路，只要计算一相电流，其余相电流、线电流可以根据对称性推出。

三相电动机的绕阻可以连接成星形，也可以连接成三角形。在电动机铭牌上都有标示。380 V 的△形接法或 380 V 的 Y 形接法表示为"Y/△，380/220"，表示该电动机在电源线电压为 380 V 时作 Y 形接法，当电源线电压为 220 V 时作△形接法。可见该电动机额定相电压是 220 V。

对称负载三角形连接时的电流相量图如图 2.16 所示。

如果考虑端线阻抗，需将三角形连接负载等效变换为星形连接，按星形连接计算端线电流。负载电流可按三角形连接时线、相电流之间关系计算。

在实际问题中，如果只给定电源线电压，则不论电源是做三角形连接还是做星形连接，为了分析方便，可以把电源假想成星形连接。如线电压 380 V，可以认为电源是做星形连接且每相电源电压为 220 V，如果电源做三角形连接，可以化成 Y 或 Y_0 连接体系，可按星形连接算。

[例题 4]　某对称三相负载，每相负载为 $Z=5\underline{/45°}\ \Omega$，接成三角形，接在线电压为 380 V 的电源上，如图 2.17 所示，求 $\dot{I}_U$、$\dot{I}_V$　$\dot{I}_W$。

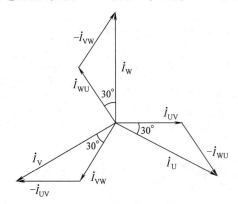

图 2.16　对称负载三角形连接电流相量图

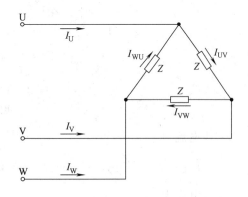

图 2.17　例题 4 图

解：设 $\dot{U}_{UV}=380\underline{/0°}$ V，则相电流为

$$\dot{I}_{UV}=\frac{\dot{U}_{UV}}{Z}=\frac{380\underline{/0°}}{5\underline{/45°}}=76\underline{/-45°}\ A$$

故线电流为

$$\dot{I}_{U} = \sqrt{3}\, \dot{I}_{UV} \underline{/-30°} = 131.63 \underline{/-75°} \text{ A}$$

由对称性可知

$$\dot{I}_{V} = 131.63 \underline{/165°} \text{ A}$$

$$\dot{I}_{W} = 131.63 \underline{/45°} \text{ A}$$

[**例题 5**] 图 2.18(a)所示电路中,电源线电压为 380 V,两组对称三相负载 $Z_1 = (12 + j16)$ Ω, $Z_2 = (48 + j36)$ Ω,端线阻抗 $Z_1 = (1 + j2)$ Ω,分别求两组负载的相电流、线电流、相电压、线电压。

解: 将△形连接的负载 2 变换成 Y 连接。其中

$$Z_2' = \frac{1}{3} Z_2 = \frac{48 + j36}{3} = (16 + j12) = 20 \underline{/36.9°} \text{ Ω}$$

原电路虽无中性线,但因是对称三相电路,可添加一条阻抗为零的中性效进行计算取 U 相,面出其单相电路,如图 2.18(b)所示。图中设 $\dot{U}_U = 220 \underline{/0°}$ V,则

$$\dot{I}_U = \frac{\dot{U}_U}{Z_1 + \dfrac{Z_1 Z_2'}{Z_1 + Z_2'}} = \frac{220 \underline{/0°}}{1 + j2 + \dfrac{(12 + j16)(16 + j12)}{12 + j16 + 16 + j12}} \text{ A}$$

$$= \frac{220 \underline{/0°}}{12.25 \underline{/48.4°}} = 17.96 \underline{/-48.4°} \text{ A}$$

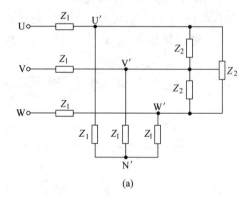
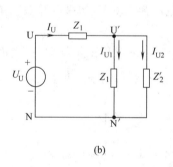

图 2.18 例题 5 图

(a)三相电路;(b)单相电路

Z_1 线电流为

$$\dot{I}_{U1} = \dot{I}_U \frac{Z_2'}{Z_1 + Z_2'} = 17.96 \underline{/-48.4°} \times \frac{20 \underline{/36.9°}}{16 + j12 + 12 + j16} = 9.06 \underline{/-56.5°} \text{ A}$$

Z_2 线电流为

$$\dot{I}_{U2} = \dot{I}_U - \dot{I}_{U1} = (17.96 \underline{/-48.4°} - 9.06 \underline{/-56.5°}) = 9.06 \underline{/-40.3°} \text{ A}$$

根据线电流、相电流的关系以及对称性,得负载 1 的各相电流为

$$\dot{I}_{U1} = 9.06 \underline{/-56.5°} \text{ A}$$

$$\dot{I}_{V1} = 9.06 \underline{/-176.5°} \text{ A}$$

$$\dot{I}_{W1} = 9.06 \,\underline{/-63.5°}\, \text{A}$$

负载 2 的各相电流为

$$\dot{I}_{U'V'} = \frac{1}{\sqrt{3}}\,\dot{I}_{U2}\,\underline{/30°} = 5.23 \,\underline{/-10.3°}\, \text{A}$$

$$\dot{I}_{V'W'} = 5.23 \,\underline{/-130.3°}\, \text{A}$$

$$\dot{I}_{W'U'} = 5.23 \,\underline{/109.7°}\, \text{A}$$

负载 1 各相的相电压、线电压为

相电压 $\begin{cases} \dot{U}_{U'N'} = \dot{I}_{U1} \times Z_1 = 9.06 \,\underline{/-56.3°}\, \times (12+\text{j}16)\text{V} = 181.2 \,\underline{/-3.2°} \\ \dot{U}_{V'N'} = 181.2 \,\underline{/-123.2°}\, \text{V} \\ \dot{U}_{W'N'} = 181.2 \,\underline{/116.8°}\, \text{V} \end{cases}$

线电压 $\begin{cases} \dot{U}_{U'V'} = \sqrt{3}\dot{U}_{U'N'}\,\underline{/30°} = 313.8 \,\underline{/26.8°}\, \text{V} \\ \dot{U}_{V'W'} = 313.8 \,\underline{/-93.2°}\, \text{V} \\ \dot{U}_{W'U'} = 313.8 \,\underline{/-146.8°}\, \text{V} \end{cases}$

负载 2 是 △ 形连接,故其线电压、相电压相等并等于负载 1 的线电压。

本例中,若端线阻抗 Z_1 可略去不计,则各相负载就直接承受该相电源电压,计算时 △ 形连接负载不必等效变换为 Y 形连接,可直接计算,更为简便。

信息 4　三相电路的功率

一、三相电路的功率的计算

不论负载是星形连接还是三角形连接,总的有功(无功)功率等于各相有功(无功)功率之和,即

$$\begin{cases} P = P_U + P_V + P_W = U_U I_U \cos\varphi_U + U_V I_V \cos\varphi_V + U_W I_W \cos\varphi_W \\ Q = Q_U + Q_V + Q_W = U_U I_U \sin\varphi_U + U_V I_V \sin\varphi_V + U_W I_W \sin\varphi_W \end{cases} \tag{2.16}$$

但视在功率不等于各相视在功率之和,而应该为

$$S = \sqrt{P^2 + Q^2} \tag{2.17}$$

当负载对称时,每相电路的有功功率是相等的,因此三相电路的总功率为

$$P = 3P_P = 3U_P I_P \cos\varphi \tag{2.18a}$$

式中, φ 是相电压 U_P 与相电流 I_P 之间的相位差,或负载的阻抗角。

当对称负载是三角形连接时

$$U_L = U_P, \quad I_L = \sqrt{3}I_P$$

当对称负载时星形连接时

$$U_L = \sqrt{3}U_P, \quad I_L = I_P$$

不论对称负载为哪种连接,将上述关系式代入式(2.18a)均可得

$$P = \sqrt{3}U_L I_L \cos\varphi \tag{2.18b}$$

式(2.18a)可用来计算对称三相电路有功功率,两式中的 φ 是相电压与相电流的相位差。工程上多采用式(2.18b),因为线电压及线电流容易测得,而且三相设备铭牌标的也是线电压和线电流。

同理可得出对称三相电路无功功率及视在功率分别为

$$\begin{cases} Q = 3U_P I_P \sin\varphi = \sqrt{3}U_L I_L \sin\varphi \\ S = 3U_P I_P = \sqrt{3}U_L I_L \end{cases} \tag{2.19}$$

二、对称三相电路中瞬时功率

三相电路的瞬时功率等于各相瞬时功率之和,即

$$p = p_U + p_V + p_W$$

在对称三相电路中,U 相负载的瞬时功率为

$$p_U = u_U i_U = U_P\sqrt{2}\sin\omega t \cdot I_P\sqrt{2}\sin(\omega t - \varphi) = U_P I_P \cos\varphi - U_P I_P \cos(2\omega t - \varphi)$$

同理可得

$$p_V = U_P I_P \cos\varphi - U_P I_P \cos(2\omega t + 120° - \varphi)$$

$$p_W = U_P I_P \cos\varphi - U_P I_P \cos(2\omega t - 120° - \varphi)$$

由于$(2\omega t - \varphi) + (2\omega t + 120° - \varphi) + (2\omega t - 120 - \varphi) = 0$,所以

$$p = 3U_P I_P \cos\varphi = P = 常数 \tag{2.20}$$

可见,对称三相电路中,瞬时功率就等于有功功率,它是一个常数,不随时间变化,这是对称三相电路的特点。例如,作为对称三相负载的三相电动机通入对称的三相交流电后,由于瞬时功率是个常数,所以每个瞬时转矩也是常数,电动机的运行是稳定的,这是三相电动机的一大优点。

[例题 6] 有一个三相电动机,每相的等效电阻 $R = 29\ \Omega$,等效感抗 $X_L = 21.8\ \Omega$,试求在下列两种情况下电动机的相电流、线电流以及从电源输入的功率,并比较所得结果:(1)绕组连成星形接于 $U_L = 380\ V$ 的三相电源上;(2)绕组连成三角形接于 $U_L = 220\ V$ 的三相电源上。

解:(1)$I_P = \dfrac{U_P}{|Z|} = \dfrac{220}{\sqrt{29^2 + 21.8^2}}$

$I_L = 6.1\ A$

$P = \sqrt{3}U_L I_L \cos\varphi = \sqrt{3} \times 380 \times 6.1 \times \dfrac{29}{\sqrt{29^2 + 21.8^2}}$

$\quad = \sqrt{3} \times 380 \times 6.1 \times 0.8 = 3\ 200 = 3.2kW$

(2)$I_P = \dfrac{U_P}{|Z|} = \dfrac{220}{\sqrt{29^2 + 21.8^2}} \approx 6.1\ A$

$I_L = \sqrt{3}I_P = \sqrt{3} \times 6.1 = 10.5\ A$

$P = \sqrt{3}U_L I_L \cos\varphi = \sqrt{3} \times 220 \times 10.5 \times \dfrac{29}{\sqrt{29^2 + 21.8^2}}$

$\quad = \sqrt{3} \times 280 \times 10.5 \times 0.8 = 3\ 200\ W = 3.2\ kW$

比较(1)、(2)的结果得:有的三相电动机有两种额定电压,譬如 220/380 V,这表示当电源电压(指线电压)为220 V时,电动机的绕组应连成三角形;当电源电压为 380 V 时,电动机应连成星形。在两种连接法中,相电压、相电流及功率都未改变,仅线电流在(2)的情况下增大为在(1)的情况下的$\sqrt{3}$倍。

[例题 7] 有一个对称三相负载,每相的电阻 $R = 6\ \Omega$,容抗 $X_C = 8\ \Omega$ 接在线电压为380 V的三相对称电源上,分别计算下面两种情况下负载的有功功率,并比较其结果:(1)负载为三角

形连接;(2)负载为星形连接。

解:(1)负载为三角形连接时,每项负载的阻抗为

$$|Z| = \sqrt{R^2 + X_C^2} = 10 \ \Omega$$

相电压　　$U_P = U_L = 380 \ \text{V}$

相电流　　$I_P = \dfrac{U_P}{|Z|} = \dfrac{380}{10} = 38 \ \text{A}$

线电流　　$I_L = \sqrt{3} I_P = \sqrt{3} \times 38 \approx 66 \ \text{A}$

功率因数　　$\cos \varphi = \dfrac{R}{|Z|} = \dfrac{6}{10} = 0.6$

有功功率　　$P_\triangle = \sqrt{3} U_L I_L \cos \varphi = \sqrt{3} \times 380 \times 66 \times 0.6 = 26 \ \text{kW}$

(2)负载为星形连接时

相电压　　$U_P = \dfrac{U_L}{\sqrt{3}} = \dfrac{380}{\sqrt{3}} \text{V} = 220 \ \text{V}$

相电流　　$I_P = I_L = \dfrac{U_P}{|Z|} = \dfrac{220}{10} = 22 \ \text{A}$

有功功率　　$P_Y = \sqrt{3} U_L I_L \cos \varphi = \sqrt{3} \times 380 \times 22 \times 0.6 = 8.7 \ \text{kW}$

比较两种结果,得

$$\frac{P_\triangle}{P_Y} = \frac{26}{8.7} \approx 3$$

该例说明,三角形连接时的相电压是星形连接时的 $\sqrt{3}$ 倍,而总的有功功率是星形连接时的 3 倍。同理可得出无功功率和视在功率的关系,读者可自行分析。所以,要使负载正常工作,负载的接法必须正确,若正常工作是星形连接而误接成三角形,将因每相负载承受过高电压,导致功率过大而烧毁;若正常工作是三角形连接而误接成星形,则因功率过小而不能正常工作。

[例题 8] 对称三相电路如图 2.19(a)所示,相电压有效值为 220 V。连接了一个对称三相负载,负载线电流为 10 A,功率因数为 0.6(滞后)。问:需并联无功功率为多少的对称容性负载才能使功率因数为 1?

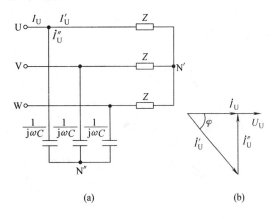

(a)　　　　(b)

图 2.19　例题 8 图

解:归结为相量的计算,未并联容性负载前,$\dot{I}_U = \dot{I}'_U$ 从相量图 2.19(b)可知,并联容性负载所产生的线电流须满足

$$\dot{I}'_U \sin\varphi = I''_U$$

因为 $\lambda = \cos \varphi = 0.6$,则 $\sin \varphi = 0.8$,而

$$I''_U = I'_U \sin \varphi = 8 \ \text{A}$$

故容性负载的无功功率解得

$$Q = 3UAI''_A \sin(-90°) = -5\ 280 \ \text{var} = -5.28 \ \text{kvar}$$

实际应用 ///

一、三相交流电在工业生产上的应用

工业上使用三相交流电的地方大有所在,如纺织、印染、造纸、印刷、化工等工业的主要驱动机械设备的电机是三相交流电动机。特别是各种金属切削机床(如铣床、万能外圆磨床)、锻压机(如图 2.20 所示)、起重机、传送带等的动力大都来源于三相异步电动机。

(a)   (b)   (c)

图 2.20　三相交流电的工业应用

(a)铣床;(b)万能外圆磨床;(c)锻压机

二、三相交流电在农业上的应用

以交流电动机作为动力的农用电动机械的种类很多,常用的有小水泵灌溉、田间脱粒、电动扬谷机、鱼池电动增氧器、粮食加工机械、饲料加工机械及手持式电动工具。图 2.21 所示是农用水泵、电动粉碎机及鱼池电动增氧器的外形图。

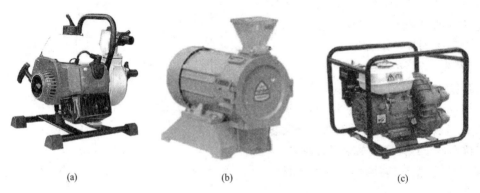

(a)   (b)   (c)

图 2.21　三相交流电的农业应用

(a)农用水泵;(b)电动粉碎机;(c)鱼池用电动增氧机

三、三相交流电在冶金工业上的应用

冶金工业的冶炼、浇铸、各类轧钢机及其辅助加工生产线上的主要电气设备、天车、吊车、电葫芦及高炉、转炉、电弧炉升降移动装置的驱动大部分是变频交流电动机。电弧炉炼钢时炉料的加热、感应炉、加热炉热量的产生都使用的是三相交流电。图 2.22 所示为电弧炉、拔丝机、冷轧机和中频感应炉。

(a)　　　　　　　　　　　　　　　(b)

(c)　　　　　　　　　　　　　　　(d)

图 2.22　三相交流电在冶金工业上的应用
(a)电弧炉;(b)拔丝机;(c)冷轧机;(d)中频感应炉

任务实施

实施8　三相交流电动机的连接方法

(1)三相交流电动机绕组的连接方法如图 2.23 所示。

(2)三相交流电动机的星形连接法如图 2.24 所示。

(3)三相交流电动机的三角形连接如图 2.25 所示。

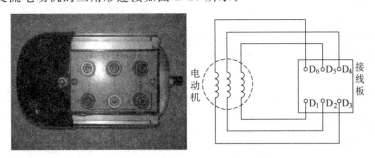

图 2.23　三相交流电动机绕组的连接方法

实施9　三相交流电路电压、电流的测量

三相负载的星形连接、三角形连接在生产生活当中应用很多,特别是工厂里各种机器大部分都是用三相电动机来驱动,如冶金企业里的炼钢厂的中间罐的行走、石灰窑龙门吊的运行都是由三相电机带动的。因电机启动时的电流是额定电流的 4~7 倍,电机启动时会影响电网内其他用电设备正常运行,为消除和减小此影响,我们把三相电机的绕组在启动时进行星形连接(减小启动电流),工作时进行三角形连接(保证有足够大的功率)。有的电机靠绕组的星形连

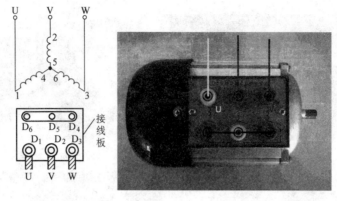

图 2.24　三相交流电动机的星形连接法

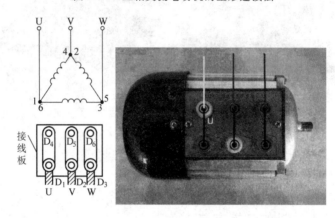

图 2.25　三相交流电动机的三角型连接法

接与三角形连接的变换来实现调速(如钢厂中间罐的驱动电机),还有三相照明负载的星形连接等。为此,我们应该熟练地掌握负载的星形连接和三角形连接的方法及两种接法下电压电流之间的关系。

一、实验目的

(1)掌握三相负载作星形连接、三角形连接的方法,验证这两种接法下线、相电压及线、相电流之间的关系。

(2)充分理解三相四线供电系统中中线的作用。

二、原理说明

(1)三相负载可接成星形(又称"Y"接)或三角形(又称"△"接)。当三相对称负载作 Y 形连接时,线电压 U_L 是相电压 U_P 的 $\sqrt{3}$ 倍,线电流 I_L 等于相电流 I_P,即

$$U_L = \sqrt{3}U_P,\ I_L = I_P$$

在这种情况下,流过中线的电流 $I_0 = 0$,所以可以省去中线。

当对称三相负载作△形连接时,有 $I_L = \sqrt{3}I_P$,$U_L = U_P$。

(2)不对称三相负载作 Y 连接时,必须采用三相四线制接法,即 Y_0 接法。而且中线必须牢固连接,以保证三相不对称负载的每相电压维持对称不变。

倘若中线断开,会导致三相负载电压的不对称,致使负载轻的那一相的相电压过高,使负

载遭受损坏；负载重的一相相电压又过低，使负载不能正常工作。尤其是对于三相照明负载，无条件地一律采用Y_0接法。

（3）当不对称负载作△形连接时，$I_L \neq \sqrt{3} I_P$，但只要电源的线电压U_L对称，加在三相负载上的电压仍是对称的，对各相负载工作没有影响。

三、实验设备

序号	名称	型号与规格	数量(个)	备注
1	交流电压表	0～500 V	1	D33
2	交流电流表	0～5 A	1	D32
3	万用表		1	自备
4	三相自耦调压器		1	DG01
5	三相灯组负载	220 V，15 W白炽灯	9	DG08
6	电门插座		3	DG09

四、实验内容

1. 三相负载星形连接（三相四线制供电）

按图2.26线路组接实验电路，即三相灯组负载经三相自耦调压器接通三相对称电源。将三相调压器的旋柄置于输出为0 V的位置（即逆时针旋到底）。经指导教师检查合格后，方可开启实验台电源，然后调节调压器的输出，使输出的三相线电压为220 V，分别测量三相负载对称和不对称时的线电压、相电压、线电流、相电流、中线电流、电源与负载中点间的电压并记录所测得的数据，同时观察各相灯组亮暗的变化程度，特别要注意观察中线的作用。

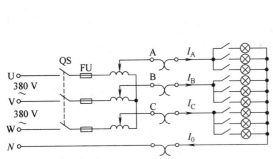

图2.26　实验电路1

2. 负载三角形连接（三相三线制供电）

按图2.27改接线路，经指导教师检查合格后接通三相电源，并调节调压器，使其输出线电压为220 V，分别测量三相负载对称和不对称时的线电压、相电压、线电流、相电流，并记录所测得的数据，同时观察各相灯组亮暗的变化程度。

五、实验注意事项

（1）本实验采用三相交流市电，线电压为380 V，应穿绝缘鞋进实验室。实验时要注意人身安全，不可触及导电部件，防止意外事故发生。

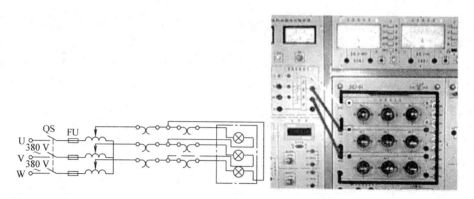

图 2.27　实验电路 2

（2）每次接线完毕，同组同学应自查一遍，然后由指导教师检查后，方可接通电源，必须严格遵守"先断电、再接线、后通电；先断电、后拆线"的实验操作原则。

（3）星形负载作短路实验时，必须首先断开中线，以免发生短路事故。

（4）为避免烧坏灯泡，DG08 实验挂箱内设有过压保护装置。当任一相电压大于 245～250 V 时，即声光报警并跳闸。因此，在做 Y 形连接不平衡负载或缺相实验时，所加线电压应以最高相电压小于 240 V 为宜。

六、预习思考题

（1）三相负载根据什么条件作星形或三角形连接？

（2）复习三相交流电路有关内容，试分析三相星形连接不对称负载在无中线情况下，当某相负载开路或短路时会出现什么情况？如果接上中线，情况又如何？

（3）本次实验中为什么要通过三相调压器将 380 V 的市电线电压降为 220 V 的线电压使用？

七、实验报告

（1）用实验测得的数据验证对称三相电路中的 $\sqrt{3}$ 关系。

（2）用实验数据和观察到的现象，总结三相四线供电系统中中线的作用。

（3）不对称三角形连接的负载，能否正常工作？实验是否能证明这一点？

（4）根据不对称负载三角形连接时的相电流值作相量图，并求出线电流值，然后与实验测得的线电流作比较，分析之。

（5）心得体会及其他。

实施 10　三相电路功率的测量

一、实验目的

（1）掌握用一瓦特表法、二瓦特表法测量三相电路有功功率与无功功率的方法。

（2）进一步熟练掌握功率表的接线和使用方法。

二、原理说明

（1）对于三相四线制供电的三相星形连接的负载（即 Y_0 接法），可用一只功率表测量各相的有功功率 P_A、P_B、P_C，则三相负载的总有功功率 $P = P_A + P_B + P_C$。这就是一瓦特表法，如图 2.28 所示。若三相负载是对称的，则只需测量一相的功率，再乘以 3 即得三相总的有功功率。

（2）三相三线制供电系统中，不论三相负载是否对称，也不论负载是 Y 接还是△接，都可用二瓦特表法测量三相负载的总有功功率。测量线路如图 2.29 所示。若负载为感性或容性，

且当相位差 $\varphi > 60°$ 时,线路中的一只功率表指针将反偏(数字式功率表将出现负读数),这时应将功率表电流线圈的两个端子调换(不能调换电压线圈端子),其读数应记为负值。而三相总功率为 $P = P_1 + P_2$(P_1、P_2 本身不含任何意义)。

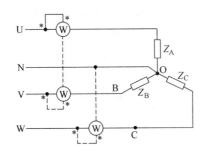

图 2.28　一瓦特表法

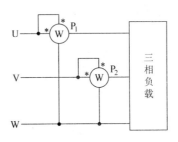

图 2.29　二瓦特表法

除图 2.29 的 I_A、U_{AC} 与 I_B、U_{BC} 接法外,还有 I_B、U_{AB} 与 I_C、U_{AC} 以及 I_A、U_{AB} 与 I_C、U_{BC} 两种接法。

(3)对于三相三线制供电的三相对称负载,可用一瓦特表法测得三相负载的总无功功率 Q,测试原理线路如图 2.30 所示。图示功率表读数的 $\sqrt{3}$ 倍,即为对称三相电路总的无功功率。

除了此图给出的一种连接法(I_U、U_{VW})外,还有另外两种连接法,即接成(I_V、U_{UW})或(I_W、U_{UV})。

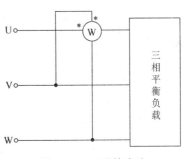

图 2.30　一瓦特表法

三、实验设备

序号	名称	型号与规格	数量(个)	备注
1	交流电压表	$0 \sim 500$ V	2	D33
2	交流电流表	$0 \sim 5$ A	2	D32
3	单相功率表		2	D34
4	万用表		1	自备
5	三相自耦调压器		1	DG01
6	三相灯组负载	220 V,15 W 白炽灯	9	DG08
7	三相电容负载	1 μF,2.2 μF,4.7 μF/ 500 V	各 3	DG09

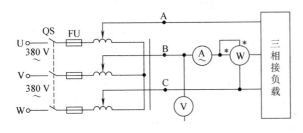

图 2.31　实验电路 1

四、实验内容

(1)用一瓦特表法测定三相对称 Y_0 接以及不对称 Y_0 接负载的总功率 P。实验按图 2.31 线路接线。线路中的电流表和电压表用以监视该相的电流和电压,不要超过功率表电压和电流的量程。

经指导教师检查后,接通三相电源,调节调压器输出,使输出线电压为 220 V,测量 Y_0 接对称负载和 Y_0 接不对称负载时的各相功率值并记录下来。

首先将三只表按图 2.31 接入 B 相进行测量,然后分别将三只表换接到 A 相和 C 相,再进行测量。

(2)用二瓦特表法测定三相负载的总功率。

①按图 2.32 接线,将三相灯组负载接成 Y 形接法。经指导教师检查后,接通三相电源,调节调压器的输出线电压为 220 V,测量 Y 接平衡负载及 Y 接不平衡负载时的各功率值并予以记录。

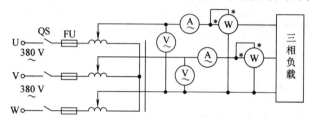

图 2.32 实验电路 2

②将三相灯组负载改成△形接法,测量△接不平衡负载及△接平衡负载时的各相功率。

(3)按图 2.33 所示的电路接线,用一瓦特表法测定三相对称星形负载的无功功率。

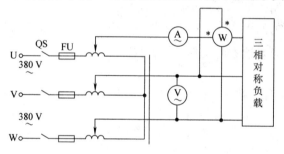

图 2.33 实验电路 3

(4)同学们根据下面三相电度表的接线图 2.34 自行练习三相电度表的连接。

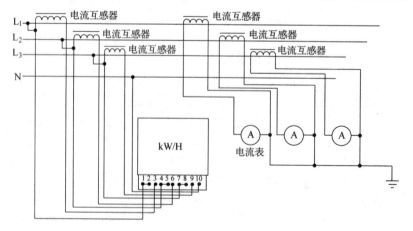

图 2.34 实验电路 4

五、实验注意事项

每次实验完毕,均需将三相调压器旋柄调回零位。每次改变接线,均需断开三相电源,以确保人身安全。

六、预习思考题

(1)复习二瓦特表法测量三相电路有功功率的原理。

(2)复习一瓦特表法测量三相对称负载无功功率的原理。

(3)测量功率时为什么在线路中通常都接有电流表和电压表?

七、实验报告

(1)完成数据表格中的各项测量和计算任务。比较一瓦特表和二瓦特表法的测量结果。

(2)总结、分析三相电路功率测量的方法与结果。

(3)心得体会及其他。

小 结

1. 对称三相交流电压

$$\dot{U}_U = U_P \underline{/0°}, \dot{U}_V = U_P \underline{/-120°}, \dot{U}_W = U_P \underline{/120°}$$

$$\dot{U}_U + \dot{U}_V + \dot{U}_W = 0$$

2. 对称三相电源的连接

Y 形连接:三相四线制,有中线,提供两组电压——线电压和相电压,线电压比相应的相电压超前 30°,其值是相电压的 $\sqrt{3}$ 倍;三相三线制,无中线,提供一组电压。

△形连接:只能是三相三线制,提供一组电压,线电压为电源的相电压。

3. 三相负载的连接

Y 形连接:对称三相负载接成 Y 形,供电电路只需三相三线制;不对称三相负载接成 Y 形,供电电路必须为三相四线制。每相负载的相电压对称且为相电压的 $1/\sqrt{3}$,中线电流 $\dot{I}_N = \dot{I}_U + \dot{I}_V + \dot{I}_W$,三相负载对称时 $\dot{I}_N = 0$,中线可以省去。

△形连接:三相负载接成△形,供电电路只需三相线制,每相负载的相电压等于电源的线电压。无论负载是否对称,只要线电压对称,每相负载相电压也对称。

对于对称三相负载,线电流为相电流的 $\sqrt{3}$ 倍,线电流比相应的相电流滞后。

4. 三相电路的功率

对于对称三相负载,有

$$\begin{cases} P = 3U_P I_P \cos \varphi = \sqrt{3} U_L I_L \cos \varphi \\ Q = 3U_P I_P \sin \varphi = \sqrt{3} U_L I_L \sin \varphi \\ S = \sqrt{P^2 + Q^2} = \sqrt{3} U_L I_L \end{cases}$$

思考与练习

[习题 1] 三相四线制电路中,中线有什么最重要的作用? 在什么情况下可以省掉中线? 若三相照明电路的中线断了,会产生什么后果?

[习题 2] 三相四线制电源中,什么是相电压和线电压? 它们之间有什么关系? 三相对称电动势和三相对称电压的特点是什么?

[习题 3] 当三相电源按三角形方式连接时,三相绕组构成闭合回路,三相电动势能否在该闭合回路中产生环流? 为什么? 若其中一相绕组首尾接反,后果如何?

[习题 4] 三相对称负载 $Z = 9 \underline{/30°}$ Ω 分别接成三角形、星形时,如果接到相电压 $\dot{U}_U =$

$220\underline{/10°}$ V 的三相对称电源上(电路图要求自己画出),求:(1)各相电流相量;(2)各线电流相量;(3)绘相量图。

[**习题 5**]　额定电压为 220 V 的三个相同的单相负载,其复阻抗都是 $Z=8+j6$ Ω,接到 220/380 V 的三相四线制电网上。

(1)负载应如何接入电源,画出电路图;

(2)求各相电流;

(3)画出电压、电流相量图;

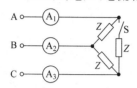

图 2.35　习题 6 图

(4)若因事故中线断开,各相负载还能否正常工作?

[**习题 6**]　对称三相电路如图 2.35 所示,三个电流表的读数均为 5 A。当开关 S 断开后,求各电流表读数。

[**习题 7**]　对称三相负载为感性,接在对称线电压 $U_L=380$ V 的对称三相电源上,测得输入线电流 $I_L=12.1$ A,输入功率 5.5 kW,求功率因数和无功功率。

检查与评价

检查项目	分配	评　价　标　准	得分
基础知识的掌握	20	(1)理解对称三相正弦量的概念 (2)掌握三相电源绕组作星形、三角形两种连接方式下线电压、相电压的关系 (3)掌握三相负载作星形连接及三角形连接时负载承受的电压以及电路中线电流、相电流、中性线电流的关系	
线路的连接	20	(1)能够根据电路的原理图和安装图,正确连接电路 (2)熟练掌握元器件的安装和接线工艺 (3)在完成电路连接的同时,能检测和排除电路的故障 (4)在工作过程中严格遵守电工安全操作规程,时刻注意安全用电和节约原材料 (5)培养学生团队合作、爱护工具、爱岗敬业、吃苦耐劳的精神	
实验过程	30	(1)实验过程正确合理 (2)电压表、电流表、功率表等仪表使用正确,每错一处扣 5 分,超过量程造成仪表损坏扣 20 分,共 20 分 (3)读数正确和数据记录正确,10 分	
结果的分析	30	(1)计算正确,15 分 (2)结论正确,15 分	

子学习领域 2　互感耦合电路的分析及其在输配电系统中的应用

布置任务

1. 知识目标

(1)理解互感、同名端、耦合系数的概念。

(2)掌握互感线圈的顺向串联与反向串联的等效电感的计算方法,会对两种连接电路进行分析。

(3)掌握理想变压器的工作原理及变压作用、变流作用。

2. 技能目标

(1)能够测量互感电路的各个物理量。

(2)熟悉变压器、互感器的使用方法。

资讯与信息

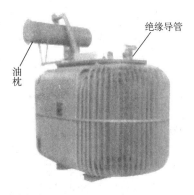

图 2.36　油浸式电力变压器

磁耦合线圈在电气工程、电子工程、通信工程和测量仪器等方面得到了广泛应用。输配电系统中的变压器(见图2.36)和互感器就是利用了耦合线圈间产生的互感现象进行变电压和变电流的。由耦合线圈组成的电路称为互感耦合电路。互感耦合电路是特殊的正弦交流电路,其特殊就在于应考虑电感线圈之间具有磁耦合的影响。为了得到实际耦合线圈的电路模型,为了掌握变压器和互感器的工作原理,这里引入互感的概念,并对互感耦合电路的进行分析和讨论,同时介绍了变压器和互感器的连接方法及其在生产生活中的实际应用。

信息 1　互感

一、互感现象

如图 2.37(a)所示为相互邻近的两个线圈Ⅰ、Ⅱ,N_1 和 N_2 分别表示两线圈的匝数。当线圈Ⅰ有电流 i_1 通过时,产生自感磁通 Φ_{11} 和自感磁链 $\Psi_{11} = N_1\Phi_{11}$。Φ_{11} 的一部分穿过了线圈Ⅱ,这一部分磁通称为互感磁通 Φ_{21}。同样,在图 2.37(b)中,当线圈Ⅱ通有电流 i_2,它产生的自感磁通 Φ_{22} 的一部分穿过了线圈Ⅰ,称为互感磁通 Φ_{12}。这种由于一个线圈通过电流,所产生的磁通穿过另一个线圈的现象,叫磁耦合。当 i_1、i_2 变化时,引起 Φ_{21}、Φ_{12} 的变化,导致线圈Ⅰ与Ⅱ产生互感电压。这就是互感现象。

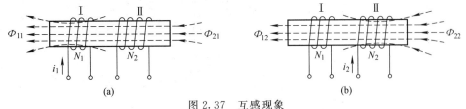

图 2.37　互感现象

(a)Φ_{21} 的产生;(b)Φ_{12} 的产生

互感现象在电气工程、电子工程、通信工程和测量仪器中应用非常广泛,如输配电用的电力变压器,测量用的电流互感器、电压互感器,收音机、电视机中的振荡线圈等都是根据互感原理制成的。另一方面,互感也会给某些设备的工作带来负面影响,如电话的串音干扰就是由于长距离相互平行架设的电线之间的互感造成的。

二、互感系数 M

在图 2.37(a)所示线圈Ⅱ中,设 Φ_{21} 为穿过线圈Ⅱ的互感磁通,则线圈Ⅱ的互感磁链 $\Psi_{21} =$

$N_2\Phi_{21}$。由于 Ψ_{21} 是由线圈 Ⅰ 中的电流 i_1 产生的,因此 Ψ_{21} 是 i_1 的函数。当线圈周围空间是非铁磁性物质时,Ψ_{21} 与 i_1 成正比。若磁通与电流的参考方向符合右手螺旋定则,则 $\Psi_{21}=M_{21}i_1$,其中 M_{21} 称为线圈 Ⅰ 对线圈 Ⅱ 的互感系数,简称互感。

同理,在图 2.37(b)中,互感磁链 $\Psi_{12}=N_1\Phi_{12}$ 是由线圈 Ⅱ 中的电流 i_2 产生,因此 $\Psi_{12}=M_{12}i_2$,其中 M_{12} 称为线圈 Ⅱ 对线圈 Ⅰ 的互感。

可以证明,$M_{12}=M_{21}$,当只有两个线圈时,可略去下标,用 M 表示,即

$$M=M_{21}=M_{12}=\frac{\Psi_{21}}{i_1}=\frac{\Psi_{12}}{i_2} \tag{2.22}$$

在国际单位制(SI)中,M 的单位名称为亨利,符号为 H。

应当指出,当磁介质为非铁磁性物质时,M 是常数。互感 M 与两个线圈的几何尺寸、匝数、相对位置有关。本章讨论的互感 M 均为常数。

三、耦合系数 k

工程中常用耦合系数 k 表示两个线圈磁耦合的紧密程度。耦合系数定义为

$$k=\frac{M}{\sqrt{L_1L_2}} \tag{2.23}$$

由于互感磁通是自感磁通的一部分,所以 $k\leqslant1$。当 k 约为零时,为弱耦合;k 近似为 1 时,为强耦合;$k=1$ 时,称两个线圈为全耦合,此时的自感磁通全部为互感磁通。

两个线圈之间的耦合程度或耦合系数的大小与线圈的结构、两个线圈的相互位置以及周围磁介质的性质有关。如果两个线圈靠得很紧或紧密地绕在一起,如图 2.38(a)的所示,则 k 值可能接近于 1。反之,如果它们相隔很远,或者它们的轴线相互垂直,如图 2.38(b)所示,线圈 Ⅰ 所产生的磁通不穿过线圈 Ⅱ,而线圈 Ⅱ 产生的磁通穿过线圈 Ⅰ 时,线圈上半部和线圈下半部磁通的方向正好相反,其互感作用相互抵消,则 k 值就很小,甚至可能接近于零。由此可见,改变或调整它们的相互位置可以改变耦合系数的大小,当 L_1、L_2 一定时,也就相应地改变互感 M 的大小。应用这种原理可制作可变电感器。

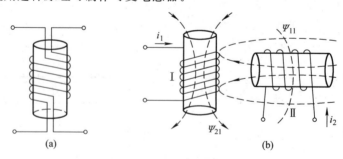

图 2.38　两线圈的耦合

(a)两线圈紧密;(b)两线圈垂直

在电力、电子技术中,为了利用互感原理有效地传输功率或信号,总是采用极紧密的耦合,使 k 值尽可能接近于 1,通过合理地绕制线圈以及采用铁磁材料作为磁介质可以实现这一目的。

若要尽量减小互感的影响,以避免线圈之间的相互干扰,除合理地布置这些线圈的相互位置可以减小互感的影响外,还可以采用磁屏蔽措施。

四、互感电压

两线圈因变化的互感磁通而产生的感应电势或电压称为互感电势或互感电压。

在图 2.39(a)中,当线圈 Ⅰ 中的电流 i_1 变动时,在线圈 Ⅱ 中产生了变化的互感磁链 Ψ_{21},而 Ψ_{21} 的变化将在线圈 Ⅱ 中产生互感电压 u_{M2}。如果选择电流的参考方向以及 u_{M2} 的参考方向与 Ψ_{21} 的参考方向都符合右手螺旋定则时,有以下关系式

$$u_{M2} = \frac{\mathrm{d}\Psi_{21}}{\mathrm{d}t} = M\frac{\mathrm{d}i_1}{\mathrm{d}t} \tag{2.24}$$

同理,在图 2.39(b)中,当线圈 Ⅱ 中的电流 i_2 变动时,在线圈 Ⅰ 中也会产生互感电压 u_{M1},当 i_2 与 Ψ_{12} 以及 Ψ_{12} 与 u_{M1} 的参考方向均符合右手螺旋定则时,有以下关系式

$$u_{M1} = \frac{\mathrm{d}\Psi_{12}}{\mathrm{d}t} = M\frac{\mathrm{d}i_2}{\mathrm{d}t} \tag{2.25}$$

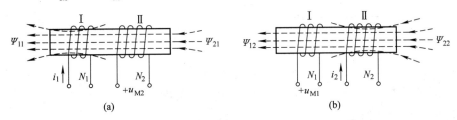

图 2.39　互感电压

(a) u_{M2} 的产生;(b) u_{M1} 的产生

可见,互感电压与产生它的相邻线圈电流的变化率成正比。

当两线圈中通入正弦交流电流时,互感电压与电流的相量关系表示为

$$\dot{U}_{M2} = \mathrm{j}\omega M\dot{I}_1 = \mathrm{j}X_M\dot{I}_1 \tag{2.26}$$

$$\dot{U}_{M1} = \mathrm{j}\omega M\dot{I}_2 = \mathrm{j}X_M\dot{I}_2 \tag{2.27}$$

式中,$X_M = \omega M$ 具有电抗的性质,称为互感电抗,单位与自感电抗同为欧姆(Ω)。式(2.26)和式(2.27)表明互感电压的大小及相位关系为

$$U_{M2} = \omega M I_1$$

$$U_{M1} = \omega M I_2$$

u_{M2} 较 i_1 超前 $90°$

u_{M1} 较 i_2 超前 $90°$

五、互感线圈的同名端

在工程中,对于两个或两个以上有电磁耦合的线圈,常常要知道互感电压的极性。如在 LC 正弦振荡器中,必须正确地连接互感线圈的极性,才能产生振荡。然而互感电压的极性与电流(或磁通)的参考方向及线圈绕向有关。但在实际情况下,线圈往往是密封的,看不到绕向,并且在电路图中绘出线圈的绕向是很不方便的,采用标记同名端的方法可解决这一问题。

工程上将两个线圈通入电流,按右螺旋产生相同方向磁通时,两个线圈的电流流入端称为同名端,用符号"·"或"＊"等标记。如图 2.40 所示,线圈 1 的"1"端点与线圈 2 的"2"端点(1′

与 $2'$)为同名端。采用同名端标记后,就可以不用画出线圈的绕向如图 2.40(a)所示的两个互感线圈,而可以用图 2.40(b)所示的互感电路符号表示。

采用同名端标记后,互感电压的方向可以由电流对同名端的方向确定,即互感电压与产生它的电流对同名端的参考方向一致。如图 2.40(b)中,线圈 1 中的电流 i_1 是由同名端流向非同名端;在线圈 2 中产生的互感电压 u_2 也是由同名端指向非同名端。

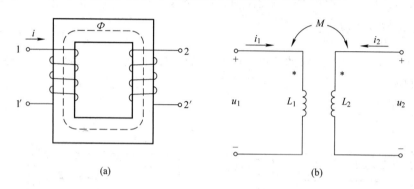

(a)   (b)

图 2.40   标记同名端

(a)画线圈绕向;(b)采用同名端标记的简略画法

[例题 9]　电路如图 2.41 所示,试判断同名端。

解:根据同名端的定义,图 2.41(a)中,A、D 为同名端或 B、C 为同名端。图 2.41(b)中,1、4 为同名端,3、6 为同名端。

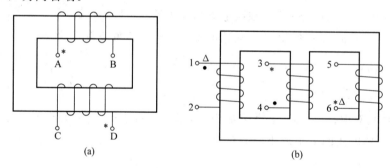

(a)   (b)

图 2.41   例题 9 图

[例题 10]　电路如图 2.42 所示,两线圈之间的互感 $M = 0.025$ H, $i_1 = \sqrt{2}\sin 1\,200t$ A,试求互感电压 u_2。

解:图示电路中 i_1 及 u_2 的参考方向对同名端是一致的,因此

$$u_2 = M\frac{\mathrm{d}i_1}{\mathrm{d}t} = 0.025 \times \frac{\mathrm{d}}{\mathrm{d}t}(\sqrt{2}\sin 1\,200t)$$

$$= 30\sqrt{2}\cos 1\,200t = 30\sqrt{2}\sin(1200t + 90°) \text{ V}$$

如利用相量关系式求解,则

$$\dot{U}_2 = \mathrm{j}\omega M\dot{I}_1 = \mathrm{j}1200 \times 0.025\underline{/0°} = 30\underline{/90°} \text{ V}$$

根据求得的相量写出对应的正弦量为

$$u_2 = 30\sqrt{2}\sin(1200t + 90°) \text{ V}$$

根据同名端与互感电压参考方向标注原则,在实际工作中,可利用实验方法判别同名端。实际工作中常用的判别方法有两种:直流判别法和交流判别法。

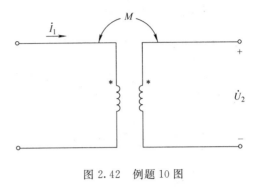

图 2.42　例题 10 图

1. 直流判别法

直流判别法是依据同名端定义以及互感电压参考方向标注原则而归纳出的一种实用方法。其判别方法如下:电路如图 2.43 所示,两磁耦合线圈的绕向未知,但当 S 合上的瞬间,电流从 1 端流入,此时若电压表指针正偏,说明 3 端为高电位端,因此 1、3 为同名端;若电压指针反偏,说明 4 端为高电位端,即 1、4 端为同名端。

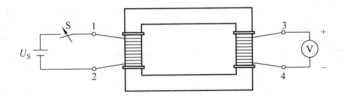

图 2.43　直流判别法判断同名端

2. 交流判别法

交流判别法是依据互感线圈串联原理进行判别,在工程上有广泛应用。其判别方法如下:把两个线圈的任意两个接线端连在一起,例如将 1、3 相连,并在其中一个线圈上加上一个较低的交流电压,用交流电压表分别测量 U_{12}、U_{34}、U_{24},如图 2.44 所示,当 U_{24} 约等于 U_{12} 和 U_{34} 之差,则 1、3 为同名端;若测得 U_{24} 约等于 U_{12} 和 U_{34} 之和,则 1、3 为异名端。如果没有电压表,也可用普通灯泡代替,道理一样。

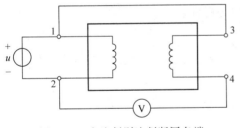

图 2.44　交流判别法判断同名端

信息 2　互感线圈的串联、并联

一、互感线圈的串联

具有互感的两线圈有两种串联方式——顺向串联和反向串联。

两个互感线圈流过同一电流,且电流都是由线圈的同名端流入(出)(即异名端相接),这种连接方式称为顺向串联。根据基尔霍夫电压定律,当电流与电压参考方向如图 2.45(a)所示时,线圈 I 两端的电压为

$$u_1 = u_{L1} + u_{M1} = L_1\frac{\mathrm{d}i}{\mathrm{d}t} + M\frac{\mathrm{d}i}{\mathrm{d}t}$$

上式包含两项:一项是电流 i 所产生的自感电压 $u_{L1} = L_1\dfrac{\mathrm{d}i}{\mathrm{d}t}$;另一项是电流 i 通过线圈 II 时在线圈 I 中所产生的互感电压 u_{M1}。由于 u_{M1} 的参考方向与产生它的电流 i 对同名端是一致的,所以 $u_{M1} = M\dfrac{\mathrm{d}i}{\mathrm{d}t}$;又由于 u_{M1} 与 u_1 的参考方向一致,所以 u_{M1} 前面取正号。

同理,线圈Ⅱ两端的电压为

$$u_2 = u_{L2} + u_{M2} = L_2 \frac{\mathrm{d}i}{\mathrm{d}t} + M \frac{\mathrm{d}i}{\mathrm{d}t}$$

式中,$u_{M2} = M \frac{\mathrm{d}i}{\mathrm{d}t}$为电流$i$通过线圈Ⅰ时在线圈Ⅱ中所产生的互感电压。

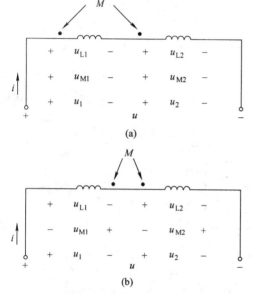

图 2.45 互感线圈串联

(a)正向串联;(b)反向串联

在电源电压不变的情况下,顺向串联电流减小,反向串联电流增加。

[**例题 11**] 电路如图 2.46 所示,已知 $L_1 = 1\mathrm{H}$,$L_2 = 2\mathrm{H}$,$M = 0.5\mathrm{H}$,$R_1 = R_2 = 1$ kΩ,$u_S = 100\sqrt{2}\sin 628t$ V。试求电流 i。

解:方法一

因为两个线圈是反向串联,故得

电路的总电压为

$$u = u_1 + u_2 = (L_1 + L_2 + 2M)\frac{\mathrm{d}i}{\mathrm{d}t} = L_s \frac{\mathrm{d}i}{\mathrm{d}t}$$

其中

$$L_s = L_1 + L_2 + 2M \qquad (2.28)$$

为顺向串联时两线圈的等效电感。

当两线圈如图 2.45(b)所示连接时,电流都是由线圈的异名端流入(或流出)(即同名端相接),这种连接方式称为反向串联。同理,可推出反向连接时两线圈的等效电感为

$$L_f = L_1 + L_2 - 2M \qquad (2.29)$$

由上述分析可见,当互感线圈顺向串联时,等效电感增加;反向串联时,等效电感减小,有削弱电感的作用。由于互感磁通是自感磁通的一部分,所以$(L_1 + L_2) > 2M$,即 $L_f > 0$,因此全电路仍为感性。

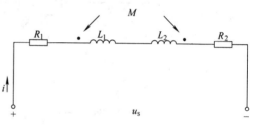

图 2.46 例题 11 图

$$X_M = \omega(L_1 + L_2 - 2M) = 628 \times (1 + 2 - 2 \times 0.5) = 1\ 256\ \Omega$$

$$|Z| = \sqrt{(R_1 + R_2)^2 + X_M^2} = \sqrt{2\ 000^2 + 1\ 256^2} = 2\ 362\ \Omega$$

$$\varphi = \arctan \frac{X_M}{R} = \arctan \frac{1\ 256}{2\ 000} = 32.1°$$

$$I = \frac{U}{|Z|} = \frac{1\ 000}{2\ 362}\ \mathrm{A} = 42.3\ \mathrm{mA}$$

$$\varphi_i = \varphi_u - \varphi = 0 - 32.1° = -32.1°$$

$$i = 42.3\sqrt{2}\sin(628t - 32.1)\ \mathrm{mA}$$

方法二 利用相量关系式求解

$$Z = R_1 + R_2 + \mathrm{j}\omega(L_1 + L_2 - 2M) = 2\ 000 + \mathrm{j}628(1 + 2 - 2 \times 0.5)$$
$$= 2\ 000 + \mathrm{j}1\ 256 = 2\ 362\underline{/32.1°}\Omega$$

又因为 $\dot{U}_S = 100\underline{/0^\circ}$ V，所以

$$\dot{I} = \frac{\dot{U}_S}{Z_i} = \frac{100\underline{/0^\circ}}{2\,362\underline{/32.1^\circ}} = 42.3\underline{/-32.1^\circ}\,\text{mA}$$

则　　$i = 42.3\sqrt{2}\sin(628t - 32.1^\circ)$ mA

[例题 12]　电路如图 2.47 所示，已知 $\dot{U}_{ab} = 100\underline{/0^\circ}$，$R_1 = R_2 = 3$ kΩ，$\omega L_1 = \omega L_2 = 4$ kΩ，$\omega M = 2$ kΩ，求 c、d 两端的开路电压 U_{cd}。

解：当 c、d 两端开路时，线圈 2 中无电流，因此，在线圈 1 中无互感电压，所以

$$\dot{I}_1 = \frac{\dot{U}_{ab}}{R_1 + j\omega L_1} = \frac{100\underline{/0^\circ}}{3\,000 + j4\,000}\,\text{A} = 20\underline{/-53.1^\circ}\,\text{mA}$$

由于线圈 2 中无电流，所以线圈 2 中无自感电压。

但由于 L_1 上有电流，所以线圈 2 中有互感电压，根据电流对同名端的方向可知，c、d 两端的电压为

$$\begin{aligned}
\dot{U}_{cd} &= \dot{U}_{M2} + \dot{U}_{ab} = j\omega \dot{M} I_1 + \dot{U}_{ab} \\
&= j2 \times 20\underline{/-53.1^\circ} + 100\underline{/0^\circ} \\
&= 40\underline{/36.9^\circ} + 100\underline{/0^\circ} = 134.1\underline{/10.3^\circ}\,\text{V}
\end{aligned}$$

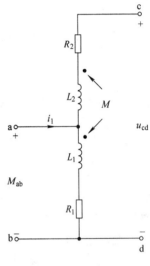

图 2.47　例题 12 图

二、互感线圈的并联

具有互感的两线圈并联时，也有两种接法：一种是同名端在同一侧，称为同侧并联；另一种是同名端在异侧，称为异侧并联，分别如图 2.48(a)、(b)所示。

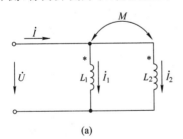　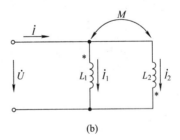

(a)　　　　　　　　　　　　(b)

图 2.48　互感线圈并联

(a)同侧并联；(b)异侧并联

下面分别对两种不同接法的电路进行分析。

当两个互感线圈同侧并联时，各量的参考方向如图 2.48(a)所示，应用相量形式，根据基尔霍夫定律列出如下方程

对于支路 1　$\dot{U} = j\omega L_1 \dot{I}_1 + j\omega \dot{M} I_2$

对于支路 2　$\dot{U} = j\omega L_2 \dot{I}_2 + j\omega \dot{M} I_1$

现将 $\dot{I} = \dot{I}_1 + \dot{I}_2$ 代入上述方程，可得

$$\dot{U} = j\omega(L_1 - M)\dot{I}_1 + j\omega M \dot{I}$$

$$\dot{U} = j\omega(L_2 - M)\dot{I}_2 + j\omega M \dot{I}$$

由上面的式子不难看出,可以用图 2.49 所示电路来代替图 2.48(a)电路。图 2.49 所示电路是图 2.48(a)消去互感后的等效电路,对于这个电路,可以使用无互感的正弦交流电路的分析方法进行计算。其阻抗值为

$$Z = j\omega M + \frac{j\omega(L_1-M) \cdot j\omega(L_2-M)}{j\omega(L_1+L_2-2M)} = j\omega \frac{L_1 L_2 - M^2}{L_1+L_2-2M} = j\omega L_{tc}$$

其中 L_{tc} 为互感线圈同侧并联的等效电感,即

$$L_{tc} = \frac{L_1 L_2 - M^2}{L_1+L_2-2M} \tag{2.30}$$

同理,L_{yc} 为互感线圈异侧并联的等效电感,即

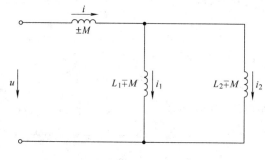

$$L_{yc} = \frac{L_1 L_2 - M^2}{L_1+L_2+2M} \tag{2.31}$$

比较式(2.30)和式(2.31)可知,同名端相接(同侧并联)时,耦合电感并联的等效电感较大;反之,异名端相接(异侧并联)时,则等效电感较小。因此,应注意同名端的连接对等效电路参数的影响。

图 2.49 的下一组符号所示电路是 2.48(b)的消去互感后的等效电路。

图 2.49 图 2.48(a)等效电路

把含互感的电路化为等效的无互感电路的方法称为互感消去法,或称去耦法。应用去耦法,解决了互感串、并联电路等效电感的求解。研究图 2.48 和图 2.49 所示电路,去耦法也适合处理 T 形等效电路,如图 2.50 所示。

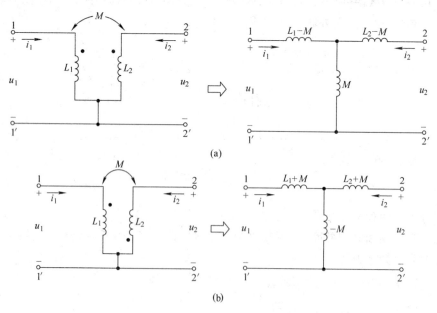

(a)

(b)

图 2.50 去耦等效电路

(a)同侧并联;(b)异侧并联

[**例题 13**] 图 2.51(a)所示为互感电路,求开关 S 打开时的输入复阻抗 Z_{12} 及 S 闭合时的输入复阻抗 Z'_{12}。

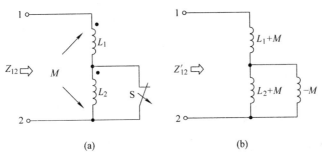

图 2.51 例题 13 图

(a)互感电路;(b)等效电路

解:当 S 打开时,两互感线圈为顺向串联,所以输入复阻抗为

$$Z_{12} = j\omega L_s = j\omega(L_1 + L_2 + 2M)$$

当 S 闭合时,利用互感消去法,其等效电路如图 2.51(b)所示,所以输入复阻抗为

$$Z_{12}' = j\omega\left[L_1 + M - \frac{M(L_2+M)}{L_2}\right] = j\omega\left(L_1 - \frac{M^2}{L_2}\right)$$

三、互感系数的测量

应用前面所学的知识,可以通过实验来测量互感系数,有以下两种方法。

1. 等效电感法

分别将两个具有互感的线圈顺向串联和反向串联,外加一工频正弦电压,测出电压与电流。通过计算可得到等效电感 $L_s = L_1 + L_2 + 2M$ 和 $L_f = L_1 + L_2 - 2M$,再由 $M = \dfrac{L_s - L_f}{4}$ 计算出互感系数。

2. 开路电压法

如图 2.52 所示,在一个线圈两端加一工频正弦电压,测出电流 I_1,另一线圈开路,测出开路电压 U_{20},通过计算可得出互感系数 $M = \dfrac{U_{20}}{\omega I_1}$。

上述两种测量方法均属于间接测量法,即 M 不是直接测量而是通过计算求得的,缺点是不精确,但其最大优点是简单,整个测量过程只需用电压表、电流表和调压器

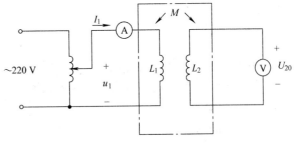

图 2.52 开路电压法

即可,在工程上不要求很精确的情况下,这种方法很实用。

注意,在线圈电阻不能忽略时,等效电感法需先测出线圈电阻,计算中将电阻一并考虑。

信息 3 空心变压器

空心变压器通常有两个线圈,与电源相连的线圈叫一次绕组,用 R_1、L_1 分别表示一次绕组的电阻和电感;与负载相连的称二次绕组,其电阻与电感分别用 R_2 和 L_2 表示。两线圈的互感用 M 表示,Z_L 为负载阻抗。变压器的等效电路如图 2.53 所示。

根据图中指定的电压、电流参考方向,列出一次回路的基尔霍夫电压方程为

$$(R_1 + j\omega L_1)\dot{I}_1 + j\omega M \dot{I}_2 = \dot{U}_S$$

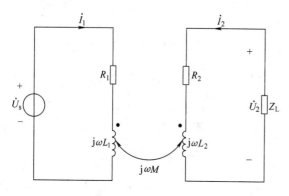

图 2.53 空心变压器的电路模型

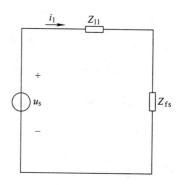

图 2.54 空心变压器一次回路等效电路

$$j\omega MI_1+(R_2+j\omega L_2+Z_L)\dot{I}_2=0$$

如令 $Z_{11}=R_1+j\omega L_1$，$Z_{22}=R_2+j\omega L_2+Z_L$，$Z_M=j\omega M=jX_M$，则空心变压器方程可表示为

$$Z_{11}\dot{I}+Z_M\dot{I}_2=\dot{U}_S$$

$$Z_M\dot{I}_1+Z_{22}\dot{I}_2=0$$

由上述方程解出电流 $\dot{I}_1$、$\dot{I}_2$ 分别为

$$\dot{I}_1=\frac{Z_{22}\dot{U}_S}{Z_{11}Z_{22}-Z_M^2}=\frac{\dot{U}_S}{Z_{11}+X_M^2/Z_{22}}=\frac{\dot{U}_S}{Z_{11}+Z_{fs}} \tag{2.32}$$

$$\dot{I}_2=-\frac{Z_M}{Z_{22}}\dot{I}_1 \tag{2.33}$$

从式(2.32)可得以下关系式

$$Z_{in}=\frac{\dot{U}_S}{\dot{I}_1}=Z_{11}+Z_{fs}=Z_{11}+\frac{\omega^2M^2}{Z_{22}} \tag{2.34}$$

式(2.34)表明，空心变压器的一次回路可用图 2.54 所示电路来等效。

由等效电路可知，从电源端看进去输入阻抗 Z_{in} 由两项构成：Z_{11} 是一次回路自身阻抗；Z_{fs} 称为反射阻抗，即

$$Z_{fs}=\frac{\omega^2M^2}{Z_{22}} \tag{2.35}$$

它表示二次回路对一次回路的影响。当二次回路开路时，$Z_{fs}=0$，$Z_{in}=Z_{11}$；当二次回路阻抗 $Z_{22}=R_2+j\omega L_2+Z_L$ 呈感性时，Z_{fs} 呈容性；当二次回路阻抗 Z_{22} 呈容性时，Z_{fs} 呈感性。

[例题 14] 图 2.55 所示电路，二次回路短路，已知 $L_1=0.2$ H，$L_2=0.8$ H，$M=0.32$ H，求 a、b 端的等效电感 L_{ab}。

解：应用反射阻抗的概念，有

$$Z_{fs}=\frac{\omega^2M^2}{Z_{22}}，而\ Z_{22}=R_2+j\omega L_2+Z_L=j\omega L_2$$

所以 $\quad Z_{ab}=j\omega L_1+Z_{fs}=j\omega L_1+\frac{\omega^2M^2}{j\omega L_2}=j\omega\left(L_1-\frac{M^2}{L_2}\right)$

即 $\quad L_{ab}=L_1-\frac{M^2}{L_2}$

　　空心变压器的反射阻抗是个很重要的概念。当调节两个线圈的相互位置，或改变磁介质，均会使 M 发生变化，而 M 的变化则是以平方倍影响反射阻抗，导致一次回路等效阻抗发生变化。所以，空心变压器也具有变换阻抗的功能，其变换阻抗是连续可调。

　　另外，空心变压器的二次回路阻抗是感性时，反射阻抗是容性；反之，反射阻抗是感性。因此空心变压器还具有"反转"阻抗的功能，即把二次回路感性阻抗转变成容性阻抗，而容性阻抗可

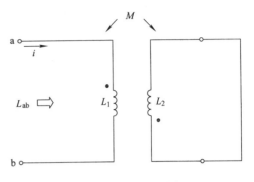

图 2.55　例题 14 图

转变成感性阻抗。因此，即使二次回路是感性负载，只要参数调节适当，也可能使一次回路发生谐振。由于空心变压器的这一特点，使它广泛应用在高频电子电路中作为调谐回路。

实际应用

一、电源变压器

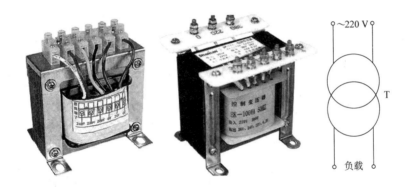

图 2.56　单相变压器的接线端及电气接线示意图

　　单相变压器的接线端及电气接线示意图如图 2.56 所示。单相变压器工作原理图如图 2.57 所示。单相变压器只有一个绕组，总匝数为 N_1，作为原绕组接电源，绕组的另一部分匝数为 N_2，作为副绕组接负载。

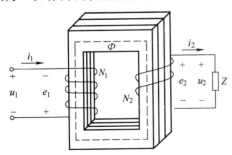

图 2.57　单相变压器工作原理图

单相变压器工作时原、副绕组的电压关系为

$$\frac{U_1}{U_2} \approx \frac{E_1}{E_2} = \frac{N_1}{N_2} = K$$

原、副绕组的电流关系为

$$\frac{I_1}{I_2} \approx \frac{N_1}{N_2} = \frac{1}{K}$$

二、自耦变压器和调压器

　　自耦变压器只有一个绕组，总匝数为 N_1，作为原绕组接电源，绕组的一部分匝数为 N_2，作为副绕组接负载。自耦变压器工作原理图如图 2.58 所示。单相调压器及其电气图形符号如图 2.59

所示。

自耦变压器和调压器工作时原、副绕组的电压关系与单相变压器相同。

图 2.58　自耦变压器工作原理图　　　　图 2.59　单相调压器及其电气图形符号

三、三相电力变压器

电力变压器三相绕组常用的连接方式有 Y/Y₀ 和 Y/△ 两种,其中分子表示高压绕组接法,分母表示低压绕组的接法,Y₀ 表示接成星形,并从中性点引出中性线。

三相变压器的原绕组和副绕组相电压之比为

$$\frac{U_{P1}}{U_{P2}}=\frac{N_1}{N_2}=K。$$

原绕组和副绕组线电压之比为

$$\begin{cases} 在\ Y/Y_0\ 连接时,\dfrac{U_{L1}}{U_{L2}}=\dfrac{\sqrt{3}U_{P1}}{\sqrt{3}U_{P2}}=\dfrac{N_1}{N_2}=K \\[3mm] 在\ Y/\triangle 连接时,\dfrac{U_{L1}}{U_{L2}}=\dfrac{\sqrt{3}U_{P1}}{U_{P2}}=\sqrt{3}\dfrac{N_1}{N_2}=\sqrt{3}K \end{cases}$$

在冶金设备的配电系统中三相变压器的应用非常广泛,图 2.60 所示是给炼钢的电弧炉配电的变压器。

图 2.60　电弧炉变压器

四、仪用互感器

在电气测量中,经常需要测量交流电路的大电压或大电流,若直接使用电压表或电流表进行测量,则要求大量程仪表,同时对操作人员也不安全。为此利用变压器可以改变电压或电流的原理,制造了专门供测量用的变压器,称之为仪用互感器。

1. 电压互感器

电压互感器是一种小容量的降压变压器,它的一次绕组匝数较多,并联在被测电路上;二次绕组匝数较少,接测量仪器上。电压互感器外形如图 2.61 所示。

2. 电流互感器

电流互感器的一次绕组匝数较少,导线较粗,与被测电路负载串联;二次绕组匝数较多,导线较细,接测量仪器上。电流互感器如图 2.62 所示。

图 2.61　电压互感器

图 2.62　电流互感器

任务实施

实施 11　互感电路观测

一、实验目的

(1)学会互感电路同名端、互感系数以及耦合系数的测定方法。

(2)理解两个线圈相对位置的改变以及用不同材料作线圈芯时对互感的影响。

二、原理说明

1. 判断互感线圈同名端的方法

(1)直流法:如图 2.63 所示,当开关 S 闭合瞬间,若毫安表的指针正偏,则可断定"1"、"3"为同名端;指针反偏,则"1"、"4"为同名端。

(2)交流法:如图 2.64 所示,将两个绕组 N_1 和 N_2 的任意两端(如 2、4 端)连在一起,在其中的一个绕组(如 N_1)两端加一个低电压,另一绕组(如 N_2)开路,用交流电压表分别测出端电压 U_{13}、U_{12} 和 U_{34}。若 U_{13} 是两个绕组端压之差,则 1、3 是同名端;若 U_{13} 是两绕组端电压之和,则 1、4 是同名端。

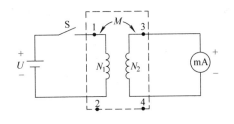

图 2.63　直流法

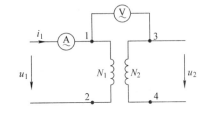

图 2.64　交流法

2. 两线圈互感系数 M 的测定

在图 2.64 的 N_1 侧施加低压交流电压 U_1,测出 I_1 及 U_2。根据互感电势 $E_M \approx U_2 =$

$\omega M I_1$,可算得互感系数为 $M=\dfrac{U_2}{\omega I_1}$

3. 耦合系数 k 的测定

两个互感线圈耦合松紧的程度可用耦合系数 k 来表示

$$k=M/\sqrt{L_1 L_2}$$

如图 2.64,先在 N_1 侧加低压交流电压 U_1,测出 N_2 侧开路时的电流 I_1;然后再在 N_2 侧加电压 U_2,测出 N_1 侧开路时的电流 I_2,求出各自的自感 L_1 和 L_2,即可算得 k 值。

三、实验设备

序号	名　称	型号与规格	数量(个)	备注
1	数字直流电压表	0~200 V	1	D31
2	数字直流电流表	0~200 mA	2	D31
3	交流电压表	0~500 V	1	D32
4	交流电流表	0~5 A	1	D3:
5	空心互感线圈	N_1 为大线圈　N_2 为小线圈	1 对	DG08
6	自耦调压器		1	DG01
7	直流稳压电源	0~30 V	1	DG04
8	电阻器	30 Ω/8 W　510 Ω/8 W	各 1	DG09
9	发光二极管	红或绿	1	DG09
10	粗、细铁棒、铝棒		各 1	
11	变压器	36 V/220 V	1	DG08

四、实验内容

(1)分别用直流法和交流法测定互感线圈的同名端。

①直流法。实验线路如图 2.65(a)所示。先将 N_1 和 N_2 两线圈的四个接线端子编以 1、2 和 3、4 号。将 N_1,N_2 同心地套在一起,并放入细铁棒。U 为可调直流稳压电源,调至 10 V。流过 N_1 侧的电流不可超过 0.4 A(选用 5 A 量程的数字电流表)。N_2 侧直接接入 2 mA 量程的毫安表。将铁棒迅速地拨出和插入,观察毫安表读数正、负的变化,来判定 N_1 和 N_2 两个线圈的同名端。

②交流法。本方法中,由于加在 N_1 上的电压仅 2 V 左右,直接用屏内调压器很难调节,因此采用图 2.65(b)的线路来扩展调压器的调节范围。图中 W、N 为主屏上的自耦调压器的输出端,B 为 DG08 挂箱中的升压铁芯变压器,此处作降压用。将 N_2 放入 N_1 中,并在两线圈中插入铁棒。A 为 2.5 A 以上量程的电流表,N_2 侧开路。

接通电源前,应首先检查自耦调压器是否调至零位,确认后方可接通交流电源,令自耦调压器输出一个很低的电压(约 12 V 左右),使流过电流表的电流小于 1.4 A,然后用 0~30 V 量程的交流电压表测量 U_{13}、U_{12}、U_{34},判定同名端。

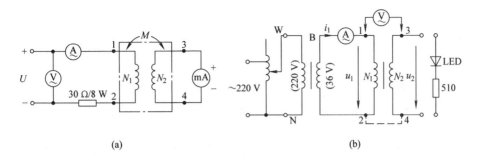

图 2.65 测定互感线圈同名端实验电路

(a)直流法；(b)交流法

拆去 2、4 连线，并将 2、3 相接，重复上述步骤，判定同名端。

(2)拆除 2、3 连线，测 U_1、I_1、U_2，计算出 M。

(3)将低压交流加在 N_2 侧，使流过 N_2 侧电流小于 1 A，N_1 侧开路，按步骤 2 测出 U_2、I_2、U_1。

(4)用万用表的 R×1 挡分别测出 N_1 和 N_2 线圈的电阻值 R_1 和 R_2，计算 k 值。

(5)观察互感现象。

在图 2.65(b)的 N_2 侧接入 LED 发光二极管与 510 Ω 串联的支路。

①将铁棒慢慢地从两线圈中抽出和插入，观察 LED 亮度的变化及各电表读数的变化，记录现象。

②将两线圈改为并排放置，并改变其间距，以及分别或同时插入铁棒，观察 LED 亮度的变化及仪表读数。

③改用铝棒替代铁棒，重复①、②的步骤，观察 LED 的亮度变化，记录现象。

五、实验注意事项

(1)整个实验过程中，注意流过线圈 N_1 的电流不得超过 1.4 A，流过线圈 N_2 的电流不得超过 1 A。

(2)测定同名端及其他测量数据的实验中，都应将小线圈 N_2 套在大线圈 N_1 中，并插入铁芯。

(3)做交流实验前，首先要检查自耦调压器，要保证手柄置在零位。因实验时加在 N_1 上的电压只有 2～3 V 左右，故调节时要特别仔细、小心，要随时观察电流表的读数，不得超过规定值。

六、预习思考题

(1)用直流法判断同名端时，可否以及如何根据 S 断开瞬间毫安表指针的正、反偏来判断同名端？

(2)本实验用直流法判断同名端是用插、拨铁芯时观察电流表的正、负读数变化来确定的(应如何确定?)，这与实验原理中所叙述的方法是否一致？

七、实验报告

(1)总结互感线圈同名端、互感系数的实验的测试方法。

(2)自拟测试数据表格，完成计算任务。

(3)解释实验中观察到的互感现象。

(4)心得体会及其他。

小　结

(1)一个线圈通过电流,所产生的磁通穿过另一个线圈的现象,称为互感现象或磁耦合。

(2)互感系数定义为 $M_{21}=\dfrac{\varPsi_{21}}{i_1}$ 或 $M_{12}=\dfrac{\varPsi_{12}}{i_2}$。一般情况下 $M=M_{12}=M_{21}$。互感 M 取决于两个线圈的几何尺寸、匝数、相对位置和磁介质。当磁介质为非铁磁性物质时,M 是常数。

(3)耦合系数 k 表示两个线圈磁耦合的紧密程度,定义为 $k=\dfrac{M}{\sqrt{L_1 L_2}}$。

(4)同名端即同极性端,对耦合电路的分析极为重要。同名端与两线圈绕向和它们的相对位置有关。工程实际常用实验方法判别同名端,有直流判别法和交流判别法。

(5)两互感线圈串联时的等效电感 $L=L_1+L_2\pm 2M$,顺向串联时取"$+$"号,反向串联时取"$-$"号。

(6)两互感线圈并联时的等效电感为 $L_{并}=\dfrac{L_1 L_2-M^2}{L_1+L_2\mp 2M}$。

同侧并联:$L_{tc}=\dfrac{L_1 L_2-M^2}{L_1+L_2-2M}$

异侧并联:$L_{yc}=\dfrac{L_1 L_2-M^2}{L_1+L_2+2M}$

(7)T 形电路的去耦法:当两个线圈具有一个公共节点时,应用图 2.66 所示互感消去法的规则,可将含互感电路等效变换为无互感电路,然后求解。

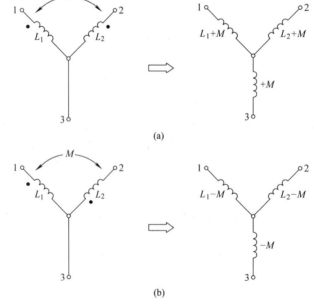

(a)

(b)

图 2.68　T 形电路去耦法

(a)异侧并联;(b)同侧并联

（8）互感系数的测量方法：等效电感法和开路电压法。

等效电感法：由 $M = \dfrac{L_s - L_f}{4}$ 计算。

开路电压法：由 $M = \dfrac{U_{20}}{\omega I_1}$ 计算。

（9）空心变压器电路的分析有两种方法：一是先列写一、二次回路的 KVL 方程，再联立求解得一二次回路电流；二是先求出空心变压器一次回路等效电路，从电源端看进去可用输入阻抗 $Z_{in} = \dfrac{\dot{U}_S}{\dot{I}_1} = Z_{11} + Z_{fs}$ 来表达，其中反射阻抗 $Z_{fs} = \dfrac{\omega^2 M^2}{Z_{22}}$ 反映空心变压器具有反转阻抗的功能，即把二次回路感性阻抗转变成容性阻抗，而容性阻抗可转变成感性阻抗。

思考与练习

[习题8] 什么是互感？哪些因素影响互感电压大小？

[习题9] 什么是耦合系数？怎样可以改变耦合系数？

[习题10] 如何判断互感线圈的同名端？

[习题11] 调压器的工作原理是什么？

[习题12] 为什么要使用互感器？

[习题13] 举出几个冶金工业中使用变压器、互感器的实例。

[习题14] 在题图 2.67 中，已知两互感线圈的互感系数 $M = 0.3$ H，电流源 $i_S = 15t + 6$ A，求线圈 2 中的互感电压 u_{21}。

[习题15] 已知互感线圈的自感 $L_1 = 8$ H，$L_2 = 2$ H，耦合因数 $k = 0.6$，求其互感 M。

[习题16] 如题图 2.68 所示，两线圈反向串联，已知 $L_1 = 0.4$H，$L_2 = 0.9$H，$k = 0.8$，求其等效电感。

[习题17] 如题图 2.69 为一电源变压器，一次侧 $N_1 = 1\,000$ 匝，$U_1 = 220$ V，二次侧分别为 N_2、N'_2。已知 $U_2 = 36$ V，接一功率 $P_2 = 7$ W 的白炽灯；$U'_2 = 12$ V，接一功率 $P'_2 = 5$ W 的白炽灯。求 N'_2、N_2 和一次侧电流 I_1。

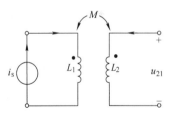

图 2.67 习题 14 图

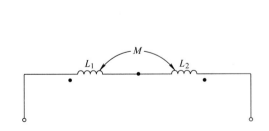

图 2.68 习题 16 图

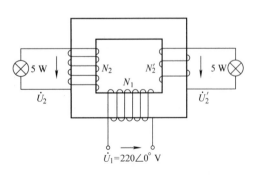

图 2.69 习题 17 图

检查与评价

检查项目	配分	评价标准	得分
基础知识的掌握	20	(1)理解互感、同名端、耦合系数的概念 (2)掌握互感线圈的顺向串联与反向串联的等效电感的计算方法,会对两种连接电路进行分析 (3)掌握理想变压器的工作原理及变压作用、变流作用	
线路的连接	20	(1)能够根据电路的原理图和安装图,正确连接电路 (2)熟练掌握元器件的安装和接线工艺 (3)在完成电路连接的同时,能检测和排除电路的故障 (4)在工作过程中严格遵守电工安全操作规程,时刻注意安全用电和节约原材料 (5)培养学生团队合作、爱护工具、爱岗敬业、吃苦耐劳的精神	
实验过程	30	(1)实验过程正确合理 (1)能够测量互感电路的各个物理量 (3)读数正确和数据记录正确 (4)熟悉变压器、互感器的使用方法	
结果的分析	30	(1)计算正确,15分 (2)结论正确,15分	

子学习领域3 非正弦周期电流电路的特点及生产、生活中消除谐波的方法

布置任务

1. 知识目标

(1)了解常见非正弦周期曲线的特点及其分解的方法。

(2)理解非正弦周期量有效值的概念,掌握其求解方法。

(3)熟练地进行非正弦周期电路的分析。

(4)掌握滤波器滤波的工作原理。

2. 技能目标

能够运用所学知识抑制和减小生产中的谐波。

资讯与信息

在供电系统中,通常总是希望交流电压和交流电流呈正弦波形,但实际的电压电流并非如此。正弦波电压施加在线性无源元件电阻、电感和电容上,其电流和电压分别为比例、积分和

微分关系,仍为同频率的正弦波。但当正弦波电压施加在非线性电路上时,电流就变为非正弦波,非正弦电流在电网阻抗上产生压降,会使电压波形也变为非正弦波。当然,非正弦电压施加在线性电路上时,电流也是非正弦波。对于非正弦周期电压、电流,一般满足狄里赫利条件,可分解为傅里叶级数,其中频率与工频相同的分量称为基波,频率为基波频率大于1整数倍的分量称为谐波,谐波次数为谐波频率和基波频率的整数比。

理想的公用电网所提供的电压应该是单一而固定的频率以及规定的电压幅值。谐波电流和谐波电压的出现,对公用电网是一种污染,它对公用电网和其他系统的危害大致有以下一些方面。

(1)谐波使公用电网中的元件产生了附加的谐波损耗,降低了发电、输电及用电设备的使用效率,大量的3次谐波流过中线时会使线路过热甚至发生火灾。

(2)谐波影响各种电气设备的正常工作。谐波对电机的影响除引起附加损耗外,还会产生机械振动、噪声和过电压,使变压器局部严重过热。谐波使电容器、电缆等设备过热、绝缘老化、寿命缩短以致损坏。

(3)谐波会引起公用电网中局部的并联谐振和串联谐振,从而使谐波放大,这就使上述(1)和(2)的危害大大增加,甚至引起严重事故。

(4)谐波会导致继电保护和自动装置的误动作,并会使电气测量仪表计量不正确。

(5)谐波会对邻近的通信系统产生干扰,轻者引进噪声,降低通信质量,重者导致信息丢失,使通信系统无法正常工作。

为此,我们要减小或消除谐波,降低和减少它对生产、生活用电的影响。

本学习的主要内容有:非正弦周期信号的基本概念、产生的原因,波的合成与分解,谐波的概念以及简单的非正弦电路的电压、电流及功率的分析与计算,滤波器的工作原理。

信息1　非正弦周期量

按非正弦周期性变化的电压电流称为非正弦周期量(波),若电路中的激励或响应是非正弦周期量,则这种电路称为非正弦周期电流电路。

一、常见非正弦信号

如图2.70所示是常见的非正弦周期信号。

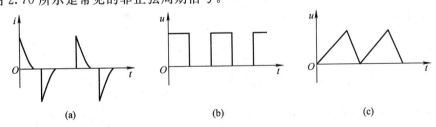

(a)　　　　　　　　　(b)　　　　　　　　　(c)

图2.70　常见的非正弦周期信号

(a)脉冲电流;(b)矩形脉冲电压;(c)三角形周期电压

二、非正弦信号产生原因

产生非正弦周期波的原因通常有以下两种。

1. 电源电压为非正弦电压

如脉冲信号发生器产生矩形脉冲电压,如图2.70(b)所示。

又如,晶体管交流放大电路中,电源提供的是直流电压,输入信号是正弦电压,合成一个非

电路分析及应用

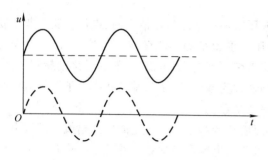

图 2.71 不同频率的正弦电压合成
一个非正弦电压

正弦电压,如图 2.71 所示。

2. 电路中存在非线性元件

正弦电压作用于含有非线性元件的电路时,电路中电流是非正弦的。

如图 2.72(a)所示的半波整流电路。电源电压是正弦波,但由于二极管的单向导电性,电流是非正弦的,如图 2.72(b)所示。

又如,铁芯线圈接通正弦电压时,线圈中的电流也是非正弦的。

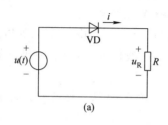 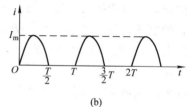

(a) (b)

图 2.72 非线性元件形成的非正弦电流
(a)含非线性元件电路;(b)非正弦电流信号

信息 2 非正弦周期信号的谐波分析

一、非正弦波的合成

前面讲过,几个同频率的正弦量之和还是一个同频率的正弦量。但是几个不同频率的正弦量相加就不再是正弦量了,如方波的合成。

图 2.73(a)所示的方波是一种常见的非正弦周期信号,图中虚线表示一个同频率的正弦波 u_1,显然,二者波形差别很大。如果在这个正弦波上叠加一个三倍频率的正弦波 u_3(u_3 的幅值为 u_1 幅值的 1/3),则它们的合成波形就比较接近于方波,如图 2.73(b)所示。如果再叠加一个五倍频率的正弦波 u_5(u_5 的幅值为 u_1 幅值的 1/5),则它们的合成波形就与方波波形相差无几了,如图 2.73(c)所示。依此下去,把七倍、九倍等更高频率的正弦波再叠加上,直至无限多个,那么,最后的合成波形就与图 2.73(a)的方波完全一样了。

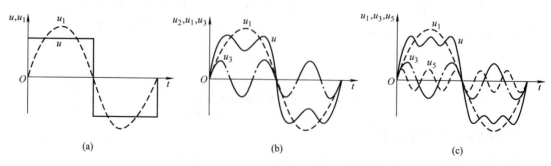

(a) (b) (c)

图 2.73 非正弦波的合成
(a)方波;(b)叠加三倍频正弦波;(c)叠加五倍频正弦波

反之,利用数学手段,电气电子工程中常遇到的非正弦周期波也可以分解为无限多个不同频率的正弦波。

二、非正弦波的分解

从数学式知道,一个满足狄里赫利条件的周期函数,都可以分解为傅里叶级数。电气电子工程上常见的非正弦周期波,大都满足狄里赫利条件。

设 $f(t)$ 为一满足狄里赫利条件的非正弦周期函数,其周期为 T,角频率 $\omega = 2\pi/T$,则 $f(t)$ 的傅里叶级数展开式的一般形式为

$$f(t) = A_0 + \sum_{k=1}^{\infty} A_{km}\sin(k\omega t + \varphi_k) \tag{2.36}$$

其中 $f(t)$——非正弦周期波;

A_0——$f(t)$ 直流分量或恒定分量,也称零次谐波;

$A_{1m}\sin(\omega t + \varphi_1)$——频率与 $f(\omega t)$ 的频率相同,称为基波或一次谐波;

$A_{2m}\sin(2\omega t + \varphi_2)$——频率为基波频率的两倍,称为二次谐波;

$A_{km}\sin(k\omega t + \varphi_k)$——频率为基波频率的 k 倍,称为 k 次谐波。

$k \geqslant 2$ 的各次谐波统称为高次谐波。其中 1、3、5 次等谐波称为奇次谐波,2、4、6 次等谐波称为偶次谐波。非正弦周期波的傅里叶级数展开式中应包含无穷多项,但由于傅里叶级数的收敛性,通常频率越高的谐波,其幅值越小。在实际工程计算中,一般取到 5 次或 7 次谐波就能保证足够的精度。更高次的谐波常可忽略不计。

傅里叶级数还有第二种表达式,即

$$f(t) = \frac{a_0}{2} \sum_{k=1}^{\infty} a_k \cos k\omega t + \sum_{k=1}^{\infty} b_k \sin k\omega t \tag{2.37}$$

式中:$\dfrac{a_0}{2}$ 为 $f(t)$ 的直流分量;$a_k \cos k\omega t$ 为余弦项;$b_k \sin k\omega t$ 为正弦项。

式(2.36)和式(2.37)间的关系为

$$\begin{cases} \dfrac{a_0}{2} = A_0 \\ a_k = A_{km}\sin \varphi_k \\ b_k = B_{km}\cos \varphi_k \end{cases} \tag{2.38}$$

或

$$\begin{cases} A_{km} = \sqrt{a_k^2 + b_k^2} \\ \tan \varphi_k = \dfrac{a_k}{b_k} \end{cases} \tag{2.39}$$

而系数 a_0、a_k、b_k 可按下式求出

$$\begin{cases} a_0 = \dfrac{1}{\pi} \int_0^{2\pi} f(\omega t)\,\mathrm{d}\omega t \\[2mm] a_k = \dfrac{1}{\pi} \int_0^{2\pi} f(\omega t)\cos k\omega t\,\mathrm{d}\omega t \\[2mm] b_k = \dfrac{1}{\pi} \int_0^{2\pi} f(\omega t)\sin k\omega t\,\mathrm{d}\omega t \end{cases} \tag{2.40}$$

将一个非正弦周期函数分解为直流分量和无穷多个频率不同的谐波分量之和,称为谐波

分析。谐波分析可以利用式(2.36)或式(2.37)来进行,表 2.1 列出了电气电子工程中常见的几种典型信号的傅里叶级数展开式,在实际工程中可直接对照其波形查出展开式。

表 2.1 常见非正弦周期信号

名称	波形	傅里叶级数展开式	有效值	平均值
矩形波		$$f(t)=\frac{4A_m}{\pi}\left(\sin\omega t+\frac{1}{8}\sin 3\omega t+\frac{1}{5}\sin 5\omega t+\cdots+\frac{1}{k}\sin k\omega t+\cdots\right)$$ $$(k=1,3,5,,7\cdots)$$	A_m	A_m
锯齿波		$$f(t)=A_m\left[\frac{1}{2}-\frac{1}{\pi}\left(\sin\omega t+\frac{1}{2}\sin 2\omega t+\frac{1}{3}\sin 3\omega t+\cdots+\frac{1}{k}\sin k\omega t+\cdots\right)\right]$$ $$(k=1,2,3,4,\cdots)$$	$\dfrac{A_m}{\sqrt{3}}$	$\dfrac{A_m}{2}$
三角波		$$f(t)=\frac{8A_m}{\pi^2}\left(\sin\omega t+\frac{1}{9}\sin 3\omega t+\frac{1}{25}\sin 5\omega t+\cdots+\frac{1}{k^2}\sin k\omega t+\cdots\right)$$ $$(k=1,3,5,7,\cdots)$$	$\dfrac{A_m}{\sqrt{3}}$	$\dfrac{A_m}{2}$
半波整流波		$$f(t)=\frac{2A_m}{\pi}\left(\frac{1}{2}+\frac{\pi}{4}\cos\omega t+\frac{1}{3}\cos 2\omega t-\frac{1}{15}\cos\omega t+\cdots-\frac{\cos(k\pi)/2}{k^2-1}\cos k\omega t+\cdots\right)$$ $$(k=1,2,3,4,\cdots)$$	$\dfrac{A_m}{2}$	$\dfrac{A_m}{\pi}$
全波整流波		$$f(t)=\frac{4A_m}{\pi}\left(\frac{1}{2}+\frac{1}{3}\cos 2\omega t-\frac{1}{15}\cos 4\omega t+\frac{1}{35}\cos 6\omega t-\cdots-\frac{\cos(k\pi)/2}{(k-1)(k+1)}\cos k\omega t+\cdots\right)$$ $$(k=2,4,6,8,\cdots)$$	$\dfrac{A_m}{\sqrt{2}}$	$\dfrac{2A_m}{\pi}$
梯形波		$$f(t)=\frac{4A_m}{\omega t_0\pi}\left(\sin\omega t_0\sin\omega t+\frac{1}{9}\sin 3\omega t_0\sin 3\omega t+\frac{1}{25}\sin 5\omega t_0\sin 5\omega t+\cdots+\frac{1}{k^2}\sin k\omega t_0\sin k\omega t+\cdots\right)$$ $$(k=1,3,5,7,\cdots)$$	$A_m\sqrt{1-\dfrac{4\omega t_0}{3\pi}}$	$A_m\left(1-\dfrac{\omega t_0}{\pi}\right)$

三、周期信号的频谱

一个非正弦周期函数展开成傅里叶级数,这种数学表达方式虽然详尽,但却不够直观,若绘出波形图,虽然直观却做图麻烦。为了能够既方便又直观的表达一个非正弦周期波中含哪些频率分量及各分量所占的比重如何,常常采用一种称为**频谱图**的表示方法。以表2.1中的锯齿波为例,展开式中的直流分量和各次谐波分量的幅值在频谱图中用相应长度的线段表示,各线段在横坐标上的位置是相应谐波频率。图2.74是该锯齿波的频谱图。从图中可以一目了然地看出这个信号包含哪些谐波分量以及每个分量所占的比重(注意:幅值取其大小,而有些项前面的负号,将其归到初相中去)。

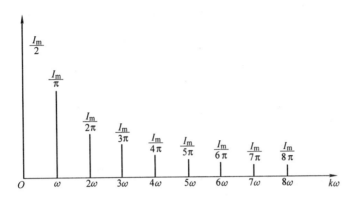

图 2.74　锯齿波的频谱图

四、非正弦波的对称性

电子技术中遇到的非正弦周期波常具有某种对称性,利用对称性质可判断傅里叶级数展开式中哪些项不存在,使展式的求解工作得以简化。

1. 奇函数

与原点对称的周期波,即奇函数 $f(t) = -f(-t)$,它的展开式不包含直流分量和余弦分量。奇函数的展开式为

$$f(t) = \sum_{k=1}^{\infty} b_k \sin k\omega t$$

表2.1中的矩形波、三角波、梯形波都具有这样的特点,其波形对称于原点或以原点为中心将原波形旋转180°得到的图像和原来波形完全重合。

2. 偶函数

与纵轴对称的周期波,即偶函数 $f(t) = f(-t)$,它的展开式不包含正弦分量。偶函数的,展开式为

$$f(t) = \frac{a_0}{2} + \sum_{k=1}^{\infty} a_k \cos k\omega t$$

表2.1中的半波整流、全波整流、矩形脉冲波都是偶函数。

3. 奇谐波函数

满足 $f(t) = -f\left(t \pm \dfrac{T}{2}\right)$ 的周期函数为奇谐波函数。其波形特点是:将函数 $f(t)$ 波形中的后半个周期波形平移半个周期后,与原函数波形对称于横轴,即负半波平移后恰好是正半波的镜像。它的展开式不包含直流分量和偶次谐波分量。

$$f(t) = \sum_{k=1}^{\infty} (a_k \cos k\omega t + b_k \sin k\omega t) \qquad (k = 1,3,5,\cdots)$$

表 2.1 中的三角波、梯形波都具有这样的特点。

4. 偶谐波函数

满足 $f(t) = f\left(t \pm \dfrac{T}{2}\right)$ 的周期函数为偶谐波函数。其波形特点是：将函数 $f(t)$ 波形中的后半个周期波形平移半个周期后，与原函数波形完全重合。它的展开式不包含奇次谐波分量。

$$f(t) = \frac{a_0}{2} + \sum_{k=2}^{\infty} (a_k \cos k\omega t + b_k \sin k\omega t) \qquad (k = 2,4,6,\cdots)$$

图 2.75 所示波形具有这样的特点。

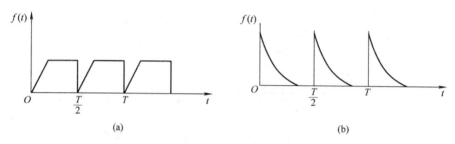

图 2.75　偶谐波函数

(a)偶谐波函数 1；(b)偶谐波函数 2

另外，如果周期波形上下面积的代数和等于零（也即平均值为零），它的展开式不包含直流分量。

值得一提的是：非正弦周期信号的函数奇偶性不仅与该函数的波形有关还与波形计时起点（坐标系、原点）的选择有关，如表 2.1 中的三角波是奇函数，若将波形左移 $\dfrac{T}{4}$，三角波便是偶函数。但奇谐波函数与计时起点无关。

[**例题 15**]　由波形的对称性特点判断图 2.76 中各波形的傅里叶级数展开式中不存在的项，并写出各波形的傅里叶级数展开式。

解：图(a)的周期波波形与纵轴对称，为偶函数，它的展开式不包含正弦分量。偶函数的展开式为

$$f(t) = \frac{a_0}{2} + \sum_{k=1}^{\infty} a_k \cos k\omega t$$

图(b)的周期波波形特点是：将函数 $f(t)$ 波形中的后半个周期波形平移半个周期后，负半波恰好是正半波的镜像，为奇谐波函数。它的展开式不包含直流分量和偶次谐波分量。奇谐波函数的展开式为

$$f(t) = \sum_{k=1}^{\infty} (a_k \cos k\omega t + b_k \sin k\omega t) \qquad (k = 1,3,5,\cdots)$$

图(c)的周期波波形与原点对称为奇函数，它的展开式不包含直流分量和余弦分量。奇函数的展开式为

$$f(t) = \sum_{k=1}^{\infty} b_k \sin k\omega t$$

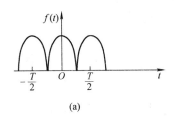

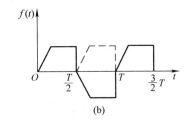

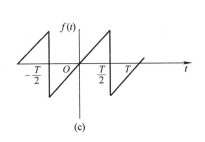

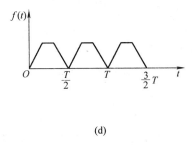

图 2.76　例题 15 图

(a)偶谐波函数 1;(b)奇谐波函数 1;(c)奇谐波函数 2;(d)偶谐波函数 2

图(d)的周期波波形特点是:将函数 $f(t)$ 波形中的后半个周期波形平移半个周期后,与原函数波形完全重合,为偶谐波函数。其展开式不包含奇次谐波分量。偶谐波函数展开式为

$$f(t) = \frac{a_0}{2} \sum_{k=1}^{\infty} (a_k \cos k\omega t + b_k \sin k\omega t) \qquad (k = 2,4,6\cdots\cdots)$$

信息 3　非正弦周期波的有效值、平均值和功率

一、有效值

在实际工作中,往往需要对一个非正弦周期量有一个总体的度量。正弦量的有效值可以计算和测量;非正弦量的有效值也可以计算和测量。定义一个非正弦周期电流的有效值为

$$I = \sqrt{\frac{1}{T} \int_0^T [i(t)]^2 \mathrm{d}t} \qquad (2.41)$$

而非正弦周期电流的傅里叶展开式为

$$i = I_0 + \sum_{k=1}^{\infty} I_{km} \sin(k\omega t + \varphi_k)$$

将电流代入(2.41)式得

$$I = \sqrt{\frac{1}{T} \int_0^T \left[I_0 + \sum_{k=1}^{\infty} I_{km} \sin(k\omega t + \varphi_k) \right]^2 \mathrm{d}t}$$

上式根号内的积分展开,可得出如下四项:

(1) $\dfrac{1}{T} \displaystyle\int_0^T I_0^2 \mathrm{d}t = I_0^2$

(2) $\dfrac{1}{T} \displaystyle\int_0^T \sum_{k=1}^{\infty} I_{km}^2 \sin^2(k\omega t + \varphi_k) \mathrm{d}t = \frac{1}{2} \sum_{k=1}^{\infty} I_{km}^2 = \sum_{k=1}^{\infty} I_k^2$

(3) $\dfrac{1}{T} \displaystyle\int_0^T 2 I_0 \sum_{k=1}^{\infty} I_{km} \sin(k\omega t + \varphi_k) \mathrm{d}t = 0$

(4) $\dfrac{1}{T}\displaystyle\int_0^T 2\sum_{k=1}^{\infty}\sum_{q=1}^{\infty}I_{km}I_{qm}\sin(k\omega t+\varphi_k)\sin(q\omega t+\varphi_q)\mathrm{d}t=0 \qquad (k\neq q)$

所以推导出电流的有效值的计算公式为

$$I=\sqrt{I_0^2+\dfrac{I_{1m}^2}{2}+\dfrac{I_{2m}^2}{2}+\cdots}=\sqrt{I_0^2+I_1^2+I_2^2+\cdots} \tag{2.42}$$

即非正弦周期电流的有效值等于各次谐波分量有效值平方和的平方根值。

同理,非正弦周期电压和电动势的有效值分别为

$$U=\sqrt{U_0^2+U_1^2+U_2^2+\cdots} \tag{2.43}$$

$$E=\sqrt{E_0^2+E_1^2+E_2^2+\cdots} \tag{2.44}$$

[例题 16] 求非正弦周期电压 $u=100+70.7\sin(314t+30°)-61.6\cos(942t+51°)+\cdots$ V 的有效值。

解:因为 $U=\sqrt{U_0^2+U_1^2+U_2^2\cdots}$,所以

$$U=\sqrt{100^2+\left(\dfrac{70.7}{\sqrt{2}}\right)^2+\left(\dfrac{61.6}{\sqrt{2}}\right)^2}=100.46 \text{ V}$$

二、平均值

非正弦周期量的平均值也就是非正弦周期量的直流分量。当非正弦周期量的波形对称于横轴时,它的平均值为零。但工程上为了便于说明问题,常取非正弦周期量的绝对值在一周期内的平均值,即

$$I_{av}=\dfrac{1}{T}\int_0^T |i|\,\mathrm{d}t \tag{2.45}$$

或

$$U_{av}=\dfrac{1}{T}\int_0^T |u|\,\mathrm{d}t \tag{2.46}$$

$$E_{av}=\dfrac{1}{T}\int_0^T |e|\,\mathrm{d}t \tag{2.47}$$

[例题 17] 求函数 $u(t)=\begin{cases} 12 \text{ V} & 0\leqslant t\leqslant \dfrac{T}{4} \\ 0 \text{ V} & \dfrac{T}{4}\leqslant t\leqslant T \end{cases}$ 的平均值。

解:因为 $U_{av}=\dfrac{1}{T}\int_0^T |u|\,\mathrm{d}t$,所以

$$U_{av}=\dfrac{1}{T}\int_0^{\frac{T}{4}}12\mathrm{d}t+\dfrac{1}{T}\int_{\frac{T}{4}}^T 0\mathrm{d}t=3 \text{ V}$$

三、平均功率

非正弦电路瞬时功率与正弦电路定义方法相同,在关联方向下,有

$$p=ui$$

一个周期内的平均功率为

$$P=\dfrac{1}{T}\int_0^T p\mathrm{d}t=\int_0^T ui\,\mathrm{d}t \tag{2.48}$$

设非正弦周期电压和电流为

$$u(t) = U_0 + \sum_{k=1}^{\infty} U_{km} \sin(k\omega t + \varphi_{uk})$$

$$i(t) = I_0 + \sum_{k=1}^{\infty} I_{km} \sin(k\omega t + \varphi_{ik})$$

将 $u(t)$ 和 $i(t)$ 代入式(2.48)并展开,可得出下列五项:

(1) $\dfrac{1}{T}\displaystyle\int_0^T U_0 I_0 \mathrm{d}t = U_0 I_0$

(2) $\dfrac{1}{T}\displaystyle\int_0^T U_0 \sum_{k=1}^{\infty} I_{km} \sin(k\omega t + \varphi_{ik}) \mathrm{d}t = 0$

(3) $\dfrac{1}{T}\displaystyle\int_0^T I_0 \sum_{k=1}^{\infty} U_{km} \sin(k\omega t + \varphi_{uk}) \mathrm{d}t = 0$

(4) $\dfrac{1}{T}\displaystyle\int_0^T U_0 \sum_{k=1}^{\infty} \sum_{q=1}^{\infty} U_{km} I_{qm} \sin(k\omega t + \varphi_{uk}) \sin(qk\omega t + \varphi_{ik}) \mathrm{d}t = 0 \quad (k \neq q)$

(5) $\dfrac{1}{T}\displaystyle\int_0^T \sum_{k=1}^{\infty} \sum_{q=1}^{\infty} U_{km} I_{qm} \sin(k\omega t + \varphi_{uk}) \sin(qk\omega t + \varphi_{ik}) \mathrm{d}t$

$$= \frac{1}{2} \sum_{k=1}^{\infty} U_{km} I_{km} \cos\varphi_k = \sum_{k=1}^{\infty} U_k I_k \cos\varphi_k$$

上述五项中,(2)、(3)、(4)三项积分为 0,(1)、(5)两项积分分别为 $U_0 I_0$ 和 $\displaystyle\sum_{k=1}^{\infty} U_k I_k \cos\varphi_k$,其中 $\varphi_k = \varphi_{uk} - \varphi_{ak}$ 为 k 次谐波的阻抗角,所以平均功率为

$$\begin{aligned} P &= U_0 I_0 + \sum_{k=1}^{\infty} U_k I_k \cos\varphi_k \\ &= U_0 I_0 + U_1 I_1 \cos\varphi_1 + U_2 I_2 \cos\varphi_2 + \cdots = P_0 + P_1 + P_2 + \cdots \end{aligned} \tag{2.49}$$

即非正弦周期量的平均功率为各次谐波功率之和。

而非正弦的周期量的视在功率则为

$$S = UI = \sqrt{I_0^2 + I_1^2 + I_2^2 + \cdots} \cdot \sqrt{U_0^2 + U_1^2 + U_2^2 + \cdots} \tag{2.50}$$

即为非正弦周期电压有效值与非正弦周期电流有效值之积。

顺便指出,为了简化计算,在实际中,常把非正弦周期量用等效正弦波来代替,从而把非正弦周期电流电路简化为正弦周期电流电路处理。这种代替需满足以下三个条件:

(1)等效正弦波应与非正弦周期波具有相同的频率;

(2)等效正弦波应与非正弦周期波具有相同的有效值;

(3)用等效正弦波代替非正弦周期波后,全电路的有功功率不变。

根据以上条件中(1)与(2)先确定等效正弦波的频率和有效值,然后可根据条件(3)确定等效正弦电压与等效正弦电流的相位差,即

$$\varphi = \pm \arccos \frac{P}{UI} \tag{2.51}$$

式中,φ 的正负应参照实际电压、电流波形作出选择。

等效正弦波的分析方法是在一定误差允许条件下的一种近似计算方法,应用在分析铁芯线圈电路中。

电路分析及应用

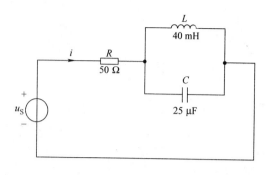

图 2.77 例题 18 图

[**例题 18**] 电路如图 2.77 所示,其中,
$U_S(t)=[50+\sqrt{2}\times100\cos(10^3t)+\sqrt{2}\times10\cos(2\times10^3t)]$V。求:(1)电流 $i(t)$ 及其有效值 I;(2)电压源发出的有功功率 P。

解:(1)当恒定电压 U_0 作用于电路时,电感对直流相当于短路,电容对直流相当于开路,故有

$$I_0=\frac{U_0}{R}=\frac{50}{50}=1\text{ A}$$

(2)当 $U_{S1}(t)=100\sqrt{2}\cos 1000t$ V 作用于电路时,设 $\dot{U}_{S1}=100\angle0°$ V,$\omega=1\ 000$ rad/s,则有

$$\frac{1}{j\omega L}=\frac{1}{j1\ 000\times40\times10^{-3}}=-j0.025\text{ S}$$
$$j\omega C=j1\ 000\times25\times10^{-6}=j0.025\text{ S}$$

可见电感与电容发生并联谐振,所以有

$$\dot{I}_1=0$$
$$i_1(t)=0$$

当 $U_{S2}(t)=10\sqrt{2}\cos(2\times10^3t)$ V 单独作用于电路时,设 $\dot{U}_{S2}=10\angle0°$ V,$\omega=2\ 000$ rad/s,则有

$$Z_2=R+\frac{j\omega L\cdot\frac{1}{j\omega C}}{j\omega L+\frac{1}{j\omega C}}=50-j26.67\ \Omega$$

$$\dot{I}_2=\frac{\dot{U}_{S2}}{Z_2}=\frac{10\angle0°}{50-j26.67}=0.176\angle28.08°\text{ A}$$

则 $i_2(t)=0.176\sqrt{2}\cos(2\times10^3t+28.08°)$ A

解得 $i(t)=I_0+i_1(t)+i_2(t)=[1+0.176\sqrt{2}\cos(2\times10^3t+28.08°)]$ A

而 $I=\sqrt{I_0^2+I_1^2+I_2^2+\cdots}=\sqrt{1^2+(0.176)^2}\approx1.015$ A

解得有公共功率为

$$P=U_0I_0+U_1I_1\cos\varphi_1+U_2I_2\cos\varphi_2=51.55\text{ W}$$

四、非正弦电路的测量

在实际应用中应特别注意,对于同一非正弦周期电流(或电压),选用不同的测量仪表,测得的结果不同。例如,用磁电式仪表(直流仪表)测量,所得结果是电流(或电压)的恒定分量,这是因为磁电式仪表的偏转角正比于 $\frac{1}{T}\int_0^T i\mathrm{d}t\left(\text{或}\frac{1}{T}\int_0^T u\mathrm{d}t\right)$;用电磁式或电动式仪表测量时,所得结果是电流的有效值,因为这两种仪表的偏转角正比于 $\frac{1}{T}\int_0^T i^2\mathrm{d}t\left(\text{或}\frac{1}{T}\int_0^T u^2\mathrm{d}t\right)$;用全波整流磁电式仪表测量时,所得的结果是电流(或电压)的平均值,因为这种仪表偏转角正比于电

182

流(或电压)的平均值 $\left(I_{av} = \dfrac{1}{T}\displaystyle\int_0^T |i|\,\mathrm{d}t \text{ 或 } U_{av} = \dfrac{1}{T}\displaystyle\int_0^T |u|\,\mathrm{d}t \right)$。可见,在测量非正弦周期电流或电压时,要注意选择合适的仪表,并注意各种不同类型仪表的读数的含义。

信息 4 非正弦周期电压作用下的线性电路

对于非正弦周期电压作用下的线性电路,其分析和计算方法的理论基础是傅里叶级数和叠加原理。将非正弦周期电压信号展开为傅里叶级数后,非正弦周期电压源就相当于由几个不同频率的正弦电压源(包括频率为零的直流分量)串联而成。在线性电路中可以应用叠加原理,把非正弦电压作用下的电流,看成各次谐波电压单独作用于电路时所产生的电流瞬时值之和,这样就可以用计算正弦电路的方法来计算非正弦电路了。这一分析过程,可用图 2.78 (a)、(b)、(c)三图来形象地表示。

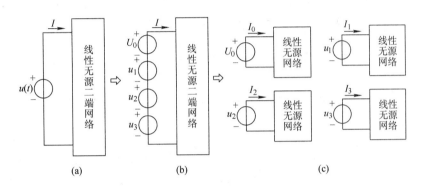

图 2.78 计算线性非正弦电路的基本原理

上述分析方法可归结为如下三个步骤:

(1)求 $u(t)$ 的傅里叶级数展开式 $u = U_0 + u_1 + u_2 + u_3 + \cdots$,如果是无穷级数则确定高次谐波取到哪一项;

(2)分别计算 U_0、u_1、u_2、u_3 … 单独作用电路时的谐波阻抗 Z,注意考虑频率对电抗的影响 $X_{Lk} = k\omega L$,$X_{Ck} = \dfrac{1}{k\omega C}$。对直流,电感相当于短路,电容相当于开路;

(3)算出电流 I_0、i_1、i_2、i_3、$\cdots$,叠加后得总电流 $i = I_0 + i_1 + i_2 + i_3 + \cdots$。

[例题 19] 在电阻、电感和电容元件串联的电路中,已知 $R = 10\ \Omega$,$L = 0.05\ \mathrm{H}$,$C = 22.5\ \mu\mathrm{F}$,电源电压为 $u = 40 + 180\sin\omega t + 60\sin(3\omega t + 45°) + 20\sin(5\omega t + 18°)\ \mathrm{V}$,基波频率 $f = 50\ \mathrm{Hz}$,试求电路电流。

解:用叠加原理进行计算。

(1)恒定分量

$I_0 = 0$(因为有电容元件)

(2)基波

$$|Z_1| = \sqrt{R^2 + \left(\omega L - \dfrac{1}{\omega C}\right)^2} = \sqrt{10^2 + \left(314 \times 0.05 - \dfrac{1}{314 \times 22.5 \times 10^{-6}}\right)^2}$$

$$= \sqrt{10^2 + (15.7 - 141)^2} \approx 126\ \Omega$$

$$\varphi = \arctan \dfrac{\omega L - \dfrac{1}{\omega C}}{R} = \arctan \dfrac{15.7 - 141}{10} \approx -85.3°\ (\text{电容性})$$

$$I_{1m} = \frac{U_{1m}}{|Z_1|} = \frac{180}{126} = 14.3 \text{ A}$$

（2）三次谐波

$$|Z_3| = \sqrt{R^2 + \left(3\omega L - \frac{1}{3\omega C}\right)^2} = \sqrt{10^2 + \left(3 \times 15.7 - \frac{141}{3}\right)^2} = 10 \ \Omega$$

$$\varphi_3 = \arctan \frac{3\omega L - \frac{1}{3\omega C}}{R} = \arctan \frac{3 \times 15.7 - \frac{141}{3}}{10} = 0°$$

$$I_{3m} = \frac{U_{3m}}{|Z_3|} = \frac{60}{10} = 6 \text{ A}$$

（3）五次谐波

$$|Z_5| = \sqrt{R^2 + \left(5\omega L - \frac{1}{5\omega C}\right)^2} = \sqrt{10^2 + \left(5 \times 15.7 - \frac{141}{5}\right)^2}$$

$$\varphi_3 = \arctan \frac{5\omega L - \frac{1}{5\omega C}}{R} = \arctan \frac{5 \times 15.7 - \frac{141}{5}}{10} = 78.8°$$

$$I_{5m} = \frac{U_{5m}}{|Z_5|} = \frac{20}{51.2} = 0.39 \text{ A}$$

所以电路电流为

$$i = I_0 + i_1 + i_3 + i_5 = 1.43\sin(\omega t + 85.3°) + 6\sin(3\omega t + 45°) + 0.39\sin(5\omega t - 60.8°) \text{ A}$$

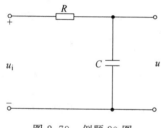

图 2.79　例题 20 图

[例题 20]　在图 2.79 中，输入电压中含有 240 V 的直流分量，还含有 100 Hz 的正弦交流分量，其有效值为 100 V。将此电压经 RC 滤波电路滤波。已知 $R = 200 \ \Omega$，$C = 50 \ \mu\text{F}$。试求输出电压 u_2 中含有的直流分量和交流分量各为多少？

解：因为电路不通直流，240 V 直流电压全加在电容器两端，所以输出的直流电压就是 240 V。

对 100 Hz、100 V 的交流分量

$$X_C = \frac{1}{2\pi f C} = \frac{1}{2\pi \times 100 \times 50 \times 10^{-6}} = 32 \ \Omega$$

$$|Z| = \sqrt{R^2 + X_C^2} = \sqrt{200^2 + 32^2} = 202 \ \Omega$$

所以交流输入为

$$U_2 = \frac{U_1}{|Z|} X_C = \frac{100 \times 32}{202} = 16 \text{ V}$$

可见，输出电压的脉动大为减小，如图 2.80 所示。

求解非正弦周期电流电路时，特别要注意以下两点：

（1）电容、电感对不同谐波分量的容抗、感抗不同，因此要分别计算；

（2）叠加时要用瞬时关系式叠加。

信息 5　滤波器

通过对谐波阻抗的分析不难看出，电感有削弱（或抑制）高次谐波电流的作用，电容有削弱（或抑制）低次谐波电流的作用。在电子线路中，常利用这种特性将电感、电容组成一定的电路使其连接在电源与负载之间，就可以使负载获得所需要的谐波分量，而将不需要的谐波分量去

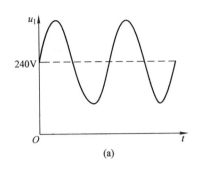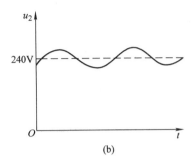

图 2.80　例题 20 波形变化

(a)输入电压波形；(b)输出电压波形

(滤)掉。如图 2.81 所示,这种电感、电容组合电路成为滤波电路,或称为滤波器。

滤波器在电子技术中应用很普遍。例如,收音机所需要的直流电,通常是由交流电经整流先成为脉动直流电,然后通过滤波器将其谐波分量滤掉,才能变成平滑的直流电。又如在电视机天线接受到的信号中,既有图像信号,又有伴音信号,两种信号的频率范围是不同的,可以通过滤波器将其分开,分别送入"视频通道"和"伴音通道"。有些电子控制的机床,也常采用滤波电路。

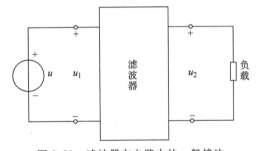

图 2.81　滤波器在电路中的一般接法

滤波电路的种类较多,根据功能的不同可分为"低通滤波电路"、"高通滤波电路"、"带通滤波电路"和"带阻滤波电路"等类型。

一、低通滤波器

如图 2.82 所示,图(a)为 π 形滤波电路,图(b)为 T 形滤波电路,作用相同。

这种电路将电感作"串联"而将电容作"并联"组成电路,使直流分量和低于某一频率的谐波分量易于通过,这个频率称为滤波器的"截止频率"。

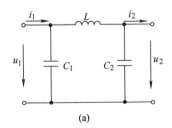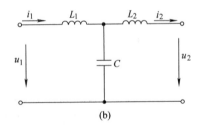

图 2.82　低通滤波电路

(a)π形滤波电路；(b)T形滤波电路

低通滤波电路的原理,以图 2.82(a)为例解释如下:由电感和电容对谐波的抑制作用不同,电源电流 i_1 中的高次谐波分量不易通过电感(感抗大)而容易通过电容(容抗小),因而高频分量在"串联"部分被抑制(削弱),在"并联"部分被分流,流入负载的电流 i 中主要为直流分量和低次谐波分量。另外,电感对高频的感抗大,电容对高频的容抗小,因此,输入电压 u_1 中的高频分量主要降在电感上,电容 C_2 两端的(输出)电压 u_2 中所含的高频分量极小。

"截止频率"的高低,与电路参数 L、C 有关。如果电感 L 和电容 C 的数值足够大,截止频率可以很低,能使通过负载的电流基本上是直流分量。

图 2.82(b)的原理与图(a)相似。将这种滤波电路接在整流电路的输出端,可使负载获得近似直流的电压和电流。

如果要求不高,可采用简单的低通滤波元件。图 2.83(a)是在全波整流后的电源与负载,它们之间串一个电感 L,可阻碍高频电流通过。该电感称为"扼流线圈"。图 2.56(b)是将一只电容与负载并联,可将高频分量旁路掉。这个电容称为"滤波电容"。

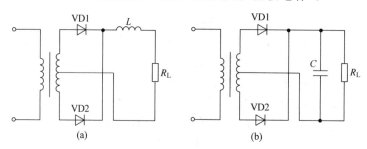

图 2.83　简单低通滤波电路

(a)串联扼流线圈;(b)并联滤波电容

如果为了强化滤波作用,可以采用"多级低通滤波"电路,如图 2.84 所示。

二、高通滤波电路

与低通滤波相比,高通滤波的作用是将低频分量和直流分量削弱(抑制),而让高频分量通过,即保留高于截止频率的谐波分量,把低于截止频率的谐波分量和直流分量滤掉。

如图 2.85 所示,高通滤波电路只需把图 2.82 中的电感、电容位置互换即可。其工作原理可仿照低通滤波电路进行分析,不再赘述。

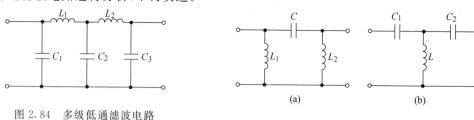

图 2.84　多级低通滤波电路

图 2.85　高通滤波电路

(a)π形电路;(b)T形电路

三、带通滤波电路

带通滤波电路的工作原理,是应用了电路中的电压谐振(串联谐振)和电流谐振(并联谐振)的特性。这种滤波器是专为某一个或几个特定频率而设计的。

如前述谐振电路所述,当 L、C 串联产生谐振,就相当于短路;而 L、C 并联的谐振状态则相当于开路。利用这一特性,可使电路能够对某次谐波电流给予"畅通"或"阻断"。

如图 2.86 所示,将 L_1、C_1 串联组合串在电路中,将 L_2、C_2 并联组合后并在电路中。

当它们对 k 次谐波频率 f_k 产生谐振时,则 f_k 附近频带的谐波电流可顺利通过 L_1、C_1 串联电路(因为电抗为零),而不能被 L_2、C_2 并联电路分流(因为电纳为零),负载中便得到 f_k 附近频带的谐波电流。对其他频率的谐波电流,由于电路不处于谐振状态,L_1、C_1 串联电路体现大的电抗,又因 L_2、C_2 并联部分的电纳大,分流也大,故进入负载的非谐振谐波分量将被削弱或被滤掉。这就构成了允许一定频带谐波通过的带通滤波器。

带通滤波电路还可接成 T 形和 π 形结构,如图 2.87 所示。工作原理同上,滤波效果更好。

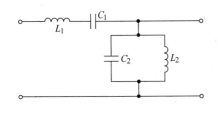

图 2.86　带通滤波电路

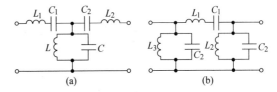

图 2.87　T 形 π 形带通滤波电路
(a)T 形结构;(b)π 形结构

四、带阻滤波电路

在带通滤波电路中,若将 LC 的串联组合与并联组合的位置进行互换就构成了带阻滤波电路,如图 2.88 所示。

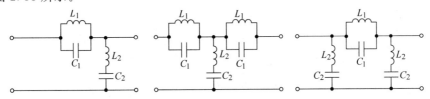

图 2.88　带阻滤波电路
(a)电路;(b)T 形电路;(c)π 形电路

带阻滤波电路的作用是阻止一定频带的谐波通过,而允许其他频率的谐波通过。其工作原理与分析带通滤波电路相仿,不再赘述。

需要指出,这里对滤波原理的分析,是依据 L、C 的频率特性,从静态的角度介绍了几种组合的滤波特点。这与今后电子技术中对滤波电路的分析有所不同。那里是从动态的角度来分析的,结论是一致的。

[**例题 21**]　图 2.83(a)所示为全波整流滤波电路,它由电感 $L=5$ H 和电容 $C=10$ μF 组成。负载电阻 $R=2\,000$ Ω。设加在滤波电路上的电压波形如图 2.83(b)所示,其中电压 $U_\mathrm{m}=157$ V,角频率 $\omega=314$ rad/s,求输入电流 i 和负载两端电压 u_0。

解:(1)由表 2.1 可查得全波整流波形的傅里叶级数展开式(最高取到四次谐波)为

$$u(t)=\frac{4U_\mathrm{m}}{\pi}\left[\frac{1}{2}+\frac{1}{3}\cos 2\omega t-\frac{1}{15}\cos 4\omega t+\cdots\right]$$

$$=100+66.7\cos 2\omega t-13.3\cos 4\omega t+\cdots$$

(2)对直流分量,电感相当于短路,电容相当于开路。所以负载两端的电压为 $U_0=100$ V,输入电流为 $I_0=\dfrac{U_0}{R}=\dfrac{100}{2\times10^3}A=0.05$ A。

(3)对二次谐波电路的复阻抗为

$$Z_2=Z_{02}+\mathrm{j}2\omega L=\left(\frac{-\mathrm{j}\dfrac{2\times10^3}{2\times314\times10\times10^{-6}}}{2\times10^3-\mathrm{j}\dfrac{1}{2\times314\times10\times10^{-6}}}+\mathrm{j}2\times314\times5\right)\ \Omega$$

$$= (158.7\underline{/-85.5^\circ} + 3\,140\underline{/90^\circ})\Omega = 2\,983\underline{/89.8^\circ}\ \Omega$$

输入电流振幅为

$$\dot{I}_{2m} = \frac{\dot{U}_{2m}}{Z_2} = \frac{66.7\underline{/0^\circ}}{2\,983\underline{/89.8^\circ}} = 0.022\,36\underline{/-89.8^\circ}\ \text{A}$$

所以负载两端的电压振幅为

$$\dot{U}_{02m} = \dot{I}_{2m}Z_{02} = 0.022\,36\underline{/-89.8^\circ} \times 158.7\underline{/-85.5^\circ} = 3.549\underline{/-175.3^\circ}\ \text{V}$$

即

$$i_2 = 0.022\,36\cos(2\omega t - 89.8^\circ)\ \text{A}$$

$$u_{02} = 3.549\cos(2\omega t - 175.3^\circ)\ \text{A}$$

（4）对四次谐波电路的复阻抗为

$$Z_4 = Z_{04} + j4\omega L = \left\{ \frac{-j\dfrac{4 \times 10^3}{2 \times 314 \times 10 \times 10^{-6}}}{2 \times 10^3 - j\dfrac{1}{4 \times 314 \times 10 \times 10^{-6}}} + j4 \times 314 \times 5 \right\}\ \Omega$$

$$= (79.5\underline{/-87.7^\circ} + 6\,280\underline{/90^\circ}) = 6\,200\underline{/90^\circ}\ \Omega$$

输入电流振幅为

$$\dot{I}_{4m} = \frac{\dot{U}_{4m}}{Z_4} = \frac{13.3\underline{/180^\circ}}{6\,200\underline{/90^\circ}} = 0.002\,145\underline{/90^\circ} = 2.145 \times 10^{-3}\underline{/90^\circ}\ \text{A}$$

所以负载两端的电压振幅为

$$\dot{U}_{04m} = \dot{I}_{4m} \times Z_{04} = 2.145 \times 10^{-3}\underline{/90^\circ} \times 79.5\underline{/-87.7^\circ} = 0.170\,5\underline{/2.3^\circ}\ \text{V}$$

即

$$i_4 = 0.002\,145\cos(4\omega t + 90^\circ)\ \text{A}$$

$$u_{04} = 0.170\,5\cos(4\omega t + 2.3^\circ)\ \text{V}$$

（5）全波整流滤波电路总的输入电流振幅为

$$i = I_0 + i_2 + i_4 = [0.05 + 0.022\,36\cos(2\omega t + 89.8^\circ) + 0.002\,145\cos(4\omega t + 90^\circ)]\ \text{A}$$

负载两端的电压为

$$u = U_0 + u_2 + u_4 = [100 + 3.549\cos(2\omega t - 175.3^\circ) + 0.170\,4\cos(4\omega t + 2.3^\circ)]\ \text{V}$$

从以上计算可知，通过滤波，负载上的电压的二次谐波分量仅为直流分量的 $3.549/100 \approx 3.5\%$，四次谐波分量仅为直流分量的 $0.170\,4/100 \approx 0.17\%$，四次谐波以上的分量可以忽略不计，输出电压接近于直流电压。而滤波电路前的电压，二次谐波分量和四次谐波分量分别为直流分量的 66.7% 和 13.3%。所以，这种电路称为滤波电路。

实际应用

一、电网谐波产生的原因

1. 发电源质量不高产生谐波

发电机由于三相绕组在制作上很难做到绝对对称，铁芯也很难做到绝对均匀一致以及其他一些原因，发电源多少也会产生一些谐波，但一般来说很少。

2. 输配电系统产生谐波

输配电系统中主要是电力变压器产生谐波，由于变压器铁芯的饱和，磁化曲线的非线性，加上设计变压器时考虑经济性，其工作磁密选择在磁化曲线的近饱和段上，这样就使得磁化电流呈尖顶波形，因而含有奇次谐波。它的大小与磁路的结构形式、铁芯的饱和程度有关。铁芯的饱和程度越高,变压器工作点偏离线性越远,谐波电流也就越大,其中三次谐波电流可达额定电流0.5%。

3. 用电设备产生的谐波

晶闸管整流设备:由于晶闸管整流在电力机车、铝电解槽、充电装置、开关电源等许多方面得到了越来越广泛的应用,给电网造成了大量的谐波。我们知道,晶闸管整流装置采用移相控制,从电网吸收的是缺角的正弦波,从而给电网留下的也是另一部分缺角的正弦波,显然在留下部分中含有大量的谐波。如果整流装置为单相整流电路,在接感性负载时则含有奇次谐波电流,其中3次谐波的含量可达基波的30%;接容性负载时则含有奇次谐波电压,其谐波含量随电容值的增大而增大。如果整流装置为三相全控桥6脉整流器,变压器原边及供电线路含有5次及以上奇次谐波电流;如果是12脉冲整流器,也还有11次及以上奇次谐波电流。经统计表明,由整流装置产生的谐波占所有谐波的近40%,这是最大的谐波源。

变频装置:变频装置常用于风机、水泵、电梯等设备中,由于采用了相位控制,谐波成份很复杂,除含有整数次谐波外,还含有分数次谐波,这类装置的功率一般较大,随着变频调速的发展,对电网造成的谐波也越来越多。

电弧炉、电石炉:图2.89是三相电弧炉外形图和它的供电系统图,图中可见由于加热原料时电炉的三相电极很难同时接触到高低不平的炉料,使得燃烧不稳定,引起三相负荷不平衡,产生谐波电流,经变压器的三角形连接线圈而注入电网。其中主要是2~7次的谐波,平均可达基波的8%~20%,最大可达45%。

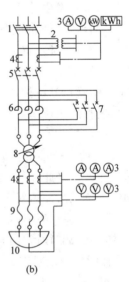

(a)　　　　　　　　　　　　(b)

图2.89　三相电弧炉及其供电系统

(a)三相电弧炉;(b)三相电弧炉供电系统

1—隔离开关;2—电压互感器;3—测量仪表;4—电流互感器;5—高压断路器;
6—电抗器;7—电抗器短接开关;8—电炉变压器;9—软电缆、三相电极;10—电弧炉

气体放电类电光源:荧光灯、高压汞灯、高压钠灯与金属卤化物灯等属于气体放电类电光源。分析与测量这类电光源的伏安特性,可知其非线性十分严重,有的还含有负的伏安特性,它们会给电网造成奇次谐波电流。

家用电器:电视机、录像机、计算机、调光灯具、调温炊具等,因具有调压整流装置,会产生较深的奇次谐波。在洗衣机、电风扇、空调器等有绕组的设备中,因不平衡电流的变化也能使波形改变。这些家用电器虽然功率较小,但数量巨大,也是谐波的主要来源之一。

二、谐波的危害

谐波对电气设备的危害很大,谐波电流通过变压器,可使变压器的铁芯损耗明显增加,从而使变压器过热,缩短使用寿命。谐波电流通过电动机,不仅使电动机的铁芯损耗明显增加,而且还会使电动机的转向发生振动现象,严重的影响机械加工的产品质量。谐波对电容器的影响更为突出,谐波电压加在电容器两端时,由于电容器对谐波的阻抗很小,因此很容易发生过负荷甚至造成烧毁。此外,谐波电流可使电力线路的电能损耗和电压损耗增加;使计量电能的感应式电度表计量不正确;可使电力系统发生电压谐振,从而在线路上引起过电压,有可能发生绝缘击穿;还可能造成系统的继点保护和自动装置发生误动作;并可对附近的通信设备和通信线路产生信号干扰。

三、抑制谐波的方法

为解决电力电子装置和其他谐波源的谐波污染问题,基本思路有两条:一条是装设谐波补偿装置来补偿谐波,这对各种谐波源都是适用的;另一条是对电力电子装置本身进行改造,使其不产生谐波,且功率因数可控制为1,这当然只适用于作为主要谐波源的电力电子装置。

装设谐波补偿装置的传统方法就是采用LC调谐滤波器。这种方法既可补偿谐波,又可补偿无功功率,而且结构简单,一直被广泛使用。这种方法的主要缺点是补偿特性受电网阻抗和运行状态影响,易与系统发生并联谐振,导致谐波放大,使LC滤波器过载甚至烧毁。此外,它只能补偿固定频率的谐波,补偿效果也不甚理想。

近年来广泛用于输电系统阻抗补偿及长距离输电分段补偿的装置——静止型无功补偿装置(简称SVC)得到了很大的发展,大量用于输配电系统和工业系统的无功补偿上,其典型代表是固定电容器+晶闸管控制电抗器型。静止型无功补偿装置的重要特性是它能连续调节补偿装置的无功功率,这种连续调节是依靠调节晶闸管控制电抗器中晶闸管中的触发延迟角λ得以实现的。由于具有连续调节的性能且响应迅速,因此SVC可以对无功功率进行动态补偿,使补偿点的电压接近维持不变。如将固定电容器作成多回路滤波器,既可以补偿无功功率,又可以实现谐波滤波。因此,SVC在冶金行业应用比较多的场合是电弧炉和轧钢供电系统,因其有效的抑制了负载的冲击对电网的影响,大大改善了电网质量,降低能耗,是目前首选的补偿方法之一。下面介绍一下SVC在冶金工业生产中进行动态补偿的工作过程。

动态无功补偿装置(SVC)通常由含可控硅控制的电抗器成套装置和含分为2次、3次、4次、5次高通的滤波补偿成套装置组成。动态无功补偿装置的基本原理如下:高通的滤波补偿成套装置是由电容器串联谐波电抗组成的。基波时,产生电容性无功功率以符合改善功率因数的要求。而其电抗器电感量的选定是基于谐波频率时形成串联谐振.使电容器在组成谐波频率时,其阻抗趋近于零,从而吸收大部分的谐波电流,达到改善电压、电流波形,改善谐波畸变率,提高功率因数的目的。

由可控硅控制的电抗器成套装置能根据负荷的变化快速改变电抗器的电抗值,从而改变电抗器吸收的无功功率,实现功率因数的动态补偿。其原理是:

设 Q_C 为并联移相电容器组提供的总无功功率(当母线电压稳定时,可视为恒定不变),

Q_H 为电网负荷侧所需的无功功率,Q_L 为电抗器吸收的无功功率,Q_S 为电网供给的无功功率,不难知

$$Q_C + Q_S = Q_H + Q_l \tag{2.52}$$

为了保证电压稳定,希望通过动态无功补偿装置的调节使 Q 做到恒定不变。由(2.52)得出

$$Q_s = Q_H + Q_L - Q_c = 常数 \tag{2.53}$$

由于电压稳定时 Q_C 可视为常数,故有

$$Q_H + Q_L = 常数 \tag{2.54}$$

由(2.54)式表明,电抗器所消耗的无功功率 Q_L 的变化值与电网负荷无功功率 Q_H 的变化值大小相等方向相反时,电网供给的无功功率 Q_S 为恒定值。因此,只要不断调整电抗器所消耗的无功功率 Q_L,使之与负荷无功功率 Q_H 数值相等方向相反,即可实现电网供给的无功功率 Q_S 稳定。

由可控硅控制的电抗器成套装置,可以快速地反映负荷无功功率的变化,并根据其变化不断调节电抗器吸收的无功功率。比如,负荷无功功率增大时,Q_H 由可控硅控制的电抗器装置使其电抗值 X_L 增大,则吸收无功功率 $Q_L = V^2/XL$ 相应减少。反之,当负荷无功功率 Q_H 减少时,使电抗器电抗值减少,则吸收的无功功率 Q_L 相应增大,维护系统供给的无功功率恒定。图 2.90 为动态无功补偿装置的单线原理图。

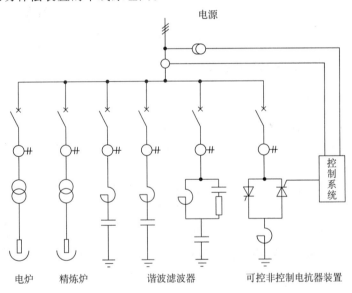

图 2.90　动态无功补偿装置单线原理图

小　结

(1)在电子工程中大量遇到非正弦周期信号,产生非正弦波周期波的原因通常有以下两种:①电源电压为非正弦电压;②电路中存在非线性元件。

(2)非正弦周期信号(满足狄里赫利条件的周期函数)可以分解为傅里叶级数,即

$$f(t) = A_0 + \sum_{k=1}^{\infty} A_{km} \sin(k\omega t + \varphi_k)$$

或 $\qquad f(t) = \dfrac{a_0}{2} + \displaystyle\sum_{k=1}^{\infty} a_k \cos k\omega t + \sum_{k=1}^{\infty} b_k \sin k\omega t$

由此引出了谐波及谐波分析的概念。

(3)对傅里叶级数展开式的求解是较复杂的数学工作,利用波形的对称性质,可以判断傅里叶级数展开式中不含哪些项,使展开式的求解工作得以简化。

(4)周期信号的频谱有振幅频谱和相位频谱,一般常用的是振幅频谱。即傅里叶级数展开式中的直流分量和各次谐波分量的幅值在频谱图中用相应长度的线段表示,各线段在横坐标上的位置是相应谐波频率。这样可以一目了然地看出这个信号包含哪些谐波分量以及每个分量所占的比重。

(5)一个非正弦周期电量的有效值定义为

$$I = \sqrt{\frac{1}{T}\int_0^T [i(t)]^2 \, \mathrm{d}t} \quad \text{计算式 } I = \sqrt{I_0^2 + I_1^2 + I_2^2 + \cdots}$$

$$U = \sqrt{\frac{1}{T}\int_0^T [u(t)]^2 \, \mathrm{d}t} \quad \text{计算式 } U = \sqrt{U_0^2 + U_1^2 + U_2^2 + \cdots}$$

$$E = \sqrt{\frac{1}{T}\int_0^T [e(t)]^2 \, \mathrm{d}t} \quad \text{计算式 } E = \sqrt{E_0^2 + E_1^2 + E_2^2 + \cdots}$$

即非正弦周期电量的有效值等于各次谐波分量有效值平方和的平方根值。

(6)非正弦周期量的平均值也就是非正弦周期量的直流分量,定义为

$$I_{\mathrm{av}} = \frac{1}{T}\int_0^T |i| \, \mathrm{d}t, \ U_{\mathrm{av}} = \frac{1}{T}\int_0^T |u| \, \mathrm{d}t, \ E_{\mathrm{av}} = \frac{1}{T}\int_0^T |e| \, \mathrm{d}t$$

(7)非正弦周期量的平均功率定义为

$$P = \frac{1}{T}\int_0^T p\mathrm{d}t = \frac{1}{T}\int_0^T ui\mathrm{d}t, \text{计算式 } P = U_0 I_0 + \sum_{k=1}^{\infty} U_k I_k \cos \varphi_k$$

即非正弦周期量的平均功率为各次谐波功率之和。

(8)对于非正弦周期信号作用下的线性电路,其分析和计算方法的理论基础是傅里叶级数和叠加原理。

非正弦周期电压作用下的线性电路的分析计算步骤如下:

①给出展开式 $u = U_0 + u_1 + u_2 + u_3 + \cdots$,具体计算时,一般取谐波 3～5 项;

②分别计算 U_0、u_1、u_2、u_3、$\cdots$ 单独作用于电路时的谐波 Z_k。注意频率对元件电抗的影响,$X_{Lk} = k\omega L$,$X_{Ck} = \dfrac{1}{k\omega C}$,对直流,电感相当于短路,电容相当于开路;

③算出电流 I_0、i_1、i_2、i_3、$\cdots$,叠加 $I_0 + i_1 + i_2 + i_3 + \cdots$ 得总电流 i。

(9)滤波器是一种选频网络。在电子技术中,具有非常广泛的应用。根据通带和阻带的范围,滤波器可分为低通滤波器、高通滤波器、带通滤波器、带阻滤波器等。

思考与练习

[习题 18] 什么是非正弦周期性电路?什么是非正弦交流电?

[习题 19] 为什么滤波器具有选频特性?举例说明滤波器是如何选频的。

[习题 20] 如何用频谱图表示一个非正弦周期量?

[习题 21] 电路如图所示 2.91 所示,$R = 50$,$\omega L = 5$ Ω,$\dfrac{1}{\omega C} = 45$ Ω,设外加电压 $u = 200 +$

$100\sin\omega t$。试求总电流 i 及输出电压 u_0。

[习题 22] 图 2.90 所示的是一半波整流电路。已知 $u=100\sin\omega t$，载电阻 $R_L=10\text{ k}\Omega$，设在理想的情况下，整流元件的正向电阻为零，反向电阻为无限大，试求负载电流 i 的平均值。

[习题 23] 试求图 2.93 所示波形的平均值及有效值。

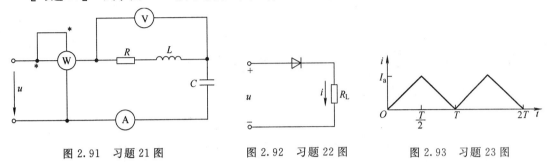

图 2.91　习题 21 图　　　图 2.92　习题 22 图　　　图 2.93　习题 23 图

[习题 24] 有一电容元件，$C=0.01\ \mu\text{F}$，其两端加一三角波形的周期电压，如图 2.94(b) 所示。(1)求电流 i；(2)作出 i 的波形；(3)计算 i 的平均值及有效值。

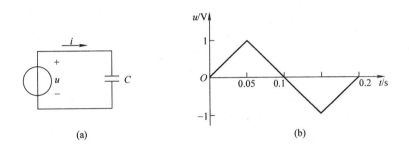

图 2.94　习题 24 图
(a)电路图；(b)电压波形图

[习题 25] 若 RC 串联电路的电流 $i=2\sin 314t+\sin 942t$ A，总电压有效值为 155 V，且总电压不含直流分量，电路消耗的功率为 120 W，求 R、C 的值。

检查与评价

检查项目	配分	评价标准	得分
基础知识	20	(1)知道常见非正弦周期曲线的特点及其分解的方法 (2)理解非正弦周期量有效值的概念，掌握其的求解方法	
综合分析	20	熟练地进行非正弦周期电路的分析	
理解应用	30	掌握滤波器滤波的工作原理	
生产实践	30	能够运用所学知识抑制和减小生产中的谐波	

学习领域三

动态电路、磁路、异步电动机及应用

滑雪的人都明白这样一个道理:突然、急剧的拉动容易使人摔倒。而在工业应用方面,许多企业每年都要为他们所使用的设备,如电动机(用于驱动风扇、压碎机、搅拌器、水泵、传送带等等)的这种突然、急剧启动浪费数百万钱财,每天都有数不尽的设备在不必要地处于重荷之下。

交流电动机的这种突然而剧烈的启动主要会造成以下几个方面的损失。

(1)直接在线启动或星-三角启动产生的电压和电流瞬变容易导致电气故障。电压和电流的瞬变可能导致当地的电网过负荷,从而引起不良的电压变化,并最终影响到同电网中的其他电气设备。

瞬间出现的过电压、过电流,虽然持续时间很短,却可能造成电气设备的损坏。如接通电力电缆线路时产生的过电流会使电缆遭到破坏,RC电路中的过电压会使电容器击穿等。

所以,在实际电路中,常采用安装继电器、接触器等进行保护。为此我们将在本学习领域中学习继电器、接触器的原理基础——磁路与交流铁芯线圈。

(2)导致从电动机到启动设备等整个驱动链的机械故障。

(3)导致运行故障。例如使管路系统产生压力振动,对传送带上的产品造成损坏,以及使电梯乘坐不舒适。

此外,经济效益问题也是很明显的:每一个技术问题,每一次的故障,都会因维修甚至暂停生产而导致经济损失。在工业企业的生产中,这就会导致预算外生产成本的增加。

为此,在本学习领域,我们将学习线性动态电路、磁路与交流铁芯线圈和异步电动机以及三者的关系等有关知识。

子学习领域1　线性动态电路分析

布置任务

1. 知识目标

(1)掌握分析动态电路的基本理论:换路定律,一阶电路的响应(包括 RC 和 RL 两种情况),三要素法求解一阶电路的响应,微分电路和积分电路。

(2)动态电路在生产中的表现(有害和有益两方面)及应用。

2.技能目标

RC 一阶电路的响应测试。

资讯与信息

学习领域 1 和 2 讨论了稳态电路,本学习领域将着重分析动态电路。动态电路有许多特殊规律和特征。子学习领域 1 主要介绍动态电路的过渡过程、换路定律、初始值、稳态值、时间常数等概念及其应用,讨论一阶电路的零输入响应、零状态响应和全响应,重点讲述用三要素法求解一阶电路,介绍微分电路与积分电路。

自然界事物的运动,在一定的条件下有一定的稳定状态。当条件改变,就要过渡到新的稳定状态。如电动机从静止状态(一种稳定状态)启动,它的转速从零逐渐上升,最后到达稳态值(新的稳定状态);当电动机停下来时,它的转速从某一稳态值逐渐下降,最后为零。又如电动机通电运转时,就要发热,温升(比周围环境温度高出之值)从零逐渐上升,最后到达稳态值;当电动机冷却时,温升也是逐渐下降的。由此可见,从一种稳定状态转到另一种新的稳定状态往往不能跃变,而是需要一定过程(时间)的,这个物理过程就称为过渡过程。

在电路中也有过渡过程。例如 RC 串联直流电路,其中电流为零,而电容元件上的电压等于电源电压,这是已到达稳定状态时的情况。实际上,当接通直流电压后,电容器被充电,其上电压是逐渐增长到稳定值的;电路中有充电电流,并且电流是逐渐衰减到零的。也就是说,RC 串联电路从其与直流电压接通($t=0$)时,直至到达稳定状态,要经历一个过渡过程。

学习领域 1 和 2 我们所讨论的是电路的稳定状态。所谓稳定状态,就是电路中的电流和电压在给定的条件下已到达某一稳定值(对交流讲是指它的幅值到达稳定)。稳定状态简称稳态。电路的过渡过程又称为动态或暂态。暂态过程虽然为时短暂,但在不少实际工作中却是极为重要的。

例如在研究脉冲电路时,经常遇到的是电子器件的开关特性和电容器的充放电。由于脉冲是一种跃变的信号,并且持续时间很短,因此我们注意的是电能的暂态过程,即电路中每个瞬时的电压和电流的变化情况。此外,在电子技术中也常利用电路暂态过程现象来改善波形以及产生特定的波形。

但是电路的暂态过程也有有害的一面,例如某些电路在接通或断开的过程中,要产生电压过高或电流过大的现象,从而使电气设备或器件遭受损坏。

因此,研究电路的这种现象的目的就是:认识和掌握这种客观存在的物理现象的规律,在生产上既要充分利用这种特性,同时也必须预防它所产生的危害。

信息 1 换路定律

一、电路的过渡过程

直流电路及周期电流电路中,它们的电压、电流或是恒稳不变,或是按周期性规律变动的。电路的这种工作状态就是稳态。但是,在含有储能元件——电容、电感的电路中,当电路的结构或元件的参数发生改变时,电路从一种稳定状态变化到另一种稳定状态需要有一个动态变化的中间过程,这个过渡过程就是暂态,动态电路分析就是研究电路在过渡过程中电压与电流随时间变化的规律。

这里做一个实验,电路如图 3.1 所示,R、L、C 元件分别串联一只同样的灯泡,并连接在直流电压源上。当开关 S 闭合时,就看到三种现象:

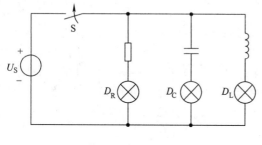

(1)电阻支路的灯泡 D_R 会立即亮,而且亮度始终不变;

(2)电感支路的灯泡 D_L 由不亮逐渐变亮,最后亮度达到稳定;

(3)电容支路的灯泡 D_C 由亮变暗,最后熄灭。

三条支路的现象不同是因为 R、L、C 三个元件上电流与电压变化时所遵循的规律

图 3.1 实验电路

不同。

对于电阻元件,电流与电压的关系是 $i_R = \dfrac{u_R}{R}$。因此,在电阻元件上,有电压就有电流。某时刻的电流值,就取决于该时刻的电压值。所以电阻支路接通电源后其电流从零到达新稳定值是立即完成的,电阻的电压与电流产生了跃变,所以电阻支路没有过渡过程。

对于电感元件,电流与电压的关系是 $u_L = L\dfrac{di_L}{dt}$。在电感元件上,每个瞬间的电压值不取决于该瞬间电流的有无,而取决于该瞬间电流的变化情况。由于电感支路在开关闭合的瞬间,电流的变化最大,此刻电感元件相当于开路,电感电压等于电源电压 U_S,灯泡电压为零,电路中没有电流,灯泡不亮;开关闭合后电感电流逐渐增大,灯泡逐渐变亮,而电流变化率减小,到达新的稳态时,电感对于直流相当于短路,此时电感电压为零,灯泡电压等于电源电压 U_S 因此灯泡到达最亮,所以电感电流由零到达最大要有一个过程。

对于电容元件,电流与电压的关系为 $i_C = C\dfrac{du_C}{dt}$。也就是电容元件上每个瞬间的电流值不取决于该瞬间电压的有无,而取决于该瞬间电压变化的情况。在开关闭合的瞬间电容没有储存电荷,电容电压为零,此时电容元件相当于短路,电容支路灯泡电压等于电源电压 U_S,所以灯泡最亮;开关闭合后随着电容充电电压的升高灯泡电压逐渐减小,灯泡随之变暗,当电容电压等于电源电压 U_S 时,电路达到新的稳态,电容对直流相当于开路,没有电流通过灯泡,此灯泡不亮,所以电容电压由零达到最大要有一个过渡过程。

从能量的角度来看,电阻是耗能元件,其上电流产生的电能总是即时地转变成其他形式的能量(如热能、光能)消耗掉。若电路中含有电容及电感等储存元件,则电路中电压和电流的建立或其量值的改变,必然伴随着电容电场能量和电场能量的改变。一般而言,这种改变只能是渐变,不可能是跃变,即不可能从一个量值跃变为另一个量值,否则意味着功率 $P = \dfrac{dW}{dt}$ 是无穷大的,而在实际中功率是不可能无穷大的。具体来说,在电容中的储能为 $W_C = \dfrac{1}{2}Cu_C^2$,由于换路时能量一般不能跃变,故电容电压不能跃变。电容电压的跃变将导致其中电流 $i_C = C\dfrac{du_C}{dt}$ 变为无限大,这通常是不可能的。由于 i_C 只能是有限值,以有限电流对电容充电,电容电荷及

电压 U_C 就只能逐渐增加,不可能在无限短暂的时间间隔内突然跃变。在电感中的储存能为 $W_L = \dfrac{1}{2}Li_L^2$,由于换路时能量一般不能跃变,故电感电流不能跃变。电感电流的跃变将导致其端电压 $u_L = L\dfrac{di_L}{dt}$ 为无穷大,这通常也是不可能的。由于 u_L 只能是有限值,电感的磁链和电流 i_L 也只能逐渐增加,不可能在无限短暂的时间间隔突然跃变。

上述分析表明,电路产生过渡过程有内外两种原因,内因是电路中存在动态元件 L 或 C;外因是电路的结构或参数要发生改变,例如开关的打开或闭合,元件的接通与断开等,一般称为换路。

二、换路定律

在换路瞬间,如果电容元件的电流为有限值,其电压 U_C 不能跃变;如果电感元件两端的电压为有限值,其电流 i_L 不能跃变。这一结论称为换路定律。如果把换路发生的时刻取为计时起点,即 $t=0$,而以 $t=0_-$ 表示换路前的一瞬间,$t=0_+$ 表示换路后的一瞬间,由此换路定律可表示为

$$u_C(0_+) = u_C(0_-) \tag{3.1}$$
$$i_L(0_+) = i_L(0_-)$$

在应用换路定律时,还要注意除了电容电压 u_C 和电感电流 i_L 不能跃变,其他的量,如电容电流 i_C、电感电压 u_L、电阻的电压 u_R 或电流 i_R 均不受此限制。

信息 2　电路初始值与稳态值的计算

一、电路初始值的计算

电路的初始值就是换路后 $t=0_+$ 时刻的电压、电流值,它们可以由 $t=0_-$ 时刻的电路状态,根据换路定律和基尔霍夫定律求得,其方法如下。

(1)由换路前的稳态电路,即 $t=0_-$ 的等效电路计算出电容电压 $u_C(0_-)$ 和电感电流 $i_L(0_-)$,其他的电压电流不必计算,因为换路时只有电容电压和电感电流维持不变。

(2)根据换路定律可以得到电容电压和电感电流的初始值,即 $u_C(0_+)=u_C(0_-)$,$i_L(0_+)=i_L(0_-)$。

(3)电容电流、电感电压和电阻电压、电流的初始值要由换路后 $t=0_+$ 时的等效电路求出。在 $t=0_+$ 的等效电路中,如果电容无储能,即 $u_C(0_+)=0$,就将电容 C 短路,若电容有储能,即 $u_C(0_+)=U_0$,则用一个电压为 U_0 的电压源替代电容;如果电感无储能,即 $i_L(0_+)=0$,就将电感 L 开路,若电感有储能,即 $i_L(0_+)=I_0$,则用一个电流为 I_0 的电流源替代电感。由 $t=0_+$ 的等效电路利用稳态电路的分析方法可以计算出电路的任一初始值。

[**例题 1**]　图 3.2 所示电路换路前已处于稳态,试求换路后各电流的初始值。

解:因为在直流电路中电感相当于短路,根据换路定律,有

$$i_L(0_+) = i_L(0_-) = \frac{6}{2+4} = 1 \text{ A}$$

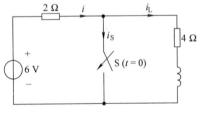

图 3.2　例题 1 图

$$i(0_+) = \frac{6}{2} = 3 \text{ A}$$

$$i_S(0_+) = i(0_+) - i_L(0_+) = 2 \text{ A}$$

[例题 2] 图 3.3(a)所示电路,直流电压源的电压 $U_S = 50$ V,$R_1 = R_2 = 5$ Ω,$R_3 = 20$ Ω。电路原已达到稳态。在 $t = 0$ 时断开开关 S。试求 $t = 0_+$ 时电路的 $i_L(0_+)$、$u_C(0_+)$、$u_{R_2}(0_+)$、$u_{R3}(0_+)$、$i_C(0_+)$、$u_L(0_+)$ 等初始值。

解 (1)先确定初始值 $i_L(0_+)$、$u_C(0_+)$。因为电路换路前已达到稳态,所以电感元件相当于短路,电容元件相当于开路 $i_C(0_-) = 0$,故有

$$i_L(0_-) = \frac{U_S}{R_1 + R_2} = \frac{50}{5+5} = 5 \text{ A}$$

$$u_C(0_-) = R_2 i_L(0_-) = 5 \times 5 = 25 \text{ V}$$

根据换路定律,有

$$i_L(0_+) = i_L(0_-) = 5 \text{ A}$$

$$u_C(0_+) = u_C(0_-) = 25 \text{ V}$$

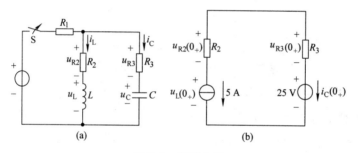

图 3.3 例题 2 图

(a)电路;(b)等效电路

(2)计算相关初始值。将图 3.3(a)中的电容 C 及电感 L 分别用等效电压源 $u_C(0_+) = 25$ V 及等效电流源 $i_L(0_+) = 5$ A 代替,则得 $t = 0_+$ 时的等效电路如图 3.3(b)所示,从而可算出相关初始值,即

$$u_{R2}(0_+) = R_2 i_L(0_+) = 5 \times 5 = 25 \text{ V}$$

$$i_C(0_+) = -i_L(0_+) = -5 \text{ A}$$

$$u_{R3}(0_+) = R_3 i_C(0_+) = 20 \times (-5) = -100 \text{ V}$$

$$u_L(0_+) = i_C(0_+)[R_2 + R_3] + u_C(0_+) = [-5 \times (5+20) + 25] = -100 \text{ V}$$

二、电路稳态值的计算

电路的稳态值是指动态电路换路后到达新的稳定状态时的电压、电流值,用 $u(\infty)$ 和 $i(\infty)$ 表示。直流激励下的动态电路,当电路到达新的稳定状态时,电容相当于开路,电感相当于短路,由此可以做出 $t = \infty$ 时的等效电路,其分析方法与直流电路完全相同。

信息 3 一阶电路的零输入响应

只含有一种独立储能元件的动态电路称为一阶电路。

在一阶电路中,若输入激励信号为零,仅由储能元件的初始储能所激发的响应,称为零输入响应。下面分别讨论 RC 电路的零输入响应和 RL 电路的零输入响应。

一、RC 电路的零输入响应

RC 电路的零输入响应,是指已经充过电的电容通过电阻放电的物理过程。图 3.4(a)所示的 RC 电路中,如在开关 S 闭合前已被充电,设 $t=0_-$ 时电容电压为 $u_C(0_-)=U_0$。当 $t=0$ 时开关闭合,现在研究它的零输入响应。对于 $t\geqslant0$,根据 KVL 可得

$$-u_R+u_C=0$$

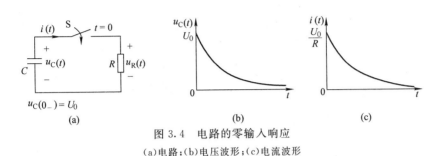

图 3.4　电路的零输入响应
(a)电路;(b)电压波形;(c)电流波形

其中 $u_R=Ri$,$i=-C\dfrac{\mathrm{d}u_C}{\mathrm{d}t}$(式中负号是由于电流 i 与 u_C 参考方向相反),将它们代入上式,便可得图 3.4(a)所示电路的一阶微分方程为

$$RC\frac{\mathrm{d}u_C}{\mathrm{d}t}+u_C=0 \tag{3.2a}$$

或写为

$$\frac{\mathrm{d}u_C}{\mathrm{d}t}+\frac{1}{\tau}u_C=0 \tag{3.2b}$$

式中,$\tau=RC$ 为时间常数。根据换路定律,电容电压的初始值 $u_C(0_+)=u_C(0_-)=U_0$。

式(3.2b)的特征方程为 $s+\dfrac{1}{\tau}=0$,特征根为 $s=-\dfrac{1}{\tau}$,故得式(3.2b)的解为

$$u_C(t)=A\mathrm{e}^{\frac{t}{\tau}}$$

将初始值 $u_C(0_+)=U_0$ 代入上式,可求得常数 $A=U_0$,最后得到满足初始值的微分方程的解为

$$u_C(t)=U_0\mathrm{e}^{\frac{t}{\tau}}\quad(t\geqslant0) \tag{3.3}$$

式中,$\tau=RC$。

电路中的电流为

$$i(t)=-C\frac{\mathrm{d}u_C}{\mathrm{d}t}=\frac{U_0}{R}\mathrm{e}^{-\frac{t}{\tau}}\quad(t\geqslant0) \tag{3.4}$$

式(3.3)和(3.4)的波形如图 3.3(b)和 3.4(c)所示。

[**例题 3**]　一般电容器的介质并非理想绝缘材料,因而存在漏电现象,其等效电路可用一个电容 C 与一个漏电电阻 R_e 并联的电路表示。如图 3.5 是一种测量电容漏电电阻的实验电路,其中 C 与 R_e

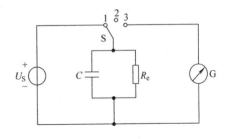

图 3.5　例题 3 图

并联是实际电容器的等效电路,G 为冲击检流计。实验时,先将开关 S 扳到位置 1,使电容充电。充完电后将开关 S 从 1 断开,立即扳到位置 2,并同时以秒表计时。待 $T=10$ s 时,迅速将

S扳到位置3,从冲击检流计测得电容放电的剩余电荷为 $Q=10.2\times10^{-6}$ C,并已知 $U_S=110$ V,C=0.1 μF,试求漏电电阻 R_e。

解:开关 S 在位置1,充电完毕电容上的电压为 $U_0=U_S=110$ V。开关 S 扳到位置2放电 10 s 后,开关 S 扳到位置3,由位置3时测得的电荷量 Q 可算出此时电容上的剩余电压为

$$u_C=\frac{Q}{C}=\frac{10.2\times10^{-6}}{0.1\times10^{-6}}=102 \text{ V}$$

根据 $u_C=U_0e^{-\frac{t}{RC}}$,并将 $T=10$ s 时的值代入后,可得

$$102=110e^{-\frac{t}{RC}}$$

$$e^{\frac{t}{R_eC}}=\frac{110}{102}=1.079$$

$$\ln 1.079=\frac{t}{R_eC}$$

$$\frac{t}{R_eC}=0.076$$

$$R_eC=\frac{t}{0.076}=\frac{10}{0.076}=131.6 \text{ s}$$

则电容器的漏电电阻为

$$R_e=\frac{131.6}{0.1\times10^{-6}}=1\,316\times10^6=1.316\times10^9 \text{ }\Omega$$

二、RL 电路的零输入响应

日光灯电路由灯管、镇流器、启辉器三部分组成。当日光灯接通电源后,启辉器开始辉光放电,灯丝发热,使氧化物发射电子。同时,辉光管内两个电极接通,电压为零,辉光放电停止。双金属片两电极脱离,在这一瞬间,回路中的电流突然切断,立即使镇流器两端产生感应电压,与电源电压一起加在灯管两端,产生弧光放电,从而点燃灯管。

日光灯电路实际上就相当于一个 RL 电路,它是由电阻元件和电感元件组成,这类电路在实际中应用也比较广泛。讨论和分析这类电路时,注意电感的伏安关系与电容的伏安关系的区别,按分析 RC 电路响应的方法,很容易地得出 RL 电路的各种响应。

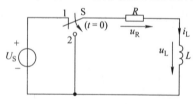

如图 3.6 所示电路,开关 S 接 1 时电路已处于稳态。在 $t=0$ 时将开关 S 由 1 接向 2。换路后,RL 电路与电源脱离,电感 L 将通过电阻 R 释放磁场能并转换为热能消耗掉。上述过程是 RL 电路的零输入响应,下面讨论电路中电压、电流的变化规律。

图 3.6 RL 电路的零输入响应

根据换路后的电路,由 KVL 及元件的伏安关系得

$$u_R+u_L=0$$

$$u_R=i_LR$$

$$u_L=L\frac{di_L}{dt}$$

由上面三式得

$$\frac{L}{R}\cdot\frac{di_L}{dt}+i_L=0 \quad (t>0) \tag{3.5}$$

式(3.5)是一个以 i_L 为待求量的一阶常系数线性齐次微分方程,通解为

$$i_L(t) = Ae^{-\frac{R}{L}t} \qquad (t>0) \tag{3.6}$$

根据初始条件 $i_L(0_+) = i_L(0_-) = \dfrac{U_S}{R}$,确定积分常数 $A = \dfrac{U_S}{R}$ 将其代入上式中,得到满足初始条件的微分方程的通解为

$$i_L(t) = \frac{U_S}{R}e^{-\frac{R}{L}t} \qquad (t>0) \tag{3.7}$$

即 $\qquad i_L(t) = \dfrac{U_S}{R}e^{-\frac{1}{\tau}t} \qquad (t>0) \tag{3.8}$

电感电压为

$$u_L(t) = L\frac{di_L}{dt} = -U_S e^{\frac{1}{\tau}t} \qquad (t>0) \tag{3.9}$$

式中,$\tau = \dfrac{L}{R}$ 为 RL 电路的时间常数,单位为秒(s),具有时间量纲。$i_L(t)$、$u_L(t)$ 的变化曲线如图 3.7 所示,它们都是按指数规律变化的。

[例题 4] 图 3.8 所示电路中,一个继电器线圈的电阻 $R=250\ \Omega$,电感 $L=2.5\ H$,电源电压 $U=24\ V$,$R_1=230\ \Omega$,已知此继电器释放电流为 $0.004\ A$,试问开关 S 闭合后,经过多少时间,继电器才能释放?

解:时间常数为

$$\tau = \frac{L}{R} = \frac{2.5}{250} = 0.01\ s$$

线圈的电流初始值为

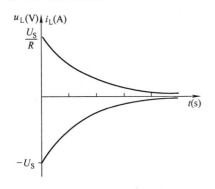

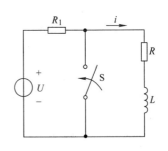

图 3.7 RL 电路零输入响应曲线　　　　　　图 3.8 例题 4 图

$$i(0_+) = i(0_-) = \frac{U}{R_1+R_2} = \frac{24}{230+250}\ A = 0.05\ A$$

所以 S 闭合后继电器线圈电流为

$$i = 0.05e^{-\frac{t}{0.01}}\ A$$

将 $i=0.004\ A$ 代入,解得

$$t = 0.01 \times \ln\frac{0.05}{0.004} = 0.025\ s$$

即 S 闭合后经过 $0.025\ s$ 继电器释放。

三、一阶电路零输入响应的一般形式

由一阶 RC、RL 电路零输入响应的分析可以看出:零输入响应都是由动态元件储存的初始能量对电阻的释放引起的,由于电阻是耗能元件,在换路后,电路中的电压与电流都是按指数规律衰减。在两种电路中 τ 分别为 RC 和 L/R,τ 与 t 一样具有时间量纲,故称为电路的时间常数,即 RC 电路当 R 单位为欧姆(Ω),C 单位为法拉(F)时,τ 的单位为秒(s);RL 电路当 R 单位为欧姆(Ω),L 单位为亨利(H)时,τ 的单位为秒(s)。此时,指数衰减的快慢取决于电路的时间常数,如果用 $f(t)$ 表示电路的响应,$f(0_+)$ 表示初始值,则一阶电路零输入响应的一般表达式为

$$f(t) = f(0_+)\mathrm{e}^{-\frac{t}{\tau}} \qquad (t \geqslant 0_+)$$

应该指出,式中的 τ 是换路后的时间常数,如果电路中有多个电阻,则此时的 R 是开关动作后从储能元件看过去的输入电阻。

信息 4   一阶电路的零状态响应

零状态响应是指电路换路时储能元件没有初始储能,电路仅由外加电源作用产生的响应。由于动态元件的初始状态是零,即 $u_C(0_+)=0$,$i_L(0_+)=0$,所以叫做零状态响应。

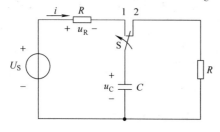

图 3.9   RC 电路的零状态响应

一、RC 电路的零状态响应

图 3.9 中的开关 S 接于 2 很久后,电容器已无储能。在 $T=0$ 时,开关 S 由 2 合向 1,此时,$u_C(0_+)=0$电源开始向电容器充电。这里分析电容器充电的动态过程。电路中各电压、电流方向如图 3.9 所示,开关 S 合向 1 后,回路的电压方程满足 KVL,即

$$u_R + u_C = U_S \qquad (3.10\mathrm{a})$$

由欧姆定律 $u_R = Ri$ 和电容上的电压与电流关系 $i_C = C\dfrac{\mathrm{d}u_C}{\mathrm{d}t}$ 代入上式,可得

$$RC\frac{\mathrm{d}u_C}{\mathrm{d}t} + u_C = U_S \qquad (t \geqslant 0_+) \qquad (3.10\mathrm{b})$$

利用分离变量法求解 u_C 先分离变量,即将式(3.10b)的方程中电压函数项和时间项分置于方程两侧,得

$$\frac{\mathrm{d}u_C}{U_S - u_C} = \frac{\mathrm{d}t}{RC} \qquad (3.10\mathrm{c})$$

对式(3.10c)方程两边同时积分,得

$$-\ln(U_S - u_C) + A = \frac{t}{RC} \qquad (3.10\mathrm{d})$$

将电路的初始条件 $u_C(0_+)=0$ 代入上式,求得 $A = \ln U_S$,并整理解得

$$\ln\left(\frac{U_S - u_C}{U_S}\right) = -\frac{t}{RC}$$

两边同时取以 e 为底的幂,则

$$\left(\frac{U_S - u_C}{U_S}\right) = \mathrm{e}^{-\frac{t}{RC}}$$

进而得到电路的初始值 $u_C = 0$ 时电容上的零状态响应电压为

$$u_C = U_S(1 - e^{-\frac{t}{RC}}) \qquad (t \geq 0_+)$$

电容上的零状态响应电流为

$$i_C = C\frac{du_C}{dt} = \frac{U_S}{R}e^{-\frac{t}{RC}} \qquad (t \geq 0_+) \tag{3.11}$$

电容上的零状态响应电压电流曲线,如图 3.10 所示。

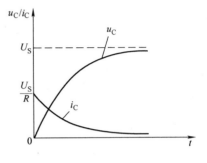

图 3.10　电容零状态响应电压电流曲线

[例题 5]　在图 3.11(a)电路中,于 $t=0$ 时将开关 S 闭合,试求 $t \geq 0$ 时的电压 u_C。

解:对换路后的电路求电容 C 两端的戴维南等效电路,如图 3.11(b),等效电源的电压和内电阻分别为

$$U_S = \frac{3}{6+3} \times 9 = 3 \text{ V}$$

$$R_0 = \frac{6 \times 3}{6+3} = 2 \text{ k}\Omega$$

电路的时间常数为

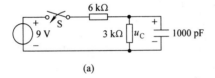

(a)　　　　　　　　　(b)

图 3.11　例题 5 图

$$\tau = R_0 C = 2 \times 10^3 \times 1\,000 \times 10^{-12} = 2 \times 10^{-6} \text{ s}$$

$$u_C = 3(1 - e^{-\frac{t}{2 \times 10^{-6}}}) = 3(1 - e^{-5 \times 10^5 t}) \text{ V}$$

二、RL 电路的零状态响应

图 3.12 所示电路为 RL 串联电路,开关 S 断开时电路处于稳态,且 L 中无储能。在 $t=0$ 时将 S 闭合,此时 RL 串联电路与外激励接通,电感 L 将不断从电源吸取电能转换为磁场能储存在线圈内部。下面分析在此过程中电压、电流的变化规律。

当 S 闭合后,由 KVL 及元件的伏安关系得

$$u_R + u_L = U_S$$

$$u_R = i_L R$$

$$u_L = L\frac{di_L}{dt}$$

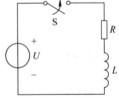

图 3.12　RL 的零状态响应电路

将上述三式整理得

$$\frac{L}{R} \cdot \frac{di_L}{dt} + i_L = \frac{U_S}{R} \qquad (t > 0) \tag{3.12}$$

解式(3.12)所示非齐次微分方程的特解(即稳态分量)为

$$i'_L = \frac{U_S}{R}$$

齐次方程通解为

$$i''_{\text{L}} = A\text{e}^{-\frac{1}{\tau}t}$$

故得

$$i_{\text{L}}(t) = i'_{\text{L}} + i''_{\text{L}} = \frac{U_{\text{S}}}{R} + A\text{e}^{-\frac{1}{\tau}t}$$

代入初始条件 $i_{\text{L}}(0_+) = i_{\text{L}}(0_-) = 0$，得

$$A = -\frac{U_{\text{S}}}{R}$$

则方程的解为

$$i_{\text{L}}(t) = \frac{U_{\text{S}}}{R}(1 - \text{e}^{-\frac{1}{\tau}t}) \qquad (t > 0) \tag{3.13}$$

电感电压为

$$u_{\text{L}}(t) = L\frac{\text{d}i_{\text{L}}}{\text{d}t} = U_{\text{S}}\text{e}^{-\frac{t}{\tau}} \qquad (t > 0) \tag{3.14}$$

$i_{\text{L}}(t)$、$u_{\text{L}}(t)$ 的变化曲线如图 3.13 所示。

[**例题 6**] 在图 3.14(a) 所示电路中，已知 $U_{\text{S}} = 150$ V，$R_1 = R_2 = R_3 = 100$ Ω，$L = 0.1$ H，设开关在 $t = 0$ 时接通，电感电流初值为零，求各支路电流。

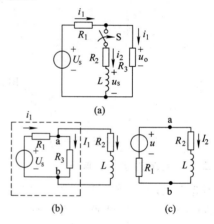

(a)

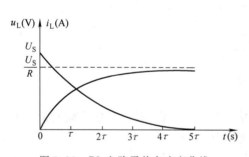

图 3.13 RL 电路零状态响应曲线

图 3.14 例题 6 图
(a)电路；(b)二端网络；(c)等效电路

解：换路后电流由两部分组成，其稳态分量为

$$i_{2\text{Lp}} = \frac{U_{\text{S}}}{R_1 + \dfrac{R_2 R_3}{R_2 + R_3}} \times \frac{R_3}{R_2 + R_3} = 0.5\text{A}$$

瞬态分量形式为

$$i_{2\text{Lh}} = K\text{e}^{-\frac{t}{\tau}}$$

为确定 τ，需用戴维南定理，将 L 和 R_2 以外的电路看作一个二端网络，如图 3.14(b)，它的入端电阻为

$$R_i = \frac{R_1 R_3}{R_1 + R_3} = \frac{100 \times 100}{100 + 100} = 50 \ \Omega$$

得等效电路如图 3.14(c)。因此，时间常数为

$$\tau=\frac{L}{R_{\mathrm{i}}+R_2}=\frac{0.1}{50+100}=\frac{1}{1\,500}\ \mathrm{s}$$

所以 $\quad i_2=i_{2\mathrm{Lp}}+i_{2\mathrm{Lh}}=0.5+K\mathrm{e}^{-1\,500t}\ \mathrm{A}$

代入初始条件 $i(0_+)=i(0_-)=0$，得

$$K=-0.5\ \mathrm{A}$$

故 $\quad i_2=0.5(1-\mathrm{e}^{-1\,500t})\ \mathrm{A}$

$$
\begin{aligned}
u_{\mathrm{R3}}&=R_2 i_2+L\frac{\mathrm{d}i_2}{\mathrm{d}t}\\
&=100\times0.5(1-\mathrm{e}^{-1\,500t})+0.1\times\frac{\mathrm{d}}{\mathrm{d}t}[0.5(1-\mathrm{e}^{-1\,500t})]\ \mathrm{V}\\
&=50(1-\mathrm{e}^{-1\,500t})+0.05\times1\,500\mathrm{e}^{-1\,500t}\ \mathrm{V}\\
&=50+25\mathrm{e}^{-1\,500t}\ \mathrm{V}
\end{aligned}
$$

$$i_3=\frac{u_{\mathrm{R3}}}{R_3}=0.5+0.25\mathrm{e}^{-1\,500t}\ \mathrm{A}$$

$$i_1=i_2+i_3=1-0.25\mathrm{e}^{-1\,500t}\ \mathrm{A}$$

三、一阶电路的零状态响应的一般形式

由一阶 RC、RL 电路的零状态响应式可以看出：电容电压 u_{C}、电感电流 i_{L} 都是由零状态逐渐上升到新的稳态值；而电容电流、电感电压都是按指数规律衰减的。如果用 $f(\infty)$ 表示电路的新稳态值 τ 仍为时间常数即 RC 电路 $\tau=RC$；RL 电流 $\tau=\dfrac{L}{R}$，则一阶电路的零状态响应的 u_{C} 或 i_{L} 可以表示为一般形式，即

$$f(t)=f(\infty)(1-\mathrm{e}^{-\frac{t}{\tau}})\qquad(t\geqslant0_+)\qquad(3.15)$$

其电压电流曲线如图 3.15 所示。

信息5 一阶电路的全响应

前面两节分别讨论了一阶电路的零输入响应和零状态响应。如果非零初始状态的电路在外加电源的作用下，电路的响应称为全响应。从电路中能量的来源可以推论：线性动态电路的全响应，必然是由储能元件初始储能产生的零输入响应，

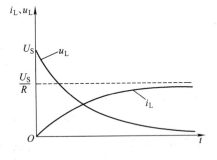

图 3.15 电容上的零状态响应电压电流曲线

与外加电源产生的零状态响应的代数和。从响应与激励的关系看，这是叠加定理的一个应用。

一、一阶电路全响应的规律

在图 3.16(a) 所示的电路中，开关 S 闭合前，电容已储存有能量，设在 $u_{\mathrm{C}}(0_+)=U_0$，在 $T=0$ 时 S 闭合，RC 串联电路与直流电源 U_{S} 接通。显然，换路后可以将电路的全响应，视为图 3.16(b) 的零输入响应与图 3.16(c) 的零状态响应相叠加，即

$$u_{\mathrm{C}}=u_{\mathrm{C}}^{(1)}+u_{\mathrm{C}}^{(2)}$$

由 RC 电路的零输入响应和零状态响应可知

$$u_{\mathrm{C}}^{(1)}=U_0\mathrm{e}^{-\frac{t}{\tau}}\qquad(t\geqslant0_+)$$

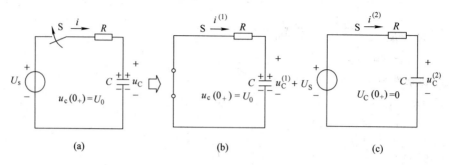

图 3.16　RC 电路的全响应

(a)电路；(b)零输入响应；(c)零状态响应

$$u_C^{(2)} = U_s(1 - e^{-\frac{t}{\tau}}) \quad (t \geqslant 0_+)$$

所以电路的全响应为

$$u_C = u_C^{(1)} + u_C^{(2)} = U_0 e^{-\frac{t}{\tau}} + U_s(1 - e^{-\frac{t}{\tau}}) \qquad (t \geqslant 0_+) \tag{3.16a}$$

即　　　全响应＝零输入响应＋零状态响应

图 3.17(a)画出了全响应 u_C 及零输入响应 $u_C^{(1)}$、零状态响应 $u_C^{(2)}$ 的响应曲线图。

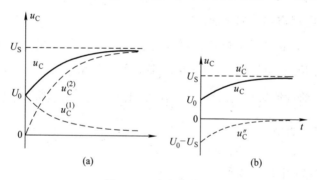

图 3.17　响应曲线图

(a)u_C、$u_C^{(1)}$、$u^{(2)}$ 的响应曲线图；(b)U_0、u_C'、u_C''的响应曲线图

对于线性动态一阶电路来说,式(3.16a)是一个普遍的规律,可以用同样的方法求得电路中的全响应电流以及电路的全响应电压。

在求解零输入响应时,要令所有的独立源等于零,即电压源短路,电流源开路。可见零输入响应只与电路的初始状态有关而与外加激励无关。零状态响应是电路在零初始状态下,由外加激励产生的响应,所以零状态响应由外激励决定。这表明动态电路的响应可以由激励和初始能量各自独立地产生。

$$u_C = U_S + (U_0 - U_S)e^{-\frac{t}{\tau}} \quad (t \geqslant 0_+) \tag{3.16b}$$
$$= u_C' + u_C''$$

即　　　全响应＝强迫分量＋自由分量稳态分量＋暂态分量

式(3.16b)中第一个分量为强迫分量(稳态分量),第二个分量为自由分量(暂态分量),两个分量的变化规律不同。稳态分量只与输入激励有关,当输入的是直流量时,稳态分量也是恒定不变的;当输入的是正弦量时,稳态分量也是同频率的正弦量。暂态分量则既与初始状态有关,也与输入有关,确切地说,它与初始值与稳态值之差有关,只有在这差值不为零时,才有暂态分量。实际上,暂态分量可以认为在 $t=5\tau$ 时趋于零,此后电路的响应全由稳态分量决定,电路进入了新的稳态。暂态分量还存在的这段时期则称为过渡过程。图 3.17(b)画出了全响应 U_0 及稳态分量 $u_C{}'$,暂态分量 $u_C{}''$ 的响应曲线图。

二、时间常数 τ

由前述分析可以看出,一阶电路的电压和电流响应都是按同样的指数规律衰减或增加的。对应于不同的时刻,指数衰减值或增长值的情况由表 3.1 给出。

表 3.1　不同的时刻指数衰减值或增长值

t	$e^{-\frac{t}{\tau}}$	$(1-e^{-\frac{t}{\tau}})$
0	$e^0=1$	$(1-e^0)=0$
τ	$e^{-1}=0.368$	$(1-e^{-1})=0.632$
2τ	$e^{-2}=0.135$	$(1-e^{-2})=0.865$
3τ	$e^{-3}=0.050$	$(1-e^{-3})=0.950$
4τ	$e^{-4}=0.018$	$(1-e^{-4})=0.982$
5τ	$e^{-5}=0.007$	$(1-e^{-5})=0.993$
$\vdots$	$\vdots$	$\vdots$
∞	$e^{-\infty}=0$	$(1-e^{-\infty})=1$

从理论上讲,只有经过无限长时间,电路响应才衰减到 0 或增加到稳定值。但实际上,当 $t=5\tau$ 时,响应已衰减到初始值的 0.7% 或增加到稳态值的 99.3%。工程中,当 $t=5\tau$ 时,可以认为过渡过程基本结束。

电压、电流衰减或增加的速度,取决于时间常数 τ 值的大小。τ 值大,电压、电流衰减或增加的速度就慢;τ 值小,电压、电流衰减或增加的速度就快。τ 值决定了一阶电路过渡过程的时间长短,因此时间常数 τ 是一个重要的参数。对于 RC 电路,有

$$\tau=RC$$

对于 RL 电路,有

$$\tau=\frac{L}{R}$$

可以通过电路参数的选取改变 τ 值,以控制过渡过程的时间。图 3.18 给出了三种不同 τ 值情况下的变化曲线。

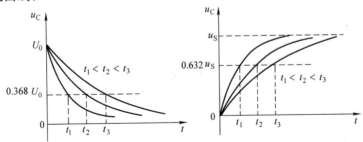

图 3.18　不同 τ 值情况下 u_C 变化曲线

信息 6　一阶电路的三要素法

三要素法是对一阶电路的求解方法及其响应形式进行归纳后得出的一个有用的方法。该

方法能够比较方便地求得一阶电路全响应。

一阶电路的全响应为零输入响应与零状态响应之和，所以全响应是动态电路响应的一般形式，而零输入响应和零状态响应则是全响应的特例。一阶电路响应的一般公式为

$$f(t)=f(0_+)\mathrm{e}^{-\frac{t}{\tau}}+f(\infty)(1-\mathrm{e}^{-\frac{t}{\tau}}) \qquad (t\geqslant 0_+)$$

整理后，得

$$f(t)=f(\infty)+[f(0_+)-f(\infty)](1-\mathrm{e}^{-\frac{t}{\tau}}) \qquad (t\geqslant 0_+) \tag{3.17}$$

由上式可见，响应 $f(t)$ 主要由初始值 $f(0_+)$、换路后的稳态值 $f(\infty)$ 和时间常数 τ 三个要素决定，因此称这三个值为一阶电路的三要素，式(3.17)为求解一阶电路的三要素公式。应用三要素公式求解一阶电路的响应的方法称为三要素法。

三要素法的关键是确定 $f(0_+)$、$f(\infty)$ 和 τ。其求解方法如下：

(1)初始值 $f(0_+)$ 利用换路定律和 $t=0_+$ 的等效电路求得；

(2)稳态值 $f(\infty)$ 由换路后 $t=\infty$ 等效电路求出；

(3)时间常数 τ 只与电路的结构和参数有关，RC 电路中的 $\tau=RC$，RL 电路中的 $\tau=\dfrac{L}{R}$，其中 R 是换路后在动态元件外的戴维南等效电路的内阻。

由上可见，三要素的值都是由其所对应的等效电路求得，利用电路的等效方法确定三要素，避免了微分方程的求解，所以三要素法使用非常广泛。应当指出式(3.17)适用于在直流激励下的一阶电路。若在外施激励为正弦量时，其响应为稳态分量和暂态分量两个成分组成，即

$$f(t)=f'(t)+[f'(0_+)-f'(0_+)]\mathrm{e}^{-\frac{t}{\tau}} \qquad (t\geqslant 0_+) \tag{3.18}$$

式(3.18)是一阶电路在正弦激励下的三要素公式，求响应 $f(t)$ 的初始值 $f(0_+)$，响应的稳态值 $f'(t)$ 及稳态分量的初始值 $f'(0_+)$，再求电路的时间常数 τ 代入该式，即可得出响应的表达式。

[例题 7] 如图 3.19(a)所示电路，$t=0$ 时开关 S 闭合，S 闭合前电路处于稳态。应用三要素法求 $t\geqslant 0$ 时 u_C 和 i_C。

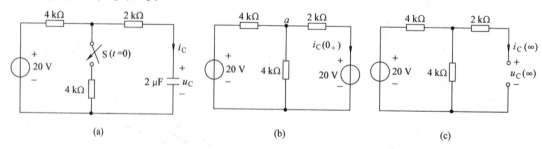

图 3.19 例题 7 图

(a)电路；(b)$t=0_+$ 等效电路；(c)$t=\infty$ 时等效电路

解：

$$u_C(0_+)=u_C(0_-)=20\ \mathrm{V}$$

作 $t=0_+$ 等效电路，如图 3.19(b)所示电路，可得

$$U_a(0_+)=\frac{\dfrac{20}{4}+\dfrac{20}{2}}{\dfrac{1}{4}+\dfrac{1}{2}+\dfrac{1}{4}}=15\ \mathrm{V}$$

$$i_C(0_+) = \frac{U_a(0_+) - 20}{2} = -2.5 \text{ mA}$$

作 $t = \infty$ 时等效电路如图 3.19(c)所示电路,可得

$$u_C(\infty) = \frac{20}{4+4} \times 4 = 10 \text{ V}$$

$$i_C(\infty) = 0$$

电路时间常数

$$\tau = RC = (2 + \frac{4 \times 4}{4+4}) \times 10^3 \times 2 \times 10^{-6} = 8 \times 10^{-3} \text{ s}$$

故

$$u_C = u_C(\infty) + [u_C(0_+) - u_C(\infty)]e^{-\frac{t}{\tau}} = 10 + (20 - 10)e^{-\frac{t}{8 \times 10^{-3}}}$$

$$= 10 + 10e^{-125t} \text{ V}$$

$$i_C = i_C(\infty) + [i_C(0_+) - i_C(\infty)]e^{-\frac{t}{\tau}} = 0 + (-2.5 - 0)e^{-\frac{t}{8 \times 10^{-3}}}$$

$$= -2.5e^{-125t} \text{ mA}$$

[例题 8] 图 3.20 所示电路原来处于零状态,$t = 0$ 时开关 S 闭合,试求换路后电流 i_L 和电压 u_L。

解: $i_L(0_+) = i_L(0_-) = 0$

$$u_L(0_+) = \frac{10}{100 + 400} \times 400 = 8 \text{ V}$$

$$i_L(\infty) = \frac{10}{100} = 0.1 \text{ A}$$

$$u_L(\infty) = 0$$

$$\tau = \frac{L}{R} = \frac{0.8 \times 10^{-3}}{\frac{100 \times 400}{100 + 400}} = 10^{-5} \text{ s}$$

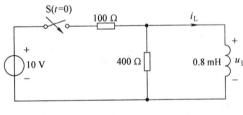

图 3.20　例题 8 图

故响应为

$$i_L = i_L(\infty) + [i_L(0_+) - i_L(\infty)]e^{-\frac{t}{\tau}} = 0.1(1 - e^{-10^5 t}) \text{ A}$$

$$u_L = u_L(\infty) + [u_L(0_+) - u_L(\infty)]e^{-\frac{t}{\tau}} = 8e^{-10^5 t} \text{ V}$$

[例题 9] 图 3.21(a)所示电路中,电感电流 $i_L(0_-) = 0$,$t = 0$ 时 S_1 合上,经过 0.15 s,再合上 S_2,同时断开 S_1。若以 S_1 合上时刻为计时起点,求电流 i_L,并绘制波形图。

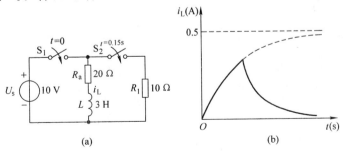

图 3.21　例题 9 图

(a)电路;(b)i_L 随时间变化曲线

电路分析及应用

解：S_1 闭合后，电路中的电流为零状态响应，其中 $i_L(0_+)=i_L(0_-)=0$。

$$i_L(\infty)=\frac{U_S}{R_2}=\frac{10}{20}=0.5\ A$$

$$\tau_1=\frac{L}{R}=\frac{3}{20}=0.15\ s$$

根据式(3.17)可得

$$i_L(t)=0.5(1-e^{-\frac{20}{3}t})\ A \qquad (t\geqslant 0)$$

当 $t=0.15\ s$ 时

$$i_L(0.15_-)=0.5(1-e^{-\frac{20}{3}\times 0.15})=0.316\ A$$

$t>0.15\ s$ 时，S_1 断开，S_2 闭合，此后电路处于零输入状态。由于 i_L 不能跃变，所以

$$i_L(0.15_+)=i_L(0.15_-)=0.316\ A$$

而 $i_L(\infty)=0$，则

$$\tau_2=\frac{L}{R_1+R_2}=\frac{3}{10+20}=0.1\ s$$

将各量代入式(3.17)中可得

$$i_L=i_L(0.15_+)e^{-\frac{t-0.15}{\tau_2}}=0.316e^{-10(t-0.15)}\ A \qquad (t\geqslant 0.15\ s)$$

图 3.21(b)冲绘出了 i_L 随时间变化的曲线。

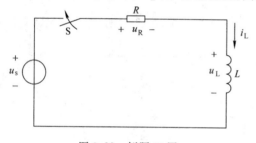

图 3.22　例题 10 图

[例题 10]　电路如图 3.22 所示，开关 S 闭合前，电感无储能，即 $i_L(0_+)=0$。在 $t=0$ 时 S 闭合，接通正弦电压 $u_S=U_m\sin(\omega t+\varphi_u)$。求 $t\geqslant 0$ 时电路的全响应 i_L，并对响应情况进行分析。

解：应用正弦激励下的三要素公式(3.18)有

$$f(t)=f'(t)+[f(0_+)-f'(0_+)]e^{-\frac{t}{\tau}}$$

$$Z=R+j\omega L=\sqrt{R_2+(\omega L)^2}\ \underline{/\arctan(\frac{\omega L}{R})}=|Z|\ \underline{/\varphi}$$

于是稳态分量为

$$i'_L(t)=\frac{U_m}{|Z|}\sin(\omega t+\varphi_u-\varphi)$$

再求稳态分量的初始值，得

$$i'_L(0_+)=\frac{U_m}{|Z|}\sin(\varphi_u-\varphi)$$

而时间常数

$$\tau=\frac{L}{R}$$

代入各要素，得出 $i_L(t)$ 响应的表达式为

$$i_L(t)=i'_L(t)+[i_L(0_+)-i'_L(0_+)]e^{-\frac{t}{\tau}} \qquad (t\geqslant 0_+)$$

$$i_L(t)=\frac{U_m}{|Z|}\sin(\omega t+\varphi_u-\varphi)-\frac{U_m}{|Z|}\sin(\varphi_u-\varphi)e^{-\frac{t}{\tau}} \qquad (t\geqslant 0_+)$$

过渡过程中瞬间出现的过电压、过电流,虽然持续时间很短,却可能造成电气设备的损坏。如接通电力电缆线路时产生的过电流会使电缆遭到破坏,RC 电路中的过电压会使电容器击穿等。

电力系统所出现的过电压现象,电路状态和电磁状态的突然变化是产生过电压的根本原因,过电压分为外过电压和内过电压两大类。研究电力系统中各种过电压的起因,预测其幅值,采取措施加以限制,是确定电力系统绝缘配合的前提,对于电工设备制造和电力系统运行具有重要意义。无论是外过电压还是内过电压,都受许多随机因素的影响,需要结合电力系统具体条件,通过计算、模拟及现场实测等多种途径取得数据,用概率统计方法进行过电压预测。

针对过电压的起因,电力系统必须采取防护措施以限制过电压幅值。如安装避雷线、避雷器、电抗器,开关触头加并联电阻等,以合理实施绝缘配合,确保电力系统安全运行。

进行断路器操作或发生突然短路会引起过电压。常见的操作过电压有以下几种。

(1)空载线路合闸与重合闸过电压:输电线路具有电感和电容性质。空载线路合闸时简化的等值电路原理如图 3.23 所示。

(2)切除空载线路过电压:空载线路属于电容性负载。由于切断过程中交流电弧的重燃而引起更剧烈的电磁振荡,使线路出现过电压。

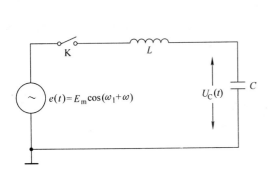

图 3.23　空载线合闸时的简化等值电路

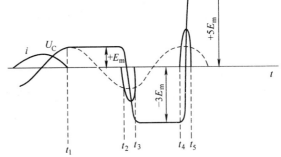

图 3.24　切除空载线路过电压原理

(3)切断空载变压器过电压:变压器是电感性负载,同时对地还有等值电容。当断路器 K 突然切断电流时,电流变化率甚大,使变压器上产生甚高的感应过电压。电流切断以后,变压器中残余的电磁能又向对地电容 C 充电,形成振荡过程,因而出现过电压,称为截流过电压。断路器操作切除其他电感性负载也会出现类似的过电压。

信息7　微分电路与积分电路

在电子技术中,常利用微分电路与积分电路实现波形的产生和变换。微分电路和积分电路有着广泛的应用。

一、微分电路

微分电路是指输出电压与输入电压之间成微分关系的电路。微分电路可以由 RC 或 RL 电路构成。下面以 RC 微分电路为例,讨论其电路的构成条件和特点。

最简单的 RC 微分电路如图 3.25(a)所示,其主要作用是当输入如图 3.25(b)所示的矩形脉冲 u_1 时,输出如图 3.25(c)所示的正、负尖脉冲 u_2。

构成 RC 微分电路的条件是:

(1)RC 串联电路,从电阻 R 输出电压;

(2)输入脉冲的宽度 t_p 要比电路的时间常数 τ 大得多,即 $t_p \gg \tau$。这就是说,在矩形脉冲作用期间,电路的动态过程已经结束。

在 $0 \leqslant t \leqslant t_p$ 时间内,u_1 的作用相当于一个直流激励,电容经电阻充电,由三要素公式可得

$$u_C = U(1 - e^{-\frac{t}{\tau}}) \tag{3.19}$$

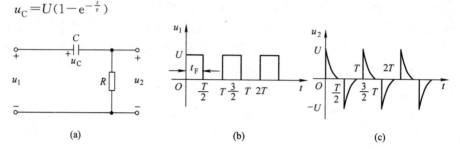

图 3.25 微分电路

(a)电路;(b)输入脉冲;(c)输出脉冲

$$u_2 = RC \frac{du_C}{dt} = U e^{-\frac{t}{\tau}} \tag{3.20}$$

电路输出正尖脉冲,如图 3.25(c)所示。由于 $\tau \ll t_p$,动态过程很快结束,所以可以认为 $u_C \approx u_1$,这样

$$u_2 = RC \frac{du_C}{dt} \approx RC \frac{du_1}{dt} \tag{3.21}$$

输出电压取决于输入电压对时间的导数,故称为微分电路。

在 $t_p \leqslant t \leqslant T$ 时间内,$u_1 = 0$,电容通过电阻很快放电完毕,由三要素公式可知

$$u_C = U e^{-\frac{t - t_p}{\tau}}$$

$$u_2 = -u_C = -U e^{-\frac{t - t_p}{\tau}}$$

电路输出负尖脉冲,如图 3.25(c)所示。

当第二个矩形脉冲到来时,电路的响应又重复前述过程,所以电路输出正负交替的尖脉冲,常用做脉冲电路的触发信号。

二、积分电路

积分电路是指输出电压与输入电压之间成积分关系的电路。积分电路也可以由 RC 或 RL 电路构成。最简单的 RC 积分电路,如图 3.26(a)所示,其主要作用是:当输入如图 3.26(b)所示的矩形脉冲 u_1 时,输出如图 3.26(c)所示的波形。

构成 RC 积分电路的条件是:

(1)RC 串联电路,从电容 C 输出电压;

(2)电路的时间常数 τ 要比输入脉冲的宽度 t_p 大得多,即 $\tau \gg t_p$。

由于积分电路的 $\tau \gg t_p$,在矩形脉冲作用的期间内电容远没有充完电,所以认为 $u_R \gg u_C$,则 $u_1 \approx u_R$,因此

$$u_2 = u_C = \frac{1}{C} \int i \, dt = \frac{1}{C} \int \frac{u_R}{R} dt \approx \frac{1}{RC} \int u_1 \, dt$$

输出电压取决于输入电压的积分,故称积分电路。

由图 3.26(b)、(c)波形可以看出:在 $0 \leqslant t \leqslant t_\mathrm{p}$ 期间,电容充电,输出电压从零开始缓慢上升;当 $t = t_\mathrm{p}$ 时,脉冲截止,这时输出电压 u_2 还远未趋近稳定值;在 $t_\mathrm{p} \leqslant t \leqslant T$ 期间,电容通过电阻缓慢放电,输出电压也缓慢下降,当 $t = T$ 时,电容电压还远未衰减到零,第二个脉冲到来,电容电压在初始值 $u_\mathrm{C}(T)$ 的基础上继续充电。

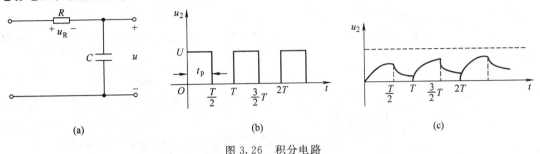

图 3.26　积分电路
(a)电路;(b)输入脉冲;(c)输出脉冲

实际应用

一、避雷器的测试电路

1. 避雷器的作用

避雷器是与电器设备并接的一种过电压保护设备,当出现危及电器设备绝缘的过电压(一般指大气过电压)时,它就放电,将雷电流泄入大地,从而限制电器设备绝缘上的过电压,保护其绝缘免受损伤或击穿。

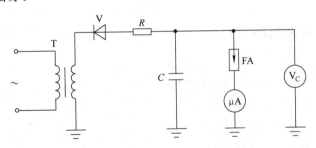

图 3.27　测量避雷器电导电流的接线图

避雷器测量电路的组成

2. 避雷器的测量电路组成

避雷器使用前要进行测试,检验其各种性能指标。图 3.27 为测量避雷器电导电流的接线图,其中 T 为高压试验变压器;V 为高压整流硅堆;R 为保护电阻;C 为稳压电容;V_C 为静电电压表;FA 为避雷器;微安表串联在 FA 下端测量其电导电流。

3. 避雷器的工作原理

避雷器本身的电容很小,对整流电压的平波作用甚微。因此,在测量电导电流时,应并联不小于 $0.1~\mu\mathrm{F}$ 的稳压电容 C。变压器 T 的高压侧经整流硅堆输出的电压是半波整流电压,其正半周时,经电阻 R 对电容 C 充电。负半周时电容 C 经 R 放电,但由于 C 较大,电荷逸出很少。下一个正半周时,C 又通过 R 充电,使两端的电压维持原来的数值,这样就保证避雷器两端的电压波动很小。如果没有稳压电容 C，由于避雷器本身电容很小，加在其两端的电压将是脉动电压,这对于避雷器是绝对不允许的。

二、晶闸管的过电压保护

1. 晶闸管的作用

晶闸管又称可控硅,是一种大功率半导体器件,主要用于大功率的交流电能与直流电能的相互转换和交、直流电路的开关控制与调压。

晶闸管承受过电流、过电压的能力较弱,因此,使用晶闸管的电路必须设置过电流、过电压的保护装置。

2. 工作原理

引起晶闸管上出现过电压的原因很多,如系统的通断,电网浪涌电压或晶闸管本身的通

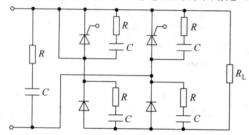

图 3.28　相桥式可控整流电路

断,都可能导致晶闸管承受瞬时过电压而击穿。最常使用的保护措施是采用阻容吸收装置。如图 3.28 所示电路为单相桥式可控整流电路,在晶闸管及交流电源侧,整流输出的负载侧均并联一个 RC 串联支路。电路产生过电压时,由于电容电压不能突变,电容充电,使其两端电压逐渐升高。当晶闸管触发导通后,电容放电,使晶闸管避免了过电压的袭击。如电容器充电电压较高,放电时,会有很大的电流通过晶闸管,可能使该元件烧坏,为此必须与电容串联一个电阻 R,以限制放电电流和增加放电时间。

任务实施

实施 1　RC 一阶电路的响应测试

一、实验目的

(1)测定 RC 一阶电路的零输入响应、零状态响应及完全响应。

(2)学习电路时间常数的测量方法。

(3)掌握有关微分电路和积分电路的概念。

(4)进一步学会用示波器观测波形。

二、实验原理

(1)动态网络的过渡过程是十分短暂的单次变化过程。要用普通示波器观察过渡过程和测量有关的参数,就必须使这种单次变化的过程重复出现。为此,我们利用信号发生器输出的方波来模拟阶跃激励信号,即利用方波输出的上升沿作为零状态响应的正阶跃激励信号;利用方波的下降沿作为零输入响应的负阶跃激励信号。只要选择方波的重复周期远大于电路的时间常数 τ,那么电路在这样的方波序列脉冲信号的激励下,它的响应就和直流电接通与断开的过渡过程是基本相同的。

(2)图 3.29 所示的 RC 一阶电路的零输入响应和零状态响应分别按指数规律衰减和增长,其变化的快慢决定于电路的时间常数 τ。

(3)时间常数 τ 的测定方法。

用示波器测量零输入响应的波形如图 3.29(a)所示。

根据一阶微分方程的求解得知 $u_C=U_m e^{-t/RC}=U_m e^{-t/\tau}$。当 $t=\tau$ 时, $U_C(\tau)=0.368\,U_m$。反之,此时所对应的时间就等于 τ,即可用零状态响应波形增加到 $0.632U_m$ 所对应的时间测得 τ,如图 3.29(c)所示。

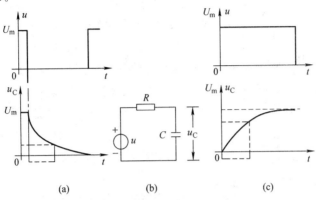

图 3.29　RC 一阶电路及其响应

(a)零输入响应;(b)RC 一阶电路;(c)零状态响应

(4)微分电路和积分电路是 RC 一阶电路中较典型的电路,它对电路元件参数和输入信号的周期有着特定的要求。一个简单的 RC 串联电路,在方波序列脉冲的重复激励下,当满足 $\tau=RC\ll\dfrac{T}{2}$ 时(T 为方波脉冲的重复周期),且由 R 两端的电压作为响应输出,则该电路就是一个微分电路,因为此时电路的输出信号电压与输入信号电压的微分成正比,如图 3.30(a)所示。利用微分电路可以将方波转变成尖脉冲。

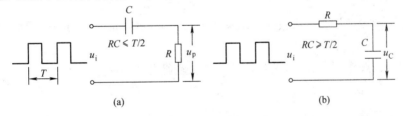

图 3.30　微分电路与积分电路

(a)微分电路;(b) 积分电路

若将图 3.30(a)中的 R 与 C 位置调换一下,如图 3.30(b)所示,由 C 两端的电压作为响应输出,且当电路的参数满足 $\tau=RC\gg\dfrac{T}{2}$,则该 RC 电路称为积分电路。因为此时电路的输出信号电压与输入信号电压的积分成正比。利用积分电路可以将方波转变成三角波。

从输入输出波形来看,上述两个电路均起着波形变换的作用,请在实验过程仔细观察与记录。

三、实验设备

序号	名　称	数量(个)	备注
1	函数信号发生器	1	DG03
2	双踪示波器	1	自备
3	动态电路实验板	1	DG07

四、实验内容

实验线路板的器件组件,如图 3.31 所示,请认清 R、C 元件的布局及其标称值,各开关的通断位置等。

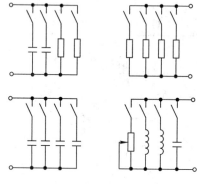

图 3.31　动态电路、选频电路实验板

(1)从电路板上选 $R=10$ kΩ,$C=6$ 800 pF 组成如图 3.29(b)所示的 RC 充放电电路。u_i 为脉冲信号发生器输出的 $U_m=3$ V,$f=1$ kHz 的方波电压信号,并通过两根同轴电缆线,将激励源 u_i 和响应 u_C 的信号分别连至示波器的两个输入口 Y_A 和 Y_B。这时可在示波器的屏幕上观察到激励与响应的变化规律,请测算出时间常数 τ,并用方格纸按 1∶1 的比例描绘波形。少量地改变电容值或电阻值,定性地观察对响应的影响,记录观察到的现象。

(2)令 $R=10$ kΩ,$C=0.1$ μF,观察并描绘响应的波形,继续增大 C 之值,定性地观察对响应的影响。

(3)令 $C=0.01$ μF,$R=100$ Ω,组成如图 3.30(a)所示的微分电路。在同样的方波激励信号($U_m=3$ V,$f=1$ kHz)作用下,观测并描绘激励与响应的波形。增减 R 之值,定性地观察对响应的影响,并作记录。当 R 增至 1 MΩ 时,观察输入输出波形有何本质上的区别。

五、实验注意事项

(1)调节电子仪器各旋钮时,动作不要过快、过猛。实验前,需熟读双踪示波器的使用说明书。观察双踪时,要特别注意相应开关、旋钮的操作与调节。

(2)信号源的接地端与示波器的接地端要连在一起(称共地),以防外界干扰而影响测量的准确性。

(3)示波器的辉度不应过亮,尤其是光点长期停留在荧光屏上不动时,应将辉度调暗,以延长示波管的使用寿命。

六、预习思考题

(1)什么样的电信号可作为 RC 一阶电路零输入响应、零状态响应和完全响应的激励源?

(2)已知 RC 一阶电路中 $R=10$ kΩ,$C=0.1$ μF,试计算时间常数 τ,并根据 τ 值的物理意义,拟定测量 τ 的方案。

(3)何谓积分电路和微分电路,它们必须具备什么条件? 它们在方波序列脉冲的激励下,其输出信号波形的变化规律如何? 这两种电路有何功用?

预习要求:熟读仪器使用说明,回答上述问题,准备方格纸。

七、实验报告

(1)根据实验观测结果,在方格纸上绘出 RC 一阶电路充放电时 u_C 的变化曲线,由曲线测得 τ 值,并与参数值的计算结果作比较,分析误差原因。

(2)根据实验观测结果,归纳、总结积分电路和微分电路的形成条件,阐明波形变换的特征。

(3)心得体会及其他。

小　　结

1. 电路动态过程产生的原因

内因是电路含有储能元件，外因是换路。其实质是能量不能跃变。

2. 换路定律

换路时电容两端的电压和电感中的电流不能跃变，即

$$u_C(0_+) = u_C(0_-)$$
$$i_L(0_+) = i_L(0_-)$$

3. 一阶动态电路

(1)一阶电路的零输入响应。

RC 放电电路：

$$u_C = U_0 e^{-\frac{t}{\tau}} \qquad (t \geqslant 0_+)$$

RL 电路短接：

$$i_L = I_S e^{-\frac{t}{\tau}} \qquad (t \geqslant 0_+)$$

(2)一阶电路的零状态响应。

RC 充电电路：

$$u_C = U_S(1 - e^{-\frac{t}{\tau}}) \qquad (t \geqslant 0_+)$$

RL 电路接通直流电源：

$$i_L = \frac{U_S}{R}(1 - e^{-\frac{t}{\tau}}) \qquad (t \geqslant 0_+)$$

(3)一阶电路的全响应。

全响应＝零输入响应＋零状态响应

即　　$f(t) = f(0_+) e^{-\frac{t}{\tau}} + f(\infty)[1 - e^{-\frac{t}{\tau}}] \qquad (t \geqslant 0_+)$

或　　$f(t) = f(\infty) + [f(0_+) - f(\infty)](1 - e^{-\frac{t}{\tau}}) \qquad (t \geqslant 0_+)$

全响应＝稳态分量＋瞬态分量

(4)一阶电路的变化规律是按指数规律衰减或增加，如果 $f(0_+) > f(\infty)$，$f(t)$ 按 $e^{-\frac{t}{\tau}}$ 规律衰减；如果 $f(0_+) < f(\infty)$，$f(t)$ 按 $(1 - e^{-\frac{t}{\tau}})$ 规律增加；$f(t)$ 衰减或增加的时间常数 τ 与电路结构和参数有关，RC 电路的 $\tau = RC$，RL 电路的 $\tau = \frac{L}{R}$。

4. 一阶电路的三要素法

直流激励下的三要素公式：

$$f(t) = f(\infty) + [f(0_+) - f(\infty)] e^{-\frac{t}{\tau}} \qquad (t \geqslant 0_+)$$

正弦激励下的三要素公式：

$$f(t) = f'(t) + [f(0_+) - f'(0_+)] e^{-\frac{t}{\tau}} \qquad (t \geqslant 0_+)$$

三要素法的关键是确定 $f(0_+)$、$f(\infty)$（或 $f'(t)$）和 τ，其求解方法如下：

(1)初始值 $f(0_+)$，利用换路定理和 $t = 0_+$ 的等效电路求得；

(2)新稳态值 $f(\infty)$［或 $f'(t)$］，由换路后 $t = \infty$ 的等效电路求出；

(3)时间常数 τ，只与电路的结构和参效有关，RC 电路的 $\tau = RC$，RL 的电路 $\tau = \frac{L}{R}$，其中电阻 R 是换路后动态元件两端戴维南等效电路的内阻。

直流激励下三要素法的解题要点如下：

(1)由 $t=0_-$ 时的等效电路确定 $u_C(0_-)$、$i_L(0_-)$，如 $t=0_-$ 时电路稳定，则电容 C 相当于开路，电感 L 相当于短路。

(2)根据换路定律，即 $u_C(0_+)=u_C(0_-)$，$i_L(0_+)=i_L(0_-)$，作出 $t=0_+$ 时的等效电路图。等效电路对电容、电感的处理如图 3.32 所示。

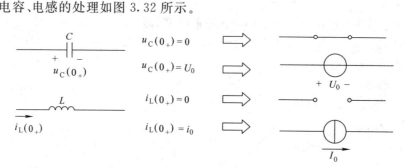

图 3.32　C、L 元件在 $t=0_+$ 时的电路模型

(3)稳态值是动态电路换路后，电路达到新的稳定状态时的电压、电流值。此时电容 C 相当于开路，电感 L 相当于短路。

(4)时间常数 τ，是对换路后的电路而言。RC 电路的 $\tau=RC$，RL 电路的 $\tau=\dfrac{L}{R}$，其中电阻 R 是将电路中所有独立源置零后，动态元件 C 或 L 两端看进去的等效电阻。

正弦激励下三要素法则应注意：

稳态分量 $f'(t)$ 按正弦电路计算，$f'(0_+)$ 是 $f'(t)$ 的初始值，响应中的瞬态分量的大小与换路时电压源的初相 ψ_u 有关。

5. 微分电路与积分电路

(1)微分电路

$$u_2 \approx RC\frac{\mathrm{d}u_1}{\mathrm{d}t}$$

构成 RC 微分电路的条件是：

①RC 串联电路，从电阻 R 输出电压。

②输入脉冲的宽度 t_p 要比电路的时间常数 τ 大得多，即 $t_p \gg \tau$。（在矩形脉冲作用期间，电路的动态过程已经结束）。

(2)积分电路

$$u_2 \approx \frac{1}{RC}\int u_1\,\mathrm{d}t$$

构成 RC 积分电路的条件是：

①RC 串联电路，从电容 C 输出电压；

②电路的时间常数 τ 要比输入脉冲的宽度 t_p 大得多，即 $\tau \gg t_p$。

思考与练习

[习题 1]　图 3.33 所示电路中开关闭合前已处于稳态。$t=0$ 时开关闭合。求电容电压的初始值 $u_C(0_+)$ 及各支路电流的初始值 $i_1(0_+)$、$i_2(0_+)$、$i_C(0_+)$。

[习题 2]　在图 3.34 电路中，开关 S 在 $t=0$ 时闭合，开关闭合前电路已处于稳定状态。

试求初始值 $u_C(0_+)$、$i_L(0_+)$、$i_1(0_+)$、$i_2(0_+)$、$i_C(0_+)$ 和 $u_L(0_+)$。

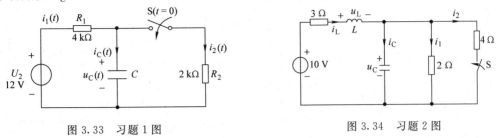

图 3.33　习题 1 图　　　　　　　　　　图 3.34　习题 2 图

[习题 3]　如图 3.35 所示电路，$t=0$ 时开关闭合，闭合前电路处于稳态，求 $t \geqslant 0$ 时的 $u_C(t)$，并画出其波形。

[习题 4]　在图 3.36 中，开关长期接在位置 1 上，如在 $t=0$ 时把它接到位置 2，试求电容电压 u_C 及放电电流 i 的表达式。

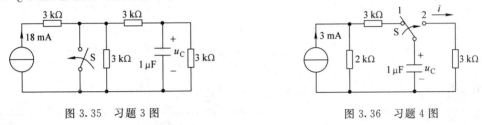

图 3.35　习题 3 图　　　　　　　　　　图 3.36　习题 4 图

[习题 5]　如图 3.37 所示电路，$t=0_-$ 时电路已处于稳态，$t=0_+$ 时开关 S 打开。求 $t \geqslant 0$ 时的电压 u_C、u_R 和电流 i_C。

[习题 6]　图 3.38 所示电路中，$t=0$ 时将 S 合上，求 $t \geqslant 0$ 时的 i_1、i_L、u_L。

[习题 7]　在图 3.39 中，设电路已达稳定。于 $t=0$ 时断开开关 S，求断开开关后电流 i。

[习题 8]　如图 3.40 所示电路中，直流电压源的电压 $U_S=10$ V，$R_1=R_2=2$ Ω，$R_3=5$ Ω，$C=0.5$ F，电路原已稳定，试求换路后的 $u_C(t)$。

[习题 9]　如图 3.41 所示电路中，换路前电路呈稳态。当开关 S 从位置 1 扳到位置 2 时，求 $i_L(t)$ 和 $i(t)$。

[习题 10]　电路如图 3.42 所示，求换路后的时间常数 τ。

[习题 11]　电路如图 3.43 所示，$C=1$ μF，$u_C(0_-)=100$ V，开关 S 合上后，时间分别经过：(1)1×10^{-6} s；(2)2 s；(3)1 h，u_C 减为原来的 $\dfrac{1}{e}$。试求这三种情况下的电阻 R 各为多少？

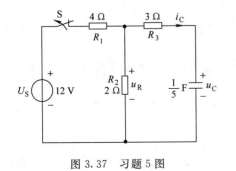

图 3.37　习题 5 图　　　　　　　　　　图 3.38　习题 6 图

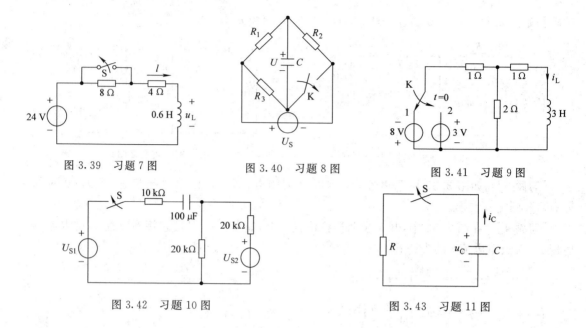

图 3.39 习题 7 图

图 3.40 习题 8 图

图 3.41 习题 9 图

图 3.42 习题 10 图

图 3.43 习题 11 图

检查项目	分配	评价标准	得分
基础知识的掌握	50	(1)掌握换路定律,能够求解电路的初始值和稳态值 (2)掌握一阶电路的响应(零状态响应和零输入响应) (3)掌握三要素法求解一阶电路的响应 (4)理解微分电路和积分电路及其应用	
动态电路在生产中的表现及应用	20	理解动态电路在生产中的表现	
RC 一阶电路的响应测试	30	(1)掌握测定 RC 一阶电路的零输入响应、零状态响应及完全响应的方法 (2)掌握电路时间常数的测量方法 (3)掌握有关微分电路和积分电路的概念 (4)会用示波器观测波形	

子学习领域 2 磁路与交流铁芯线圈

布置任务

（1）掌握磁路与交流铁芯线圈的基本理论：磁场的基本物理量和基本定律，铁磁物质的磁化，磁路和磁路定律，交流铁芯线圈，电磁铁。

（2）掌握磁路与交流铁芯线圈在工农业生产和生活中的应用（变压器、电磁铁）。

资讯与信息

工程中常见的电工设备和仪表，如变压器、电动机、电磁铁、电工测量仪表等，其工作过程同时包含"电"和"磁"这两个密不可分的方面，因此对电工设备的研究，不仅需要具备电路的概念,而且还需要磁路的知识,子学习领域 2 的重点之一是对磁路的基本理论和基本分析方法做必要介绍。另外在前面的学习中,我们介绍了空心线圈,它是线性电感元件,而电工设备中广泛使用的铁芯线圈,是非线性电感元件,因而不能用空心线圈的分析方法研究,所以子学习领域 2 的第二个重点是讨论铁芯线圈的电磁关系。

子学习领域 2 的具体内容有:磁场的基本物理量和基本定律、铁磁物质的磁化、磁路和磁路定律、交流铁芯线圈。

信息 1　磁场的基本物理量和基本定律

磁场可由电流产生,磁场的特性可用磁感应强度 B、磁通、磁场强度 H、磁导率 μ 等物理量来表示。

一、磁感应强度 B

磁感应强度是用来表示磁场中某点磁场的强弱和方向的物理量。它是一个矢量,用 B 表示。

磁感应强度 B 的方向是放置在该点的小磁针 N 极所指的方向。若是由电流产生的磁场,其方向则与该电流满足右手螺旋定则。磁感应强度 B 的大小可用该点磁场对垂直磁场方向上的电流元 $I\mathrm{d}l$ 的作用力 $\mathrm{d}F$ 来衡量,即

$$B = \frac{\mathrm{d}F}{I\mathrm{d}l}$$

磁感应强度 B 的单位,在国际单位制(SI)中是特〔斯拉〕(T)或韦伯/米($\mathrm{Wb/m^2}$);在电磁制单位中(工程中有时用)是高斯(GS),两者的关系是:$1\ \mathrm{T}=10^4\ \mathrm{GS}$(目前"高斯"为非法定单位)。

常用磁感应线(即磁力线、磁感线)的疏密来表示磁感应强度的大小,用磁力线各点的切线方向表示该点的磁场方向(即 B 的方向)。

如果磁场内各点的磁感应强度的大小相等,方向相同,这样的磁场则称为均匀磁场。

图 3.44 显示了不同形状的电流产生的磁感应线。

二、磁通及磁通连续性原理

磁通是描述磁感应强度在一定空间范围内累积效果的物理量。

磁通的定义为:磁感应强度 B 与垂直于磁场方向的面积 S 的乘积,称为通过该面积的磁感应强度的通量,简称磁通,用 Φ 表示。

若是均匀磁场且磁场方向垂直于 S 面,则

$$\Phi = BS \tag{3.22}$$

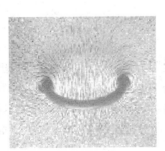
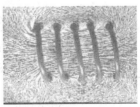

直线电流的磁感线　　圆形电流的磁感线　　直螺线管电流的磁感线　　环形螺线管电流的磁感线

图 3.44　不同形状的电流产生的磁感应线

若不是均匀磁场,则取 B 的平均,即

$$\Phi = \oint_s \mathrm{d}\Phi = \oint_s \boldsymbol{B} \, \mathrm{d}\boldsymbol{S} \tag{3.23}$$

磁通 Φ 的单位,在国际单位制(SI)中是韦[伯](Wb);在电磁制单位中是麦克斯韦(Mx)。两者的关系是:1 Wb＝108Mx(目前"麦克斯韦"为非法定单位)。

通过线圈的电流与线圈匝数的乘积称为磁通势,可表示为

$$F = IN$$

众所周知,磁感应线是无头无尾的闭合曲线,所以穿入任意封闭曲面的磁感应线总数必定与穿出该曲面的磁感应线总数相等,即磁场中通过任何封闭曲面的磁通恒等于零,其数学表达式为

$$\oint_s \boldsymbol{B} \, \mathrm{d}\boldsymbol{B} = 0 \tag{3.33}$$

式(3.33)就是磁通连续性原理。

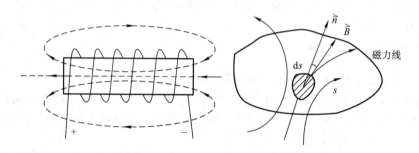

图 3.45　磁感线描述的磁场及方向

三、磁导率

磁导率是表示物质导磁性能的一个物理量,它反映了介质在磁场中的导磁能力,用 μ 来表示。磁导率 μ 的单位,在国际单位制(SI)中是亨利/米(H/m)。

为了比较物质的磁导率,选择真空作为比较基准,测得真空的磁导率为 $\mu_0 = 4\pi \times 10^{-7} \, \mathrm{H/m}$,而把物质的磁导率 μ 与真空磁导率的比值 μ_r 称为物质的相对磁导率,即

$$\mu_r = \frac{\mu}{\mu_0}$$

而磁导率为

$$\mu = \mu_r \mu_0$$

用相对磁导率表示物质的导磁能力很清楚也很方便,并且可以由手册查出,所以更为通用。

物质按其导磁性能可分为非磁性物质(又分为顺磁性物质和反磁性物质)和磁性物质两大类。非磁性物质的导磁性能较差,其相对磁导率 μ_r 近似等于 1,上下相差不超过 10^{-5}(其中顺磁性物质,如空气、铝、铬、铂等,其 μ_r 略大于 1,在 1.000003～1.00001 之间;反磁性物质,如氢、铜,其略小于 1,在 0.999995～0.99983 之间)。

磁性物质的导磁性能很强,其相对磁导率 μ_r 可达几百甚至几千以上,但其不是一个常数,而是随着磁感应强度和温度的变化而变化。磁性物质主要有铁、钴、镍及其合金、铁氧体等,所以也叫铁磁物质。

四、磁场强度及全电流定律

磁场强度是计算磁场时所引用的一个物理量,用 H 表示,它也是矢量。磁感应强度反映了磁场的强弱,但同一载流导体在不同磁介质中的磁感应强度不同,磁场中某点的磁感应强度与磁场介质的磁导率的比值就是该点的磁场强度,即

$$H\frac{B}{\mu} \quad 或 \quad B=\mu H \tag{3.34}$$

磁场强度 H 的单位,在国际单位制中是安/米(A/m),在电磁单位制中是奥斯特(O_e)。两者的关系是:1 奥斯特$=\dfrac{10^3}{4\pi}$A/m(目前"奥斯特"为非法定单位)。

磁场强度 H 的方向与所在点的磁感应强度 B 的方向一致。

因为 μ 只是个系数,所以 B 的方向与 H 的方向相同。

通过求磁感应强度 B 得出:磁感应强度 B 是与磁场介质的导磁性能(μ)有关的,即当线圈内介质不同(即 μ 不同)时,在同样电流值激励下,同一点的磁感应强度 B 的大小就不同,当然线圈内的磁通 Φ 也就不同了。

通过 H 可以确定磁场与产生该磁场的电流之间的关系,即

$$\int_l H\,\mathrm{d}l = \sum I \tag{3.35}$$

式(3.35)即是全电流定律的数学表达式,也叫安培环路定律,它是计算磁路的基本公式之一。

全电流定律反映了磁场的又一基本性质,即:磁场强度矢量 H 沿任一闭合路径的线积分等于穿过此路径所围面积的全部电流的代数和。其中电流的正负由电流 I 的方向与闭合曲线方向是否符合右手螺旋定则而定,符合右手螺旋定则时取正,反之则取负。通常把 $\sum I$ 称为全电流,即磁场中某点磁感应强度 B 的大小等于该点介质的磁导率 μ 与磁场强度 H 的乘积。

[例题 11]　一空心线圈,形成环形闭合回路,其横截面积为 10 cm^2,长度为 20 cm,线圈匝数为 660,线圈中的电流为 5 A,求线圈的磁阻、磁通势、磁通。

解:$R_m = \dfrac{l}{\mu_0 S} = \dfrac{20 \times 10^{-2}}{4\pi \times 10^{-7} \times 10 \times 10^{-4}} \approx 1.6 \times 10^8 \ H^{-1}$

$F = NI = 660 \times 5 \ A = 3.3 \times 10^3 \ A$

$\Phi = \dfrac{F}{R_m} = \dfrac{3.3 \times 10^3}{1.6 \times 10^8} = 2.1 \times 10^{-5} \ Wb$

[例题 12]　一均匀磁场的磁感应强度为 0.1 T,介质是空气,与磁场方向平行的线段长 15 cm,求这一线段上的磁位差。

解:$H = \dfrac{B}{\mu} = \dfrac{B}{\mu_0} = \dfrac{0.1}{4\pi \times 10^{-7}} \approx 7.96 \times 10^4 \ A/m$

$U_m = Hl = 7.96 \times 10^4 \times 0.15 \approx 1.2 \times 10^4 \ A$

信息 2　铁磁物质的磁化

一、铁磁物质的磁化

铁磁性物质在外磁场中呈现磁性的现象,称为铁磁物质的磁化。

在铁磁性物质内部,天然地存在着许多微小的磁性区域,这些小区域叫做磁畴。每个磁畴

都相当于一块体积极小但磁性很强的微型磁铁,如图 3.46(a)所示。在没有外磁场作用时,各个磁畴排列杂乱无章,其磁性相互抵消,所以整个铁磁性物质宏观上对外是不显示磁性的。

若把铁磁性物质放进外磁场中,则在外磁场的作用下,大多数的磁畴方向与外磁场趋于一致,如图 3.46(b)所示,因此在铁磁性物质内部形成了很强的与外磁场同方向的附加磁场,从而使铁磁性物质内部的磁场显著增强,并对外显示磁性。这就是铁磁性物质的磁化。

外磁场越强,与外磁场方向一致的磁畴数量越多,附加磁场也越强。当外磁场继续增强达到某一数值,所有的磁畴都转到与外磁场一致的方向时,如图 3.46(c)所示,这时即便再增强外磁场,附加磁场也不再增强,这种现象称为磁饱和。

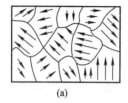 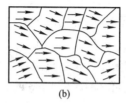 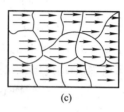

(a) (b) (c)

图 3.46 铁物质的磁化过程

(a)无磁性;(b)磁化;(c)磁饱和

铁磁性物质的磁化现象,说明了铁磁性物质具有很高的导磁性能。这一磁性能被广泛地应用于电工设备中。如电机、变压器及各种铁磁元件的线圈中都放有铁芯以构成磁路。在这些设备中,其外磁场一般都由绕在铁芯上的通电线圈产生,再线圈中通入不大的电流(称为励磁电流),就可产生足够大的磁感应强度和磁通。采用优质的铁磁材料,可使同样容量的电机、变压器的重量和体积大大减小。

对于非铁磁性物质,由于内部不存在磁畴结构,外磁场对其的磁化程度很微弱,即不能被磁化,因此非铁磁性材料的导磁性能就很差。

二、磁化曲线

在前面已经提到,铁磁性物质具有很高的导磁性能,但铁磁性物质还具有磁饱和与磁滞等特性,这就使得铁磁性物质的磁导率 μ 不是一个常数。所以工程上常采用磁化曲线或对应的数据表来表示各种铁磁性物质的磁化特性。

磁化曲线就是以纵坐标表示铁磁性物质的磁感应强度 B,横坐标表示外磁场的磁场强度 H 的关系曲线,常简称为 B—H 曲线,如图 3.47 所示。

B—H 曲线可由实验测定,图 3.48 是实验测定磁化曲线仪器与示意图。

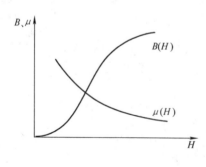

图 3.47 磁化曲线

测试原理为:将待测的铁磁性材料制成环形铁芯,并在铁芯上均匀密绕 N 匝线圈,用直流电源 U 经过可变电阻器 R_p 给线圈通以不同的励磁电流 I,并用电流表和磁通计分别测量出励磁电流 I 的值和与该值对应的铁芯中的磁通。这样便可绘出以磁通为纵坐标,以电流 I 为横坐标的 Φ—I 关系曲线,该曲线称为环形线圈的韦安特性曲线。

环形铁芯中的磁场强度 $H=IN/\tau$,即可由不同的 I,求出相应的 H,再根据铁芯中的磁场强度 $B=\Phi/S$,可

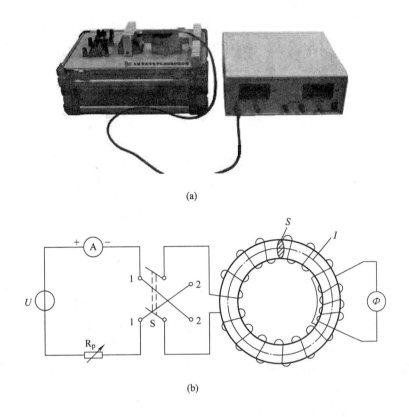

(a)

(b)

图 3.48 磁化曲线的测定

(a)磁化曲线测定仪；(b)磁化曲线的示意图

得到相应的 B，这样，便可通过测定 $\Phi-I$ 数据，画出 $B-H$ 关系曲线。

1. 起始磁化曲线

假定铁芯原来没有被磁化，即铁磁物质中的磁感应强度 B 为零。闭合图 3.48(b)中的开关 S，调节可变电阻器 R_p，使线圈中的电流由零开始逐渐增大，则外磁场强度 H 也由零逐渐增加，同时铁磁物质中的磁感应强度 B 也随之增大，这样就得到了一条 $B-H$ 曲线，这条曲线称为起始磁化曲线，如图 3.49 中的曲线①所示。

从该曲线可以看出，在 Oa_1 段，随外磁场 H 的增大，磁感应强度 B 缓慢增加；在 a_1a_2 段，随 H 值的增加，B 迅速增大，曲线较陡；在 a_2a_3 段，随 H 的增加，B 的增大速度又慢了下来；在 a_3 段以后，H 继续增大，但 B 几乎不再变化，这是因为在 a_3 上铁磁物质已达到了磁饱和的缘故。铁磁物质已达到了磁饱和的缘故。

从起始磁化曲线可以看出，B 与 H 不是线性关系，即 μ 不是常数，而是随外磁场的磁场强度 H 的变化而变化的，如图 3.49 中曲线②所示的 $\mu-H$ 曲线。在 B 的快速增长区，μ 值增加也很快，而达到了最大值 μ_m，此时铁磁物质的导磁能力最强。图 3.49 中的曲线③是非铁磁性物质的 $B-H$ 曲线，它是一条直线，因为非铁磁物质的 μ 是常数，所以其 B 与 H 是线性关系。

2. 磁滞回线

铁磁性物质在反复磁化过程中的 $B-H$ 曲线称为磁滞回线，如图 3.50 所示。

当外加磁场增大到某一最大值 H_m 后(图 3.50 中的 a 点)，开始减小励磁电流 I，即减小 H 的值，这时 B 的值也会从 B_m 随之减小，但其并不沿原来的起始磁化曲线减小，而是沿着图中的 ab 曲线减小,当 H 减为零时,B 并未减到零,而是值 B_r(图 3.50 中的 b 点),B_r 称为剩余磁感应强度,简称剩磁。这种铁磁物质的磁化状态滞后于外磁场变化的现象称为磁滞。

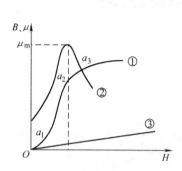

图 3.49 起始磁化曲线

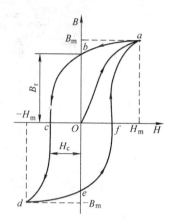

图 3.50 铁磁材料的磁滞回线

若要消除剩磁,必须改变外磁场 H 的方向(通过改变励磁电流 I 的方向实现),进行反向磁化。随着反向磁场的增强,铁磁物质逐渐被退磁,直到 $H = -H_c$ 时(图 3.50 中的 c 点),B 才为零,剩磁被完全消除。消除剩磁所需的反向磁场强度值 H_c 称为矫顽力。

随着反向磁场继续增加到 $-H_m$,磁感应强度也反向增至 $-B_m$(图 3.50 中的 d 点),然后使反向磁场减小为零,B 则沿着 de 曲线减小到 $-B_r$(图 3.50 中的 e 点),H 再从零开始逐渐增大正向磁场,使 H 值通过 H_c(图 3.50 中的 f 点),并最终达到 H_m 即得到了一条对称原点(O 点)的闭合曲线 $abcdefa$,由于在反复磁化过程中,磁感应强度 B 的变化滞后于磁场强度 H 的变化,所以这条闭合曲线称为磁滞回线。

3. 基本磁化曲线

用不同的 H_m 值对铁磁物质进行交变磁化,可相应得到一系列大小不同的磁滞回线,连接各条磁滞回线的顶点所得到的曲线称为基本磁化曲线,如图 3.51 所示,Oa 即是该铁磁物质的基本磁化曲线。

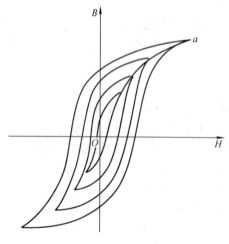

图 3.51 基本磁化曲线

基本磁化曲线与起始磁化曲线差别很小,但它是经过多次循环往复磁化得到的曲线,比起始磁化曲线稳定,并且它所表示的 B 与 H 的关系具有平均意义,所以也叫平均磁化曲线。一般手册中给出的铁磁物质的磁化曲线都是基本磁化曲线,它们是磁路计算的依据。图 3.51 中给出了几种铁磁物质的基本磁化曲线。

三、铁磁物质的分类与用途

目前广泛应用的铁磁物质按材料的性质可分为两大类:金属、合金磁性材料和非金属磁性材料(也称为铁氧体磁性材料)。前者在电力、电信和自控等方面均广泛应用,而后者则广泛应用于高频弱电领域。

铁磁性物质按磁滞回线的形状则可分为三大类：软磁材料、硬磁材料和矩磁材料。

1. 软磁材料

软磁材料是指磁滞回线形状狭窄的材料，如图 3.52(a)所示。这种材料磁导率高，易于磁化，磁滞特性不明显，剩磁和矫顽力都很小，撤去外磁场后，磁性基本消失。软磁材料一般用于交流电机、变压器、继电器、互感器、开关等产品的铁芯和各种电感元件（如滤波器、高频变压器、录音录像磁头）的磁芯。常用的软磁材料有铸铁、铸钢、硅铁合金（即硅钢）、铁镍合金（即坡莫合金）、铁铝合金、锰锌铁氧体和镍锌铁氧体等。

2. 硬磁材料

硬磁材料是指磁滞回线形状较宽的材料，如图 3.52(a)所示。其特点是磁滞特性明显，撤去外磁场后剩磁大，而且这种剩余磁性不易被消除，即矫顽力大。硬磁材料适宜制造永久磁铁，被广泛用于磁电式测量仪表、扬声器、永磁发电机及电信装置中。常用的硬磁材料有碳钢、铝镍合金、钡铁氧体和银铁氧体等。

3. 矩磁材料

矩磁材料是指磁滞回线形状如矩形的材料，如图 3.52(b)所示。其特点是，当有很小的外磁场作用时，就能使之磁化，并达到饱和。去掉外磁场后，磁性仍然保持与饱和时一样。矩磁材料主要用于各种计算机的存储器磁芯和远程自动控制、雷达导航、宇宙航行及信息处理显示等方面。常用的矩磁材料有锰镁铁氧体、锂锰铁氧体等。

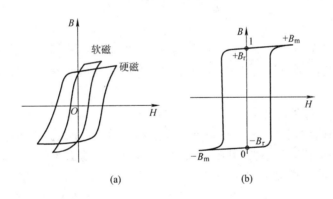

图 3.52　软磁、硬磁和矩磁材料的磁滞回线
(a)软磁、硬磁；(b)矩磁

信息3　磁路和磁路定律

一、磁路

为使较小的励磁电流产生足够大的磁通，在电工设备中广泛采用铁磁物质做成一定形状的铁芯，由于铁芯的磁导率远远高于周围非铁磁性物质的磁导率，所以磁通的绝大部分经铁芯而形成一个闭合通路，即磁路。换句话说，磁路是指由铁芯所限定的磁通的路径。

磁路分为无分支磁路和有分支磁路两种。图 3.53 给出了单相变压器电磁继电器和四极电机的磁路。图 3.53(a)、(b)是无分支磁路，图 3.53(c)是有分支磁路。

磁路的磁通分为主磁通和漏磁通两部分，沿铁芯所限定的磁路（有些磁路含有气隙很短的

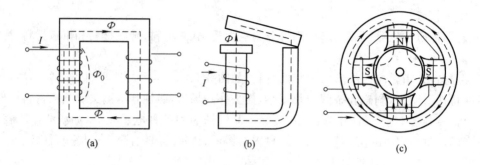

图 3.53　几种电气设备的磁路

(a)单相变压器的磁路；(b)电磁继电器的磁路；(c)四极电机的磁路

空气缝隙)中通过的磁通称为主磁通,如图 3.53(a)中的 Φ;少量穿出铁芯磁路以外闭合的磁通叫漏磁通,如图 3.53(a)中的 Φ_0。在实际工程中,采取了很多措施以减小漏磁通使其在磁路的计算中可忽略不计。

二、磁路定律

1. 磁路的基尔霍夫第一定律

根据磁通连续性原理,在忽略了漏磁通之后,在磁路的一条支路中,磁通应处处相等,而在磁路的分支处,任取一封闭面 S,穿进该封闭面的磁通与穿出该封闭面的磁通是相等的,即穿过闭合面 S 的所有磁通的代数和等于零,故

$$\sum \Phi = 0 \tag{3.36}$$

式(3.36)就是磁路的基尔霍夫第一定律(对应于电路的基尔霍夫电流定律 $\sum I = 0$)。

若把穿进闭合面的磁通前面取正号,则穿出闭合面的磁通前面取负号,对闭合面则有 $\Phi_1 - \Phi_2 - \Phi_3 = 0$。

2. 磁路的基尔霍夫第二定律

磁路往往由多种材料制成,有时在磁路中还包括气隙,即使磁路中磁感应强度 B 处处相同,但由于不同材料的磁导率不同,其磁场强度 H 也不同(因为 $H = B/\mu$);即便是同种材料,但若截面积不同,则其磁感应强度 B 不同(因为 $B = \Phi/S$),也导致磁场强度 H 不同。因此在磁路计算中,把磁路中的每一支路按不同的材料及不同的截面积分成若干段,这样在每一段中,由于其材料和截面积均相同,所以 B 处处相同,H 也处处相同,然后就可以用电流定律计算了。

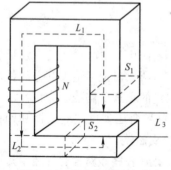

图 3.54　无分支有气隙磁路

下面就以图 3.54 所示的磁路进行分析。

该磁路应分为三段,第一段是铁磁物质,截面积为 S_1,平均长度为 L_1;第二段仍是同一铁磁物质,但截面积为 S_2,平均长度为 L_2;第三段是空气隙,平均长度为 L_3。现设这三段的磁场强度分别为 H_1、H_2 和 H_3,由于各磁场强度 H 的方向均与对应段的中心线的方向一致,于是全电流定律的数学表达式中的线积分 $\int \boldsymbol{H} \cdot d\boldsymbol{l}$,就可以用各段磁场强度值与该段的平均长度乘积的代数和来代替。因此,对任一

回路,有

$$\sum(Hl) = \sum I$$

式中,$\sum I$ 是磁路励磁电流的代数和。通电线圈磁路励磁电流的代数和等于回路各励磁线圈中电流与匝数乘积的代数和,因此上式可写成

$$\sum(Hl) = \sum(IN) \tag{3.37}$$

式中,Hl 称为各段磁路的磁压(或磁位差),用 U_m 表示;IN 是磁路中产生磁通的激励源,简称磁势,用 F 表示,这样式(3.37)可改写为

$$\sum U_m = \sum F_m \tag{3.38}$$

式(3.37)或式(3.38)称为磁路的基尔霍夫第二定律(对应于电路的基尔霍夫电压定律)。其表示的含义是:磁路中沿任意闭合回路的磁压的代数和等于磁动势 F_m 的代数和。磁动势 F 的单位为安培(A),但为了与电流的单位相区别,并根据它是由电流与匝数相乘而得,常把它的单位称为"安匝"。

根据以上分析的结果,对于图 3.54 所示的磁路把各项代入式(3.37),得 $H_1l_1 + H_2l_2 + H_3l_3 = IN$。上式中各项前正负号的选用规则是:当 H 的方向与 I 的方向(即回路的环绕方向)一致时 Hl 前取正号,反之取负号;电流 I 的方向与回路的环绕方向符合右手螺旋关系时,IN 前取正号,反之取负号。

3. 磁路的欧姆定律

由铁磁物质制成的一段长度为 l,横截面积为 S 的磁路。其磁压为 $U_m = Hl = \dfrac{Bl}{\mu} = \dfrac{\Phi l}{\mu S} =$

ΦR_m,式中 $R_m = \dfrac{l}{\mu S}$ 称为该段磁路的磁阻,R_m 的单位是亨(H)。

$$U_m = \Phi R_m \tag{3.39}$$

上式称为磁路的欧姆定律(对应于电路的欧姆定律 $U = IR$)。

因为空气的磁导率 μ_0 是常数,所以一段气隙的磁阻是常数,这时 U_m 与 Φ 之间是线性关系。但对于铁磁物质构成的磁路而言,其 R_m 也随 H 的变化而变化,所以 U_m 与 Φ 之间不是线性关系,因此一般情况式(3.39)不能用来对磁路进行计算,但对磁路作定性分析时,磁路欧姆定律是十分有用的。

信息 4　交流铁芯线圈

铁芯线圈分为两种。一种是以直流电流励磁的铁芯线圈,叫直流铁芯线圈,如直流电机、电磁吸盘及其他直流电器的线圈。直流铁芯线圈的磁通是恒定的,铁芯中无感应电动势,线圈中的电流 I 只与其外加电压 U 及线圈本身的电阻 R 有关,而与磁路无关,即磁路情况有变,只会引起磁通大小的改变,而不会影响到电路。直流铁芯线圈的损耗也只有线圈电阻 R 上的功率损耗 I^2R。另一种是以交流电流励磁的铁芯线圈,叫交流铁芯线圈,如交流电机、变压器、继电器及其他交流电器的线圈。由于交流电流产生的磁通是随时间变化的,所以会在线圈中产生感应电动势,这个感应电动势又会反过来影响电路中的电流,再加上磁路的非线性,这就使得交流铁芯线圈在电磁关系、电流电压关系及功率损耗等各方面比直流铁芯线圈复杂得多。

一、交流铁芯线圈的电磁关系

交流铁芯线圈如图 3.55(a)所示。若在线圈两端加一交流电压 u,则在线圈中产生一交变

励磁电流 i,磁动势 iN 将在磁路中产生主磁通 Φ 和漏磁通 Φ_σ,这两个磁通将分别在线圈中产生主磁电动势 e 和漏磁电动势 e_σ。其电磁关系为

$$u \to i(iN)\begin{cases} \Phi \to e = -N\dfrac{\mathrm{d}\Phi}{\mathrm{d}t} \\ \Phi_\sigma \to e_\sigma = -N\dfrac{\mathrm{d}\Phi_\sigma}{\mathrm{d}t} = -L_\sigma\dfrac{\mathrm{d}i}{\mathrm{d}t} \end{cases}$$

式中,L_σ 是铁芯线圈的漏磁电感,对于给定的铁芯线圈,L_σ 是一常数,$L_\sigma = \dfrac{N\Phi_\sigma}{I} = $常数。

1. 电压与电流的关系

图 3.55(a)所示交流铁芯线圈的电路模型如图 3.55(b)所示,由基尔霍夫电压定律可得其电压与电流的关系为

$$u = Ri + (-e_\sigma) + (-e) = iR + L_\sigma\frac{\mathrm{d}i}{\mathrm{d}t} + (-e)$$

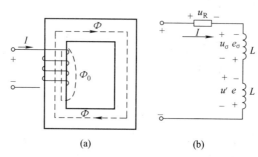

图 3.55　交流铁芯线圈及其电路模型

(a)交流铁芯线圈;(b)电路模型

2. 电压与磁通的关系

根据图 3.55(b),可列出关系式为

$$u = u_R + u_\sigma + u'$$

由上式可见,电源电压分为三个部分:$u_R = Ri$ 是线圈电阻上的电压降,$u_\sigma = -e_\sigma$ 是平衡漏磁电动势的电压,$u' = -e$ 是平衡主磁电动势的电压。由于一般线圈电阻 R 很小,漏磁也很小,所以 u_R 和 u' 也很小,往往忽略不计,因此,$u \approx -e = N\dfrac{\mathrm{d}\Phi}{\mathrm{d}t}$。若 u 是正弦电压时,则主磁电动势 e 和主磁通中 Φ 都应按正弦规律变化。

设主磁通 $\Phi = \Phi_\mathrm{m}\sin\omega t$,则

$$u = N\frac{d[\Phi_\mathrm{m}\sin\omega t]}{\mathrm{d}t} = \omega N\Phi\sin\left(\omega t + \frac{\pi}{2}\right) = U_\mathrm{m}\sin\left(\omega t + \frac{\pi}{2}\right)$$

同理可推得

$$e = -u = -E\sin\left(\omega t + \frac{\pi}{2}\right)$$

其中,$U_\mathrm{m} = E_\mathrm{m} = \omega N\Phi_\mathrm{m}$,是电压和主磁电动势的幅值。

因为对正弦量一般用有效值,所以电压有效值为

$$U = \frac{U_\mathrm{m}}{\sqrt{2}} = \frac{\omega N\Phi_\mathrm{m}}{\sqrt{2}} = \frac{2\pi f N\Phi_\mathrm{m}}{\sqrt{2}} = 4.44\, fN\Phi_\mathrm{m}$$

同样,主磁电动势的有效值为

$$E=U=4.44\ fN\Phi_m \tag{3.40}$$

式(3.40)是一个常用的重要公式。该式说明,当电源频率 f 和线圈的匝数 N 一定时,若忽略线圈内阻 R 和漏磁通 Φ_σ。交流铁芯线圈磁路中的磁通最大值与线圈外加电压的有效值 U 成正比,而与铁芯的材料及尺寸无关。也就是说,当交流铁芯线圈的外加正弦电压一定时,其磁路中的正弦磁通也一定,若磁路的磁阻发生变化,只有磁动势和励磁电流 i 作相应变化,即磁路反过来影响电路。

3. 磁通与电流的关系

在前面,曾经介绍了 $B-H$ 关系曲线的具体作法,实际上 $B-H$ 曲线是借助 $\Phi-I$ 关系曲线得到的,因此,铁磁材料的 $\Phi-I$ 曲线与 $B-H$ 曲线是相似的,如图 3.56 (a)所示。

假设外加电压 $u(t)$ 为正弦波,则磁通 $\Phi(t)$ 也为正弦波,在忽略磁滞的前提下,励磁电流 $i(t)$ 曲线的具体作法如图 3.56 所示。取若干个时间坐标点,根据每个坐标点对应的磁通值,在图 3.56 (a)中找出对应的电流值,再将各个电流、时间值一一对应,在图 3.56 (b)中描点、连线,即得到 $i(t)$ 曲线。

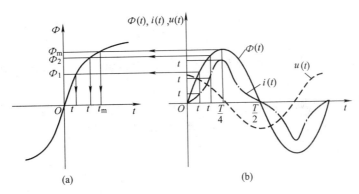

图 3.56　正弦交流电压作用下的交流铁芯磁化电流

由图 3.56 (b)看出,当磁通为正弦波时,由于磁饱和的影响,$i(t)$ 不是正弦波,而是一尖顶波。线圈端电压幅值越大,铁芯中磁通幅值也越大,铁芯饱和程度越深,则电流畸变越严重,波形就越尖。反之,当电压与磁通幅值都较小,铁芯未饱和,则电流波形就接近正弦波。虽然电流波形是非正弦尖顶波但电流与磁通仍然同时经过零值和最大值。

若考虑磁滞等其他因素,励磁电流的相位将发生变化,且波形更加畸变。

刚才讨论的是铁芯线圈外加电压为正弦波,若通入线圈的励磁电流 $i(t)$ 为正弦波时,$\Phi(t)$ 及 $u(t)$ 的曲线又如何呢?

图 3.57 给出了答案。具体作法是:在图 3.57(b)中,取若干个时间的坐标点,根据每个坐标点对应的电流值,在图 3.57(a)中找出对应的磁通值,再将各个磁通、时间值一一对应,在图 3.57 (b)中描点、连线,即得到了 $\Phi(t)$ 曲线。由图 3.57 (b)可以看出,当励磁电流 $i(t)$ 为正弦波时,磁通 $\Phi(t)$ 是非正弦平顶波,其原因仍然是由于磁饱和现象造成的。

根据电磁感应定律 $e=-\dfrac{\mathrm{d}\Phi}{\mathrm{d}t}=-u$ 可画出 $u(t)$ 曲线如图 3.57(b)所示,它是一尖顶波。

综上所述,由于铁芯线圈磁通与励磁电流为非线性关系,所以当线圈端电压为正弦波时,磁通为正弦波,电流为尖顶波;当励磁电流为正弦波时,磁通为平顶波,电压为尖顶波。

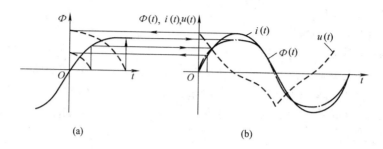

图 3.57　正弦交流电作用下的交流铁芯线圈中的电流

二、交流铁芯线圈的损耗

在交流铁芯线圈中,由于交变磁通的作用,除了线圈本身电阻(内阻)的功率损耗外,在铁芯中还存在功率损耗。

1. 铜损

线圈电阻产生的功耗称为铜损,用 P_{Cu} 表示为

$$P_{Cu}=I^2R$$

式中,I 为励磁电流的有效值,R 是线圈内阻。

2. 铁损

在铁芯中存在的功率损耗,称为铁损,铁损是由铁磁物质的磁滞和涡流产生的。

1)磁滞损耗

磁滞损耗是铁磁性物质在交变磁化下,由于其内部的磁畴在不断改变其排列方向而造成的能量损耗,用 P_h 表示。磁滞损耗转换为热能使铁芯的温度升高。可以证明,磁滞损耗与磁滞回线所包围的面积以及电源频率、铁芯的体积成正比。磁滞回线的面积与磁感应强度的最大值 B_m 有关,B_m 越大,面积也越大。磁滞损耗用下面的经验公式计算

$$P_h=K_hfB_m^nV \tag{3.41}$$

式中,K_h 为与铁磁材料有关的系数,由实验确定。指数 n,由 B_m 的范围而定,当 $0.1<B_m<1$ T 时,$n\approx1.6$;当 $B_m>1$ T 时,$n\approx2$。V 为铁芯体积,为了减小磁滞损耗,应选用磁滞回线窄的铁磁材料制作铁芯,如硅钢片。

2)涡流损耗

交流铁芯线圈所产生的交变磁通不仅在线圈中产生感应电动势,而且在铁芯内部也要产生感应电动势和感应电流。这种感应电流称为涡流,它在垂直于磁通方向的平面环流着,如图 3.58(a)所示。涡流在铁芯中流动如同电流流过电阻一样,也会引起能量损耗,这种损耗称为涡流损耗,用 P_e 表示。

涡流损耗可按下式计算

$$P_e=K_ef^2B_m^2V \tag{3.42}$$

式中:K_e 是与材料的电阻率及几何尺寸有关的系数,由实验确定,f 是电源频率,单位是 Hz;B_m 是磁感应强度最大值,单位是 T;V 为铁芯体积。

涡流损耗不但会使铁芯温度升高,而且还会削弱内部磁场,降低设备效率。

为了减小涡流及其损耗,常采用以下两种措施:一是增大铁芯材料的电阻率,如在钢片中掺入少量的硅(0.8%~4.8%);二是不用整块铁磁材料做铁芯,而是在顺着磁场方向由彼此绝

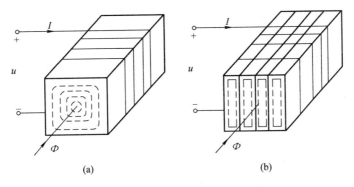

图 3.58　铁芯及叠装铁芯中的涡流

(a)交流铁芯;(b)叠装铁芯

缘的硅钢片叠成铁芯,如图 3.58(b)所示,这样涡流就只能在较小的截面内流过,会因回路电阻的增加而减小。一般工程中常用硅钢片的厚度有 0.35 mm 和 0.5 mm 两种。

从式(3.42)看出,涡流损耗与频率的平方成正比,因此在高频情况下,涡流损耗更加严重,所以在高频电器中常用含铁磁物质的陶瓷作为磁路材料。

另外,涡流也有可利用的一面。如可用涡流的热效应来冶炼金属;利用涡流和磁场相互作用而产生电磁力的原理制造感应式仪表等。

3)铁芯损耗

磁滞损耗和涡流损耗都产生在铁芯中,所以合称为铁芯损耗,简称铁损,用 P_{Fe} 表示。

$$P_{Fe} = P_h + P_e$$

当然可用式(3.41)和式(3.42)分别计算出 P_h 和 P_e,再求和,就可得到 P_{Fe}。但实际工程计算时常把磁滞损耗和涡流损耗一起考虑,而用下面的公式计算

$$P_{Fe} = P_{Fe0} G$$

式中 G 铁芯质量,单位是 kg;P_{Fe0} 是比损耗,是某一 B_m 值时,每千克铁芯的损耗,由实验确定,单位是 W/kg。因为 P_h、P_e 均与 B_m 有关,所以 P_{Fe0} 也与 B_m 有关。通常可在有关手册上查到各种牌号的铁芯材料在不同 B_m 值下的比损耗。

[例题 13]　如图 3.59 所示磁路由 0.5 mm 厚的 D_{21} 硅钢片叠成,磁路截面均匀,其 $S = 10 \text{ cm}^2$,磁路铁芯总长 $l = 50$ cm。磁路中有一频率 $f = 50$ Hz 的正弦波形磁通,磁通最大值 $\Phi_m = 1.4 \times 10^{-3}$ Wb。求该磁路的铁损 P_{Fe}(铁(钢)的比重 $\gamma_{Fe} = 7.8 \text{ g/cm}^3$)。

解:磁路中磁感应强度的最大值为

$$B_m = \frac{\Phi_m}{S} = \frac{1.4 \times 10^{-3}}{10 \times 10^{-4}} = 1.4 \text{ T}$$

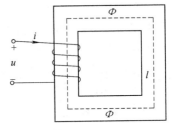

图 3.59　例题 13 图

查表得:$B_m = 1.4$ T,厚 0.5 mm 的 D_{21} 硅钢片比损耗为 $P_{Fe0} = 5.24$ W/kg。

铁芯重量为

$$G = \gamma_{Fe} V = \gamma_{Fe} S l = 7.8 \times 10 \times 50 = 3.90 \text{ kg}$$

所以铁损为

$$P_{Fe} = p_{Fe0} G = 5.24 \times 3.90 = 20.45 \text{ W}$$

[例题 14]　一个接在正弦交流电源上的铁芯线圈,测得电源电压 $U = 220$ V,线圈中电流

$I=10$ A,功率 $P=2\,200$ W,忽略线圈电阻和漏磁通,试求:(1)铁芯线圈的功率因数;(2)铁芯线圈的等效电阻和感抗。

解:测得的功率 P 即铁芯损耗 P_{Fe}(因为不计线圈电阻),所以

(1) $\cos\varphi=\dfrac{P}{UI}=\dfrac{220}{220\times10}=0.10$

(2) $R_m=\dfrac{P}{I^2}=\dfrac{220}{10^2}=2.2\ \Omega$

$\quad Z_m=\dfrac{U}{I}=\dfrac{220}{10}=22\ \Omega$

$\quad X_m=\sqrt{Z_m{}^2-R_m{}^2}=\sqrt{22^2-2.2^2}\approx21.9\ \Omega$

三、变压器

变压器是一种常见的电器设备,它能将某一电压数值的交流电变换为同频率的另一电压数值的交流电。变电压的用途很多,主要可以分为四点:变压、变流、变阻抗、在电气上起到隔离作用。

在输电、配电领域,输送一定功率电能时,输电线路的电压越高,电流就越小。目前我国高压输电的电压等级从 110 kV 到 500 kV。但是受发电机结构和绝缘材料的限制,不可能直接发出如此高电压的电能。因此,首先要用变压器将发电机发出的交流电的电压升高,再送到输电线路上去。而工厂用电,大型动力设备使用 10 kV 或 6 kV 电压,小型动力设备和照明用电则使用 380 V 或 220 V 电压,特殊场合为了安全等原因,还要用 36 V 或 24 V 电压。为此,又要使用变压器将输电线路上的高电压的电压降低。

除了变换电压之外,变压器还具有变换电流、变换阻抗的作用,并在电工测量、电子技术领域有较多应用。

变压器的类型很多,按照用途分有:用于输、配电的电力变压器,用于测量技术的仪用互感变压器,用于电子整流电路的整流变压器等;按照变换电能相数的不同,分为单相变压器和三相变压器。尽管变压器的类型很多,它们的基本结构和工作原理却是相同的。

炼钢电弧炉变压器是根据电炉炼钢生产对电源的特殊要求而设计、制造的专用变压器。除具有一般变压器的特性外,主要满足炼钢工艺对变压器机械强度、电气强度、阻抗特性、稳定性和电压调整的特殊要求,主要用于给电炉(如炼钢炉)供电。如图 3.60 所示。

交流弧焊机是抽头式变压器结构,主变为漏磁式变压器,它通过调节初级线圈在两铁芯柱上的分布达到改变电流的目的。它用于单人手工操作,是一种最常见、最实惠的便携式交流焊,运用于很多生产场合。如图 3.61 所示。

矿用一般型电力变压器具有结构先进、性能优良、制工艺简单、运行安全可靠等优点,产品适用于煤矿井下。如图 3.62 所示。

1. 变压器的结构

变压器由铁芯(或磁芯)和线圈组成,线圈有两个或两个以上的绕组,其中接电源的绕组叫初级线圈(一次绕组),其余的绕组叫次级线圈。变压器结构示意图如图 3.63 所示。

1)铁芯

铁芯是变压器中主要的磁路部分。通常由含硅量较高,厚度为 0.35 或 0.5 mm,表面涂有绝缘漆的热轧或冷轧硅钢片叠装而成。铁芯分为铁芯柱和铁轭两部分,铁芯柱套有线圈,铁

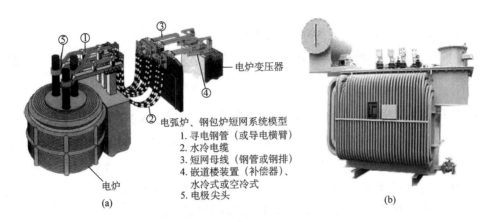

电炉变压器

电弧炉、钢包炉短网系统模型
1. 寻电钢管（或导电横臂）
2. 水冷电缆
3. 短网母线（钢管或钢排）
4. 嵌道楼装置（补偿器）、
   水冷式或空冷式
5. 电极尖头

电炉

(a)

(b)

图 3.60 变压器在冶金中的应用

(a)电弧炉变压器接线图；(b)电弧炉变压器

芯结构的基本形式有心式和壳式两种。

图 3.61 交流弧焊机

图 3.62 矿用变压器

2)绕组

绕组是变压器的电路部分,它是用纸包的绝缘扁线或圆线绕成的。

2. 变压器的原理

变压器是变换交流电压、电流和阻抗的器件,当初级线圈中通有交流电流时,铁芯(或磁芯)中便产生交流磁通,使次级线圈中感应出电压(或电流)。

变压器的基本原理是电磁感应原理,现以单相双绕组变压器为例说明其基本工作原理(如图 3.64 所示):当一次侧绕组上加上电压 $\dot{U}_1$ 时,流过电流 $\dot{I}_1$,在铁芯中就产生交变磁通 Φ_1,这些磁通称为主磁通,在它的作用下,两侧绕组分别产生感应电势 $\dot{E}_1$、$\dot{E}_2$,感应电势公式为

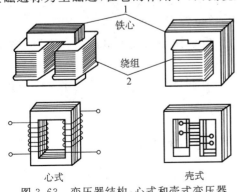

图 3.63 变压器结构:心式和壳式变压器

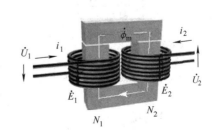

图 3.64 变压器原理图

$$E = 4.44 f N \phi_{\mathrm{m}}$$

式中：E 为感应电势有效值；f 为频率；N 为匝数；ϕ_{m} 为主磁通最大值。

由于二次绕组与一次绕组匝数不同，感应电势 E_1 和 E_2 大小也不同，当略去内阻抗压降后，电压 $\dot{U}_1$ 和 $\dot{U}_2$ 大小也不同。

当变压器二次侧空载时，一次侧仅流过主磁通的电流 $\dot{I}_0$，这个电流称为激磁电流。当二次侧加负载，流过负载电流 $\dot{I}_2$ 时，也在铁芯中产生磁通，力图改变主磁通，但一次电压不变时，主磁通是不变的，一次侧就要流过两部分电流，一部分为激磁电流 $\dot{I}_0$，另一部分为用来平衡 $\dot{I}_2$ 的电流，所以这部分电流随着 $\dot{I}_2$ 变化而变化。当电流乘以匝数时，就是磁势。

上述的平衡作用实质上是磁势平衡作用，变压器就是通过磁势平衡作用实现了一、二次侧的能量传递。

信息 5　电磁铁

一、电磁铁结构和原理

电磁铁是利用通电的铁芯线圈对铁磁性物质产生电磁吸引力的电器设备。电磁铁一般由

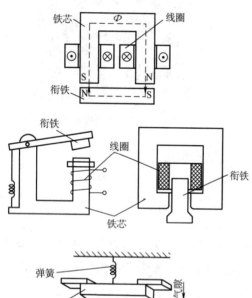

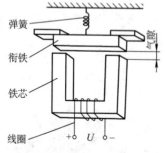

图 3.65　电磁铁的结构

$$F = \frac{10^7}{16\pi} B_{\mathrm{m}}^2 S_0$$

励磁线圈、铁芯和衔铁三个主要部分组成，如图 3.65 所示。铁芯和衔铁一般用软磁材料制成。铁芯一般是静止的，线圈装在铁芯上。开关电器电磁铁的衔铁上还装有弹簧。

电磁铁的工作原理是：当线圈中通以电流时，铁芯和衔铁都被磁化，衔铁受到电磁力的作用而被吸向铁芯。线圈断电后，衔铁借助重力或其他非电磁力复位。

电磁吸力是电磁铁的主要技术指标之一，电磁吸力的大小与气隙的截面积 S_0 及气隙中电磁感应强度 B_0 的平方成正比。

$$F = \frac{10^7}{8\pi} B_0^2 S_0$$

式中：B_0 为气隙中的磁感应强度，单位是 T；S_0 为气隙的截面积，单位是 m^2；F 是吸力，单位是 N（牛顿）。

电磁铁分为直流电磁铁和交流电磁铁两种。

对于交流电铁，电磁吸力的最大值是

$$F_{\mathrm{m}} = \frac{10^7}{8\pi} B_{\mathrm{m}}^2 S_0$$

平均电磁吸力是

　　因为直流电磁铁是直流电流励磁,铁芯中的磁通恒定,铁芯中不存在铁损,所以,直流电磁铁的铁芯可以用整块的磁性材料制作。而交流电磁铁中,为了减少铁损,铁芯必须用硅钢片叠成。

　　交流电磁铁是直接利用交流铁芯线圈电路的工作原理制成的一种电工设备,在吸合过程中电流与电磁吸力的变化情况与直流电磁铁是不同的。

　　在直流电磁铁中,励磁电流仅与线圈电阻有关,不因气隙的大小而变。但在交流电磁铁的吸合过程中,线圈中电流的变化很大,因为其中电流不仅与线圈电阻有关,还与线圈感抗有关。在吸合过程中,随着气隙的减小,磁阻减小,线圈的电感和感抗增大,因而电流逐渐减小。因此交流电磁铁的线圈通入励磁电流后,衔铁应立即吸合。倘若因某种原因,如被卡住,衔铁不能立即吸合,则线圈中就流过较大电流,长时间会导致线圈温升过高,严重发热甚至烧毁。凡是利用交流电磁铁作为动力的电工设备,如交流接触器等,都存在这个问题,在使用时应加以注意。

二、电磁铁的应用

　　电磁铁(分为直流电磁铁(如图 3.66)和交流电磁铁)的应用很广泛,可用于冶金、矿山、机械、交通运输等导磁性材料设备中,如继电器(如图 3.67 所示)、接触器(如图 3.68 所示)、电磁阀、电磁机械手、起重电磁铁(这种电磁铁无衔铁,而是以被起重的钢铁等工作物体作为被吸收体制动电磁铁的,如图 3.69 所示)等。

图 3.66　直流电磁铁

图 3.67　继电器

图 3.68　交流接触器

(a)

(b)　　　　　　　　　　　(c)

图 3.69　电磁铁在冶金中的应用

(a)吊运线材电磁铁;(b)冶金起重电磁吊;(c)吊运废钢用电磁机械手

　　交流接触器(如图 3.68)的动作动力来源于交流电磁铁,电磁铁由两个"山"字形的硅钢片叠成,其中一个固定,在上面套上线圈,工作电压有多种选择。为了使磁力稳定,铁芯的吸合面加上短路环。交流接触器在失电后,依靠弹簧复位。另一半是活动铁芯,其构造和固定铁芯一样,用以带动主触点和辅助触点的合断。

　　交流接触器广泛用作电力的开断和控制电路,保护发生过载的电路(起到频繁开关作用)。

三、电磁铁应用的主要特点

(1)采用全密封结构,防潮性能好。

(2)经计算机优化设计,结构合理、重量轻、吸力大、能耗低。

(3)励磁线圈经特殊工艺处理,提高了线圈的电气与机械性能,绝热材料耐热等级高,使用寿命长。

(4)普通型电磁铁额定通电持续率由过去 50% 提高到 60%,提高了电磁铁的使用效率。

(5)高温型电磁铁采用独特的隔热方式,其被吸物由过去的 600℃ 提高到 700℃,扩展了电磁铁的适用范围。

(6)安装、运行、维护简便。

小 结

1. 磁场的基本物理量

(1)磁感应强度 B 是表示磁场中某点磁场的强弱和方向的物理量,B 的大小由式 $B = \dfrac{\mathrm{d}F}{I\mathrm{d}l}$ 决定。

(2)磁通 Φ 是描述磁感应强度在一定空间范围内积累效果的物理量,$\Phi = \oint_S \mathrm{d}\Phi = \oint_S B\mathrm{d}S$ 或 $\Phi = BS$。

(3)磁导率 μ 是表示物质导磁性能的物理量。真空的磁导率是 μ_0,其他物质的磁导率一般用 μ 表示,$\mu = \mu_r \mu_0$,非磁性物质的 $\mu_r \approx 1$,磁性物质的 $\mu_r = 1$。

(4)磁场强度 H 是计算磁场时引用的一个物理量,H 的大小由式 $H = \dfrac{B}{\mu}$ 决定,但由于 μ 不是常数,所以铁磁物质的 H 与 B 需查 $B - H$ 曲线得到。

2. 磁场基本定律

(1)磁通连续性原理:磁场中通过任何封闭曲面的磁通恒等于零,即 $\int_S B\mathrm{d}S = 0$。

(2)全电流定律:磁场强度 H 沿任一闭合回线的线积分等于该闭合回线所包围的全电流,即 $\int H\mathrm{d}l = \sum I$。

3. 铁磁物质的磁化

铁磁物质由于其内部存在许多小磁畴,所以其在外磁场的作用下可呈现磁性,这就是铁磁物质的磁化。铁磁材料具有高导磁性、磁饱和性和磁滞性。

4. 磁化曲线及铁磁物质的分类

磁化曲线有起始磁化曲线、磁滞回线和基本磁化曲线。

根据磁滞回线的形状可把铁磁性物质分为硬磁材料、软磁材料和矩磁材料。软磁材料的剩磁及矫顽力小,适于作各种交流铁芯线圈的铁芯。

基本磁化曲线表明了 B 与 H 的关系,是磁路计算的依据。

5. 磁路及磁路定律

(1)磁路的基尔霍夫第一定律:$\sum \Phi = 0$。

(2)磁路的基尔霍夫第二定律：$\sum(Hl) = \sum(IN)$。

(3)磁路的欧姆定律：$U_m = \Phi R_m$，其中，$U_m = Hl$，$R_m = \dfrac{l}{\mu s}$。由于磁路是非线性的，磁路的欧姆定律一般只适用于磁路定性分析而不适用于作定量计算。

6. 交流铁芯线圈

(1)电压与磁通的关系：$U = 4.44fN\Phi_m$。

(2)磁通与电流的关系：当忽略线圈内阻 R 和漏磁通时，由于铁芯线圈的磁通与励磁电流是非线性关系，所以当磁通为正弦波时(这时端电压也为正弦波)，电流为非正弦尖顶波；当电流为正弦波时，磁通为非正弦平顶波(端电压为非正弦尖顶波)。

(3)交流铁芯线圈的损耗：交流线圈存在有铜损和铁损两种损耗。而铁损又是由磁滞损耗和涡流损耗构成的。选用软磁材料并把其切片涂绝缘漆后再叠在一起可大大减小铁损。

7. 电磁铁

电磁铁一般由线圈、铁芯和衔铁三部分构成。

(1)直流电磁铁

直流电磁铁的吸力 $F = \dfrac{10^7}{8\pi}B_m^2 S$。直流电磁铁在吸合过程中，$I$ 和 F_m 均不变，但 Φ 和 B_0 会随气隙的减小而迅速增大，吸力 F 也显著增大。

(2)交流电磁铁

交流电磁铁的平均吸力 $F_{av} = \dfrac{10^7}{16\pi}B_m^2 S$。交流电磁铁在吸合过程中 Φ_m、B_m 是恒定的，所以平均吸力 F_{av} 也恒定，但随着气隙的减小，励磁电流是逐渐减小的。衔铁不能顺利吸合，将会因励磁电流长时间过大而烧毁线圈。

思考与练习

[**习题 12**] 什么是磁路、磁感应强度、磁场强度？

[**习题 13**] 写出全电流定律的表达式。

[**习题 14**] 什么是磁滞现象？磁滞损耗与磁滞回线有什么关系？

[**习题 15**] 一交流铁芯线圈工作在电压 $U = 220$ V、频率 $f = 50$ Hz 的电源上。测得电流 $I = 3$ A，消耗功率 $P = 100$ W。为了求出此时的铁损，把线圈电压改接成直流 12 V 电源上，测得电流值是 10 A。试计算线圈的铁损和功率因数。

[**习题 16**] 要绕制一个铁芯线圈，已知电源电压 $U = 220$ V，频率 $f = 50$ Hz，今量得铁芯截面积为 30.2 cm²，铁芯由硅钢片叠成，设叠片间隙系数为 0.91。

(1)如取 $B_m = 1.2$ T，问线圈匝数应为多少？

(2)如磁路平均长度为 60 cm，问励磁电流应为多大？

[**习题 17**] 在一个铸钢制成的闭合铁芯上绕有一个匝数 $N = 1\,000$ 的线圈，其线圈电阻 $R = 20\ \Omega$，铁芯的平均长度 $l = 50$ cm。若要在铁芯中产生 $B = 1.2$ T 的磁感应强度，试问线圈中应加入多大的直流电压？若在铁芯磁路中加入一长度为 2 mm 的气隙，要保持铁芯中的磁

感应强度 B 不变,通入线圈的电压应为多少?

[习题 18] 交流电磁铁通电后,若衔铁长时期被卡住而不能吸合,会引起什么后果?

[习题 19] 交流电磁铁每小时操作有一定限制,否则会引起线圈过热。这是为什么?

[习题 20] 一交流励磁的闭合铁芯,如果将铁芯的平均长度增大一倍,试问铁芯中的磁通最大值是否变化?励磁电流有何变化?若是直流励磁的闭合铁芯,情况又将怎样?

[习题 21] 交流电磁铁通电后,若衔铁长时期被卡住而不能吸合,会引起什么后果?

[习题 22] 平均吸力 100 N 的交流电磁铁,空气隙总截面积为 4 cm²,问空气隙磁感应强度最大值应该是多少?

检查与评价

检查项目	配分	评价标准	得分
基础知识的掌握	70	(1)掌握磁场的基本物理量和基本定律 (2)理解铁磁物质的磁化。 (3)掌握磁路和磁路定律。	
基础知识的掌握	70	(4)掌握交流铁芯线圈的有关理论。 (5)掌握电磁铁的有关理论	
磁路与交流铁芯线圈的应用	30	认识磁路与交流铁芯线圈的应用:电磁铁在工农业生产中的应用,变压器的应用等	

子学习领域 3　异步电动机

布置任务

1. 知识目标

(1)了解电动机的分类。

(2)掌握三相异步电动机有关的基本理论:三相异步电动机的构造,转动原理,旋转磁场的产生,三相异步电动机的转差率。

(3)能看懂三相异步电动机的铭牌。

(4)掌握三相异步电动机的启动、调速、制动。

(5)掌握单相异步电动机的结构和工作原理。

(6)认识电动机在工农业生产中的重要作用。

2. 技能目标

(1)三相异步电动机顺序控制。

(2)三相鼠笼式异步电动机正反转控制。

资讯与信息

信息 1　电动机的分类及应用

电动机是利用电磁感应原理,把电能转换成机械能的装置。现代各种生产机械都广泛应用电动机来驱动。

有的生产机械只装配着一台电动机,如单轴钻床(如图 3.70);有的需要好几台电动机,如某些机床的主轴、刀架、横梁以及润滑油泵和冷却油泵等都是由单独的电动机来驱动的。常见的桥式起重机上就有多台电动机(如图 3.71);在龙门铣刨床也装有多台电动机(龙门刨床上的直流电动机用来控制工作台高速刨削运动、伺服电机用来控制工作台低速铣削运动,采用高速运动的大功率电动机及低速运动的小功率电动机,既节省能源,又确保低速切削稳定而无爬行。

生产机械由电动机来驱动有很多优点:简化生产机械的结构;提高生产率和产品质量;能实现自动控制和远距离操纵;减轻繁重的体力劳动。

电动机的种类繁多,通常根据电动机所使用的是直流电还是交流电,分为直流电动机和交流电动机两类。交流电动机按所使用的电源,又分为单相电动机和三相电动机两种;交流电动机按转动原理又分为同步电动机和异步电动机(或称感应电动机)。按电动机的特殊功用还有伺服电动机、力矩电动机等。

图 3.70　单轴钻床

直流电动机按照励磁方式的不同分为他励、并励、串励和复励四种。

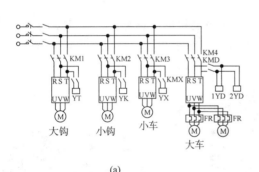

(a)

(b)

图 3.71　桥式起重机

(a)原理图;(b)实物图

电动机 $\begin{cases} \text{交流电动机} \begin{cases} \text{异步机:鼠笼式、绕线式} \\ \text{同步机} \end{cases} \\ \text{直流电动机:他励、并励、串励、复励} \end{cases}$

在生产上主要用的是交流电动机,特别是三相异步电动机。它被广泛用来驱动各种金属切削机床、起重机、锻压机(如图 3.72)、传送带、铸造机械、功率不大的通风机(如图 3.73)及水泵(如图 3.74)等。仅在需要均匀调速的生产机械上,如龙门刨床(如图 3.75)、轧钢机(如图 3.76)及某些重型机床的主传机构,以及在某些电力牵引和起重设备中才采用直流电动机。同

图 3.72　锻压机

图 3.73　离心通风机

步电动机主要应用于功率较大、不需调速、长期工作的各种生产机械,如压缩机(如图 3.77)、水泵、通风机等。单相异步电动机常用于功率不大的电动工具和某些家用电器中。除上述动力用电动机外,在自动控制系统和计算装置中还用到各种控制电机。

图 3.74 污水处理水泵

图 3.75 龙门铣刨床

由于异步电动机具有结构简单、工作可靠、使用和维修方便等优点,所以异步电动机被广泛地应用于生产和生活中。

(1)按定子相数可分为三相、单相和两相异步电动机三类。除约 200 W 以下的电动机多做成单相异步电动机外,现代动力用电动机大多数都为三相异步电动机。两相异步电机主要用于微型控制电机。

图 3.76 轧钢机

图 3.77 压缩机

(2)按照转子型式,异步电机可分为鼠笼型转子和绕线型转子两大类。三相鼠笼式异步电动机外形示意图如图 3.78 所示,三相绕线式异步电动机外形示意如图 3.79 所示。

(3)根据机壳保护方式的不同,异步电动机可分为开启式、防护式、封闭式和防爆式等。如图 3.80 所示。

图 3.78 三相鼠笼型异步电动机

图 3.79 冶金起重用绕线转子三相异步电机

防护式异步电动机具有防止外界杂物落入电机内的防护装置,一般在转轴上装有风扇,用于冷却空气,并将热量从电动机内部带出来。

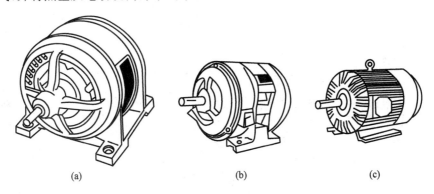

图 3.80 三相鼠笼式异步电动机外形
(a)开启式;(b)防护式;(c)封闭式

封闭式异步电动机的内部和外部的空气是隔开的。它的冷却是依靠装在机壳外面转轴上的风扇吹风,借机座上的散热片将电机内部发散出来的热量带走。这种电机主要用于尘埃较多的场所,例如机床上使用的电机。如图 3.81 所示。

图 3.81 封闭式异步电动机在工业生产中的应用
(a)普通车床上的电机;(b)数控铣床上的电机

防爆式异步电动机为全封闭式,它将内部与外界的易燃、易爆性气体隔离。这种电机多用于有汽油、酒精、天然气、煤气等气体较多的地方,如矿井或某些化工厂等处。如图 3.82 所示。

信息 2 三相异步电动机

一、三相异步电动机的构造

电动机由定子和转子两个基本部分组成,如图 3.83所示。

图 3.82 变频防爆电动机

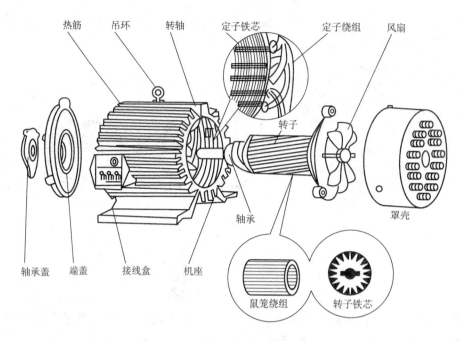

图 3.83 三相异步电动机的组成图

1. 定子(静止部分)

定子由定子铁芯、定子绕组、机座组成,如图 3.84 所示。

(1)定子铁芯:定子铁芯厚度一般为 $0.35 \sim 0.5$ mm,如图 3.85 所示。由表面具有绝缘层的硅钢片冲制、叠压而成,在铁芯的内圆冲有均匀分布的槽,用以嵌放定子绕组。

(2)定子绕组:定子绕组是电动机的电路部分,通入三相交流电,产生旋转磁场,如图 3.86 所示。

定子绕组的接线方式:星形接法(Y 接);三角形接法(△接)。如图 3.87 所示。

图 3.84 定子

图 3.85 定子铁芯

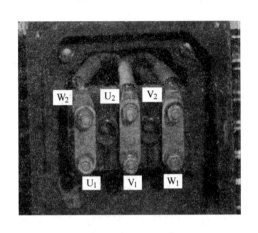

图 3.86　定子接线盒(△接法)

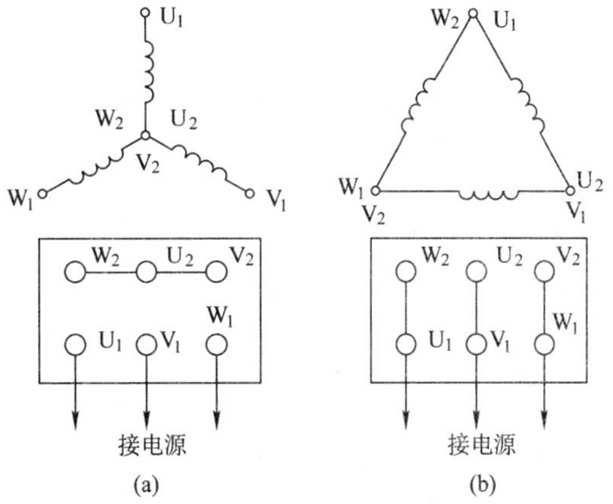

图 3.87　定子绕组的接线形式

(a)星形接法　(b)三角形接法

(3)机座:支撑机身。

2. 转子(旋转部分)

转子是电动机的旋转部分,包括转子铁芯、转子绕组和转轴等部件。

(1)转子铁芯:其作用是把相互绝缘的硅钢片压装在转子轴上在硅钢片外圆上冲有均匀的沟槽,供嵌装转子绕组用。

(2)转子绕组:作用是切割定子旋转磁场产生感应电动势及电流,并形成电磁场矩而使电动机旋转。根据构造的不同分为鼠笼式转子和绕线式转子。如图 3.88 所示。

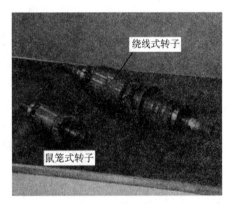

图 3.88　转子绕组

(3)转轴:用以传递转矩及支撑转子的重量,一般由中碳钢或合金钢制成。

3. 其他附件

其他附件有端盖、轴承、轴承端盖、风扇等。

二、三相异步电动机的转动原理

如图 3.89 所示用一个简单的试验观察三相异步电动机的工作原理:当摇动磁铁时,笼型转子跟随转动;如果摇动方向发生改变,笼型转子方向也会发生变化。故可得出如下结论:旋转磁场可使笼型转子转动。

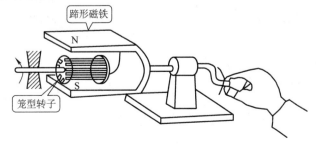

图 3.89　笼型转子随旋转磁极而转动的实验

三、旋转磁场的产生

1. 旋转磁场产生的原理

以两级电机为例说明,如图3.90(a)所示。对称的三相绕组 U_1U_2、V_1V_2、W_1W_2 假定为集中绕组,三相绕组接成星形,并通以三相对称电流 i_A、i_B、i_C。如图3.90(b)、(c)所示。

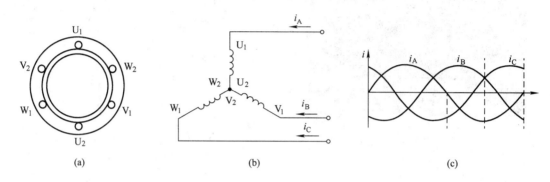

图 3.90 旋转磁场产生原理

(a)简化的三相绕组分布图;(b)按星形连接的三相绕组接通三相电源;(c)三相对称电流波形图

当 $\omega t=0$ 时,$i_U=0$;i_V 为负值,即 i_V 由末端 V_2 流入,首端 V_1 流出;i_W 为正值,即 i_W 由首端 W_1 流入,末端 W_2 流出。电流流入端用"×"表示,电流的流出端用"·"表示。利用右手螺旋定则可确定在 $\omega t=0$ 瞬间由三相电流所产生的合成磁场方向,见图3.91。可见合成磁场是一对磁极,磁场的方向与纵轴线方向一致,上方是北极,下方是南极。

当 $\omega t=\pi/2$ 时,i_U 为正值最大值,即 i_U 由首端 U_1 流入,末端 U_2 流出;i_V 为负值,即 i_V 由末端 V_2 流入,首端 V_1 流出;i_W 为负值,i_W 即由 W_2 流入,W_1 流出。其合成磁场方向,如图3.92所示。可见合成磁场方向以较 $\omega t=0$ 时按顺时针方向转过 $90°$。

$\omega t=3\pi/2$ 时的合成磁场,如图3.93所示。

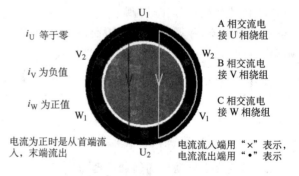

图 3.91 $\omega t=0$ 时合成磁场

由此可知磁场的方向逐步按顺时针方向旋转,共转过 $360°$,即旋转一周。

综上所述,在三相交流电动机定子上布置有结构完全相同,在空间位置相差 $120°$ 的三相绕组,分别通入三相交流电,则在定子与转子的空气隙间所产生的合成磁场是沿定子内圆旋转的,故称旋转磁场。

2. 旋转磁场的旋转方向

旋转磁场的旋转方向决定于通入定子绕组中的三相交流电源的相序。只要任意调换电动机两相绕组所接交流电源的相序,旋转磁场即反转。

3. 旋转磁场的旋转速度

当三相异步电动机定子绕组为 P 对磁极时,旋转磁场的转速为

$$n_1 = \frac{60 f_1}{P}$$

式中，n_1 为旋转磁场转速（又称同步转速），单位为转/min；f_1 为三相交流电源的频率，单位为 Hz；P 为磁极对数。

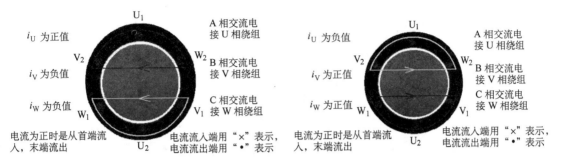

图 3.92 $\omega t = \pi/2$ 时合成磁场　　　　　图 3.93 $\omega t = 3\pi/2$ 时合成磁场

（2）当转子转速 n 增加时，则 $n_1 - n$ 开始下降，故转子中的感应电动势和电流下降。

四、三相异步电动机的转差率

下面分析三相异步电动机转子转速 n 和定子旋转磁场转速 n_1 间的关系。

（1）当 $n=0$，转子切割旋转磁场的相对转速 $n_1 - n = n_1$ 为最大，故转子中的感应电动势和电流最大。

（3）当 $n = n_1$，则 $n_1 - n = 0$，此时转子导体不切割定子旋转磁场，转子中就没有感应电动势及电流，也就不产生转矩。因此，转子转速在一般情况下不可能等于旋转磁场的转速，即转子转速与定子旋转磁场的转速两者的步伐不可能一致，异步电动机由此而得名。因此 n 和 n_1 的差异是异步电动机能够产生电磁转矩的必要条件，又由于异步电动机的转子绕组并不直接与电源相接，而是依靠电磁感应的原理来产生感应电动势和电流，从而产生电磁转矩使电动机旋转，又可称之为感应电动机。

将同步转速 n_1 与转速 n 之差与同步转速 n_1 之比值称为转差率，用 S 表示。

$$S = \frac{n_1 - n}{n_1}$$

五、三相异步电动机的铭牌

三相异步电动机的铭牌一般形式如图 3.94 所示。下面将铭牌的含义简单说明。

1. 型号

Y112M−4 中"Y"表示 Y 系列鼠笼式异步电动机（YR 表示绕线式异步电动机），有些电动机型号在机座代号后面还有一位数字，代表铁芯号，如 Y132S2−2 型号中 S 后面的"2"表示 2 号铁芯长（1 为 1 号铁芯长）。

2. 额定功率

电动机在额定状态下运行时，其轴上所能输出的机械功率称为额定功率。

3. 额定速度

在额定状态下运行时的转速称为额定转速。

4. 额定电压

额定电压是电动机在额定运行状态下，电动机定子绕组上应加的线电压值。Y 系列电动机的额定电压都是 380 V。凡功率小于 3 kW 的电机，其定子绕组均为星形连接，4 kW 以上都是三角形连接。

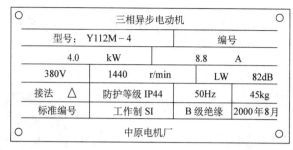

图 3.94 铭牌

	三相异步电动机		
型号：Y112M－4		编号	
4.0	kW	8.8	A
380V	1440 r/min	LW	82dB
接法 △	防护等级 IP44	50Hz	45kg
标准编号	工作制 SI	B 级绝缘	2000 年 8 月
	中原电机厂		

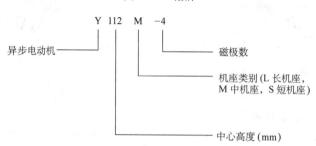

5. 额定电流

电动机加以额定电压,在其轴上输出额定功率时,定子从电源取用的线电流值称为额定电流。

6. 防护等级

防护等级指防止人体接触电机转动部分、电机内带电体和防止固体异物进入电机内的防护等级。防护标志 IP44 含义:

IP——特征字母,为"国际防护"的缩写;

44——4 级防固体(防止大于 1 mm 固体进入电机),4 级防水(任何方向溅水应无害影响)。

7. LW 值

LW 值指电动机的总噪声等级。LW 值越小表示电动机运行的噪声越低。噪声单位为 dB。

8. 工作制

指电动机的运行方式。一般分为"连续"(代号为 S1)、"短时"(代号为 S2)、"断续"(代号为 S3)。

9. 额定频率

电动机在额定运行状态下,定子绕组所接电源的频率,叫额定频率。我国规定的额定频率为 50 Hz。

10. 接法

表示电动机在额定电压下,定子绕组的连接方式(星形连接和三角形连接)。当电压不变时,如将星形连接变为三角形连接,线圈的电压为原线圈的 $\sqrt{3}$,这样电机线圈的电流过大而发热。如果把三角形连接的电机改为星形连接,电机线圈的电压为原线圈的 $1/\sqrt{3}$,电动机的输出功率就会降低。

信息 3 三相异步电动机的使用

一、三相异步电动机的启动

三相异步电动机的启动是指其转速从零到稳定的过程。要使电动机能安全转动起来,主要考虑两个问题,一是将启动电流限制在允许范围内;二是保证有足够的启动转矩。

1. 鼠笼式异步电动机的启动

(1)直接启动

直接启动即启动时加在电动机定子绕组上的电压为额定电压。如图 3.95 所示。

三相异步电动机直接启动的条件(满足一条即可):容量在 7.5 kW 以下的电动机均可采用;电动机在启动瞬间造成的电网电压降不大于电源电压正常值的 10%,对于不常启动的电动机可放宽到 15%。

经验公式为

$$\frac{I_{st}}{I_N} < \frac{3}{4} + \frac{变压器容量(kVA)}{4 \times 电动机功率(kW)}$$

[**例题 15**]　已知三相鼠笼电动机,额定功率 $P_N = 10$ kW,供电变压器为 560 kVA,$I_q/I_N = 7$,是否可直接启动?

解:因为

$$\frac{3}{4} + \frac{S_N}{4P_N} = \frac{3}{4} + \frac{560}{4 \times 10} = 14.57 \geqslant 7$$

结论:可直接启动。

所以,我们可用经验公式粗估电动机是否可直接启动。

优点:所需启动设备简单,启动时间短,启动方式简单、可靠,所需成本低。

缺点:对电动机及电网有一定冲击。

(2)降压启动

降压启动即在电动机启动时降低定子绕组上的电压,启动结束时加额定电压的启动方式。降压启动能起到降低电动机启动电流的目的,但由于转矩与电压的平方成正比,因此降压启动时电动机的转矩减小较多,故只适用于空载或轻载启动。

①自耦变压器(亦称补偿器)降压启动。

接线:自耦变压器的高压边投入电网,低压边接至电动机,有几个不同电压比的分接头供选择。如图 3.96 所示。

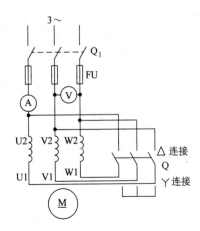

图 3.95　直接启动

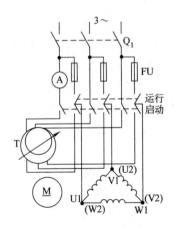

图 3.96　自耦变压器启动线路

特点:设自耦变压器的电压比为 K,原边电压为 U_1,副边电压 $U_2 = U_1/K$,副边电流 I_2(即通过电动机定子绕组的线电流)也按正比减小,又因为 $I_1 = I_2/K$,则电源供给电动机的启动电流为直接启动时 $\frac{1}{2}K$ 倍。因电压降低了 $\frac{1}{2}K$ 倍,转矩降为 $\frac{1}{2}K$ 倍。

自耦变压器副边有 2~3 组抽头,如二次电压分别为原边电压的 80%、60%、40%。

优点:可按允许的启动电流和所需的启动转矩来选择自耦变压器的不同抽头实现降压启动,定子绕组采用 Y 或 △接法。

缺点:设备体积大,投资较多。

②星—三角(Y—△)降压启动。

电动机在启动时把定子绕组连成星形,等转速接近额定值时再换接成三角形的启动方法。这样,降压启动时的电流仅为直接启动时的 1/3。但这种方法只适用于正常运行时定子绕组为三角形连接的电动机。

优点:设备简单,价格低。

缺点:只用于正常运行时为△接法,降压比固定,有时不能满足启动要求。

③延边三角形启动。

即启动时将电动机一部分定子绕组接成 Y 形,另一部分接△形。

特点:启动时,每相绕组所承受的电压比接成全星形接法时大,启动转矩较大,但绕组结构较复杂,应用受限制。

④电阻(或电抗)降压启动。

对容量不很大的鼠笼异步电动机可采用在启动时给定子电路中串联降压电阻(或电抗器)的办法来启动电动机,待电动机启动结束时再将电阻(或电抗器)短接,由于电阻上有热能损耗,用电抗器则体积、成本较大,此法很少用。

2. 绕线式异步电动机的启动

(1)转子串电阻启动

绕线转子异步电动机转子串入合适的三相对称电阻。既能提高启动转矩,又能减小启动电流。如图 3.97 所示。

如要求启动转矩等于最大转矩,则 $S_m = 1$。

为缩短启动时间,增大整个启动过程的加速转矩,使启动过程平滑些,把串接的启动电阻逐步切除。

优点:减少启动电流,启动转矩保持较大范围,需重载启动的设备如桥式起重机、卷扬机等。

缺点:启动设备较多,一部分能量消耗在启动电阻且启动级数较少。

(2)频敏变阻器启动

频敏变阻器是一种有独特结构的新型无触点元件。其外部结构与三相电抗器相似,即有三个铁芯柱和三个绕组组成,三个绕组接成星形,并通过滑环和电刷与绕线式电动机三相转子绕组相接。

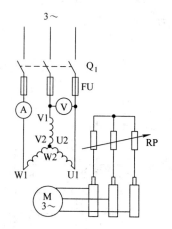

图 3.97　绕线转子异步电动机

当绕线式电动机刚开始启动时,电动机转速很低,故转子频率 f_2 很大(接近 f_1),铁芯中的损耗很大,即等值电阻 R_m 很大,故限制了启动电流,增大了启动转矩。随着 n 的增加,转子电流频率下降($f_2 = Sf_1$), R_m 减小,使启动电流及转矩保持一定数值。频敏变阻器实际上利用转子频率 f_2 的平滑变化达到使转子回路总电阻平滑减小的目的。启动结束后,转子绕组短接,把频敏变阻器从电路中切除。由于频敏变阻器的等值电阻 R_m 和电抗 X_m 随转子电流频率而变,反应灵敏,故叫频敏变阻器。

优点:结构较简单,成本较低,维护方便,平滑启动。

缺点:电感存在,$\cos\Phi$ 较低,启动转矩并不很大,适于绕线式电动机轻载启动。

二、三相异步电动机的调速

三相异步电动机运行过程中由于生产工艺的需要经常需要对其转速进行调节。三相异步电动机转速公式为

$$n = 60f/P(1-S)$$

可见,改变供电频率 f、电动机的极对数 P 及转差率 S 均可起到改变转速的目的。从调速的本质来看,不同的调速方式无非是改变交流电动机的同步转速或不改变同步转速两种。

在生产机械中广泛使用不改变同步转速的调速方法有:绕线式电动机的转子串电阻调速、斩波调速、串级调速以及应用电磁转差离合器、液力偶合器、油膜离合器等调速。改变同步转速的调整方法有:改变定子极对数的多速电动机,改变定子电压、频率的变频调速有无换向电动机调速等。

从调速时的能耗观点来看,有高效调速方法与低效调速方法两种。高效调速指时转差率不变,因此无转差损耗,如多速电动机、变频调速以及能将转差损耗回收的调速方法(如串级调速等)。有转差损耗的调速方法属低效调速,如转子串电阻调速方法,能量就损耗在转子回路中;电磁离合器的调速方法,能量损耗在离合器线圈中;液力偶合器调速,能量损耗在液力偶合器的油中。一般来说,转差损耗随调速范围扩大而增加,如果调速范围不大,能量损耗是很小的。

1. 变极对数调速方法

这种调速方法是用改变定子绕组的接线方式来改变笼型电动机定子极对数达到调速目的,适用于不需要无级调速的生产机械,如金属切削机床、升降机、起重设备、风机、水泵等。

2. 变频调速方法

变频调速是改变电动机定子电源的频率,从而改变其同步转速的调速方法。变频调速系统主要设备是提供变频电源的变频器,变频器可分成交流－直流－交流变频器和交流－交流变频器两大类,目前国内大都使用交－直－交变频器。

这种方法适用于要求精度高、调速性能较好的场合。

3. 串级调速方法

串级调速是指绕线式电动机转子回路中串入可调节的附加电势来改变电动机的转差,达到调速的目的。大部分转差功率被串入的附加电势所吸收,再利用产生附加的装置,把吸收的转差功率返回电网或转换能量加以利用。根据转差功率吸收利用方式,串级调速可分为电机串级调速、机械串级调速及晶闸管串级调速形式,多采用晶闸管串级调速。

这种方法适合于风机、水泵及轧钢机、矿井提升机、挤压机上使用。

4. 绕线式电动机转子串电阻调速方法

绕线式异步电动机转子串入附加电阻,使电动机的转差率加大,电动机在较低的转速下运

行。串入的电阻越大,电动机的转速越低。此方法设备简单,控制方便,但转差功率以发热的形式消耗在电阻上。属有级调速,机械特性较软。

5. 定子调压调速方法

当改变电动机的定子电压时,可以得到一组不同的机械特性曲线,从而获得不同转速。由于电动机的转矩与电压平方成正比,故最大转矩下降很多,其调速范围较小,使一般笼型电动机难以应用。为了扩大调速范围,调压调速应采用转子电阻值大的笼型电动机,如专供调压调速用的力矩电动机,或者在绕线式电动机上串联频敏电阻。为了扩大稳定运行范围,当调速在 2∶1 以上的场合应采用反馈控制以达到自动调节转速目的。

调压调速的主要装置是一个能提供电压变化的电源,目前常用的调压方式有串联饱和电抗器、自耦变压器以及晶闸管调压等几种。晶闸管调压方式为最佳。

调压调速一般适用于 100 kW 以下的生产机械。

6. 电磁调速电动机调速方法

电磁调速电动机由笼型电动机、电磁转差离合器和直流励磁电源(控制器)三部分组成。直流励磁电源功率较小,通常由单相半波或全波晶闸管整流器组成,改变晶闸管的导通角,可以改变励磁电流的大小。

电磁转差离合器由电枢、磁极和励磁绕组三部分组成。电枢和后者没有机械联系,都能自由转动。电枢与电动机转子同轴连接称主动部分,由电动机带动;磁极用联轴节与负载轴对接称从动部分。当电枢与磁极均为静止时,如励磁绕组通以直流,则沿气隙圆周表面将形成若干对 N、S 极性交替的磁极,其磁通经过电枢。当电枢随拖动电动机旋转时,由于电枢与磁极间相对运动,使电枢感应产生涡流,此涡流与磁通相互作用产生转矩,带动有磁极的转子按同一方向旋转,但其转速恒低于电枢的转速。这是一种转差调速方式,变动转差离合器的直流励磁电流,便可改变离合器的输出转矩和转速。

本方法适用于中、小功率,要求平滑动、短时低速运行的生产机械。

7. 液力耦合器调速方法

液力耦合器是一种液力传动装置,一般由泵轮和涡轮组成,它们统称工作轮,放在密封壳体中。壳中充入一定量的工作液体,当泵轮在原动机带动下旋转时,处于其中的液体受叶片推动而旋转,在离心力作用下沿着泵轮外环进入涡轮时,就在同一转向上给涡轮叶片以推力,使其带动生产机械运转。液力耦合器的动力转输能力与壳内相对充液量的大小是一致的。在工作过程中,改变充液率就可以改变耦合器的涡轮转速,作到无级调速。

本方法适用于风机、水泵的调速。

三、三相异步电动机的制动

三相异步电动机的制动是指在运行过程中其产生的电磁转矩与转速的方向相反的运行状态。根据能量传送关系可分再生回馈制动、反接制动和能耗制动三种方式。

它们的共同点是电动机的转矩 M 与转速 n 的方向相反,以实现制动。此时电动机由轴上吸收机械能,并转换成电能。

1. 再生回馈制动

再生回馈制动是在外加转矩的作用下,转子转速超过同步转速,电磁转矩改变方向成为制动转矩的运行状态。再生回馈制动与反接制动和能耗制动不同,再生回馈制动不能制动到停止状态。

以下是再生回馈制动存在表现。

(1)当电网频率突然下降或者电机极数突然增高时,电机可能工作在发电状态,此时电机将机械能转变成电能回馈给电网。如图 3.98,当电机在电动状态下运行时工作于 P_1 点,在突然变极或者变频时,电机工作特性会突然在 a 线段部分,电机转矩突然变负,其制动作用,直到最后重新稳定工作于 P_2 点为止,电路回到电动状态。

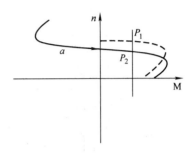

图 3.98　电机将机械能转变成电能
回馈给电网

(2)当电机在位能负载(如吊车、提升机)的作用下,使其转速 n 高于同步转速 n_0,此时,电机的输出转矩变负,电机吸收机械能,当电机的转矩(制动转矩)与负载的位能转矩相平衡时,电机即稳定运行(如图 3.99 中 P_3 点),此时电机以高于同步转速的速度运行。在转子电路中串入不同的电阻,可得到不同的人为机械特性,并可得到不同的稳定速度,串入的电阻越大,稳定速度越高,一般在回馈制动时不串入电阻,以免转速过高。

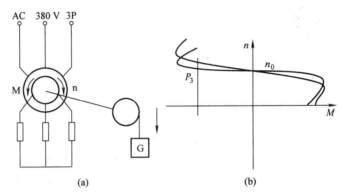

(a)　　　　　　　　　　　　　(b)

图 3.99　转矩与负载的位能转矩相平衡运动
(a)示意图;(b)曲线图

2.反接制动

反接制动是在电机定子三根电源线中的任意两根对调而使电机输出转矩反向产生制动,或者在转子电路上串接较大附加电阻使转速反向,而产生制动。

1)电源两相反接的反接制动

如图 3.100 所示,电机原在 P_1 点稳定运行,为使电机停转,将定子三根电源线中的任意两根对调,使旋转磁场反向,电机的转矩反向,起制动作用,电机运行在 a 线段。当电机制动停止时,应及时将电机与电网分离,否则电机会反转。

电源两相反接的反接制动的优点是制动效果强,缺点是能量损耗大,制动准确度差。

2)转速反向的反接制动

当电机在位能负载(如吊车、提升机)的作用下,在电机的转子电路中串入较大电阻时,此时负载拉着电机在与转矩相反的方向旋转,电机起制动作用,电机能稳定运行在 P_2 点,如图 3.101 在转子电路中串入不同的电阻,能得到不同的制动转速。

3.能耗制动

电机在正常运行中(如图 3.102 中 P 点,KM1 闭合,KM2 断开),为了迅速停车,KM1 断

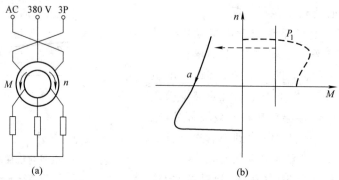

图 3.100　电源两相反接的反接制动

（a）示意图；（b）曲线图

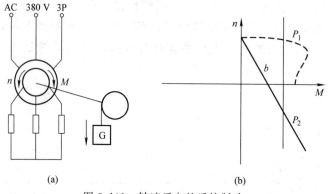

图 3.101　转速反向的反接制动

（a）示意图；（b）曲线图

开，KM2 闭合，在电机定子线圈中接入直流电源，在定子线圈中通入直流电流，形成磁场，转子由于惯性继续旋转切割磁场，而在转子中形成感应电势和电流，产生的转矩方向与电机的转速方向相反，产生制动作用，最终使电机停止。如图 3.102 所示。

在电机的转子中串入不同的电阻和在电机的定子中接入不同的直流电流，可以产生不同的制动转矩。

从机械特性图中可以看出，当电机的转速下降为零时，制动转矩也将为零，所以能耗制动能使电机准确停车。

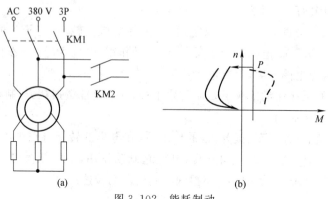

图 3.102　能耗制动

（a）示意图；（b）曲线图

信息4　单相异步电动机

一、单相异步电动机的结构

单相异步电动机中,专用电机占有很大比例,它们的结构各有特点,形式繁多。但就其共性而言,电动机的结构都由固定部分——定子、转动部分——转子、支撑部分——端盖和轴承三大部分组成。如图3.103所示。

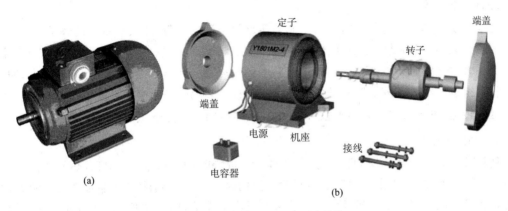

图 3.103　单相异步电动机及结构
(a)单相异步电动机;(b)单相异步电动机结构

一般单相异步电动机有以下几部分构成。

1. 机座

机座结构随电动机冷却方式、防护形式、安装方式和用途而异。按其材料分类,有铸铁、铸铝和钢板结构等几种。

铸铁机座,带有散热筋。机座与端盖连接,用螺栓紧固。

铸铝机座一般不带有散热筋。

钢板结构机座,由厚为 1.5～2.5 mm 的薄钢板卷制、焊接而成,再焊上钢板冲压件的底脚。

有的专用电动机的机座相当特殊,如电冰箱的电动机,它通常与压缩机一起装在一个密封的罐子里。而洗衣机的电动机,包括甩干机的电动机,均无机座,端盖直接固定在定子铁芯上。

2. 铁芯

铁芯包括定子铁芯和转子铁芯,作用与三相异步电动机一样,是用来构成电动机的磁路。

3. 绕组

单相异步电动机定子绕组常做成两相:主绕组(工作绕组)和副绕组(启动绕组)。两种绕组的中轴线错开一定的电角度。目的是为了改善启动性能和运行性能。定子绕组多采用高强度聚脂漆包线绕制。

转子绕组一般采用笼型绕组,常用铝压铸而成。

4. 端盖

相应于不同的机座材料,端盖也有铸铁件、铸铝件和钢板冲压件。

5. 轴承

轴承有滚珠轴承和含油轴承。

6. 离心开关或启动继电器和 PTC 启动器

1)离心开关

在单相异步电动机中,除了电容运转电动机外,在启动过程中,当转子转速达到同步转速的 70% 左右时,常借助于离心开关,切除单相电阻启动异步电动机和电容启动异步电动机的启动绕组,或切除电容启动及运转异步电动机的启动电容器。离心开关一般安装在轴伸端盖的内侧。

2)启动继电器

有些电动机,如电冰箱电动机,由于它与压缩机组装在一起,并放在密封的罐子里,不便于安装离心开关,就用启动继电器代替。继电器的吸铁线圈串联在主绕组回路中,铁芯时,主绕组电流很大,衔铁动作,使串联在副绕组回路中的动合触点闭合。于是副绕组接通,电动机处于两相绕组运行状态。随着转子转速上升,主绕组电流不断下降,吸引线圈的吸力下降。当到达一定的转速,电磁铁的吸力小于触点的反作用弹簧的拉力,触点被打开,副绕组就脱离电源。

3)PTC 启动器

最新式的启动元件是"PTC",它是一种能"通"或"断"的热敏电阻。PTC 热敏电阻是一种新型的半导体元件,可用作延时型启动开关。使用时,将 PTC 元件与电容启动或电阻启动电机的副绕组串联。在启动初期,因 PTC 热敏电阻尚未发热,阻值很低,副绕组处于通路状态,电机开始启动。随着时间的推移,电机的转速不断增加,PTC 元件的温度因本身的焦耳热而上升,当超过居里点 T_c(即电阻急剧增加的温度点),电阻剧增,副绕组电路相当于断开,但还有一个很小的维持电流,并有 $2\sim3$ W 的损耗,使 PTC 元件的温度维持在居里点 T_c 值以上。当电机停止运行后,PTC 元件温度不断下降,约 $2\sim3$min 其电阻值降到 T_c 点以下,这时有可以重新启动,这一时间正好是电冰箱和空调机所规定的两次开机间的停机时间。

PTC 启动器的优点:无触点、运行可靠、无噪无电火花、防火、防爆性能好,且耐振动、耐冲击、体积小、重量轻、价格低。

7. 铭牌

铭牌内容包括:电机名称、型号、标准编号、制造厂名、出厂编号、额定电压、额定功率、额定电流、额定转速、绕组接法、绝缘等级等。

二、单相异步电动机的工作原理

当给三相异步电动机的定子三相绕组通入三相交流电时,会形成一个旋转磁场,在旋转磁场的作用下,转子将获得启动转矩而自行启动。当三相异步电动机通入单相交流电时就不能产生旋转磁场。

下面来分析单相异步电动机定子绕组通入单相交流电时产生的磁场情况。如下图所示为一台简单的单相异步电动机原理图,定子铁芯上布置有单相定子绕组,转子为鼠笼结构。

当向单相异步电动机的定子绕组中通入单相交流电后,由下图可见,当电流在正半周及负半周不断交变时,其产生的磁场大小及方向也在不断变化(按正弦规律变化),但磁场的轴线则沿纵轴方向固定不动,这样的磁场称为脉动磁场。

当转子静止不动时转子导体的合成感应电动势和电流为 0,合成转矩为 0,转子没有启动转矩。因此,如果不采取一定的措施,单相异步电动机不能自行启动,如果用一个外力使转子转动一下,则转子能沿该方向继续转动下去。

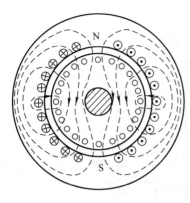

图 3.104　电流正半周产生的磁场

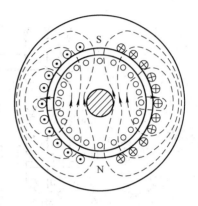

图 3.105　电流负半周产生的磁场

任务实施

实施 2　三相异步电动机顺序控制

一、实验目的

(1)通过各种不同顺序控制的接线,加深对一些特殊要求机床控制线路的了解。

(2)进一步加深学生的动手能力和理解能力,使理论知识和实际经验进行有效的结合。

二、实验设备

序　号	名　　　称	型　号	数量(个)	备　注
1	三相鼠笼异步电动机(△/220 V)	DJ24	2	
2	继电接触控制挂箱(一)	D61—2	2	
3	继电接触控制挂箱(二)	D62—2	2	
4	灯组负载	DG08	1	
5	白炽灯	220 V,100 W	3	自备

三、实验方法

1. 三相异步电动机启动顺序控制(一)

按图 3.106 接线。本实验需用 M1、M2 两只电机,如果只有一只电机,则可用灯组负载来模拟 M2。图中 U、V、W 为实验台上三相调压器的输出插孔。

(1)将调压器手柄逆时针旋转到底,启动实验台电源,调节调压器使输出线电压为 220 V。

(2)按下 SB1,观察电机运行情况及接触器吸合情况。

(3)保持 M1 运转时按下 SB2,观察电机运转及接触器吸合情况。

(4)在 M1 和 M2 都运转时,能不能单独停止 M2?

(5)按下 SB3 使电机停转后,按 SB2,电机 M2 是否启动? 为什么?

2. 三相异步电动机启动顺序控制(二)

按图 3.107 接线。图中 U、V、W 为实验台上三相调压器的输出插孔。

(1)将调压器手柄逆时针旋转到底,启动实验台电源,调节调压器使输出线电为 220 V。

(2)按下 SB2,观察并记录电机及各接触器运行状态。

(3)再按下 SB4,观察并记录电机及各接触器运行状态。

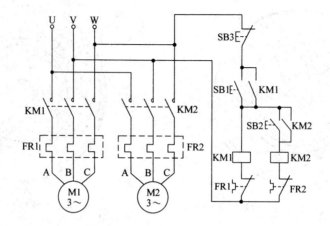

图 3.106　启动顺序控制(一)

(4)单独按下 SB3,观察并记录电机及各接触器运行状态。

(5)在 M1 与 M2 都运行时,按下 SB1,观察电机及各接触器运行状态。

3. 三相异步电动机停止顺序控制

实验线路同图 3.107。

(1)接通 220 V 三相交流电源。

(2)按下 SB2,观察并记录电机及接触器运行状态。

(3)同时按下 SB4,观察并记录电机及接触器运行状态。

(4)在 M1 与 M2 都运行时,单独按下 SB1,观察并记录电机及接触器运行状态。

(5)在 M1 与 M2 都运行时,单独按下 SB3,观察并记录电机及接触器运行状态。

(6)按下 SB3 使 M2 停止后再按 SB1,观察并记录电机及接触器运行状态。

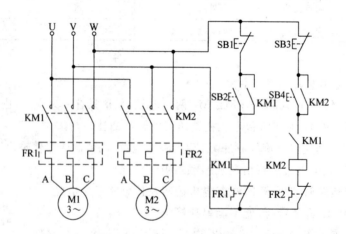

图 3.107　启动顺序控制(二)

四、讨论题

(1)画出图 3.106、图 3.107 的运行原理流程图。

(2)比较图 3.106、图 3.107 二种线路的不同点和各自的特点。

(3)例举几个顺序控制的机床控制实例,并说明其用途。

实施3　三相鼠笼式异步电动机正反转控制

一、实验目的

(1)通过对三相鼠笼式异步电动机正反转控制线路的安装接线,掌握由电气原理图接成实际操作电路的方法。

(2)加深对电气控制系统各种保护、自锁、互锁等环节的理解。

(3)学会分析、排除继电—接触控制线路故障的方法。

二、原理说明

在鼠笼机正反转控制线路中,通过相序的更换来改变电动机的旋转方向。本实验给出两种不同的正、反转控制线路如图3.108及图3.109,具有如下特点。

(1)电气互锁:为了避免接触器KM1(正转)、KM2(反转)同时得电吸合造成三相电源短路,在KM1(KM2)线圈支路中串接有KM1(KM2)动断触头,它们保证了线路工作时KM1、KM2不会同时得电(如图3.108),以达到电气互锁目的。

(2)电气和机械双重互锁:除电气互锁外,可再采用复合按钮SB1与SB2组成的机械互锁环节(如图3.109),以求线路工作更加可靠。

(3)线路具有短路、过载、失、欠压保护等功能。

三、实验设备

序号	名称	型号与规格	数量(个)	备注
1	三相交流电源	220 V		DG01
2	三相鼠笼式异步电动机	DJ24	1	
3	交流接触器	JZC4—40	2	D61—2
4	按钮		3	D61—2
5	热继电器	D9305d	1	D61—2
6	交流电压表	0～500 V	1	D33
7	万用电表		1	自备

四、实验内容

认识各电器的结构、图形符号、接线方法;抄录电动机及各电器铭牌数据;并用万用电表欧姆挡检查各电器线圈、触头是否完好。

鼠笼机接成△接法:实验线路电源端接三相自耦调压器输出端U、V、W,供电线电压为220 V。

1. 接触器联锁的正反转控制线路

按图3.108接线,经指导教师检查后,方可进行通电操作。

(1)开启控制屏电源总开关,按启动按钮,调节调压器输出,使输出线电压为220 V。

(2)按正向启动按钮SB1,观察并记录电动机的转向和接触器的运行情况。

(3)按反向启动按钮SB2,观察并记录电动机和接触器的运行情况。

(4)按停止按钮SB3,观察并记录电动机的转向和接触器的运行情况。

(5)再按SB2,观察并记录电动机的转向和接触器的运行情况。

(6)实验完毕,按控制屏停止按钮,切断三相交流电源。

2. 接触器和按钮双重联锁的正反转控制线路

按图3.109接线,经指导教师检查后,方可进行通电操作。

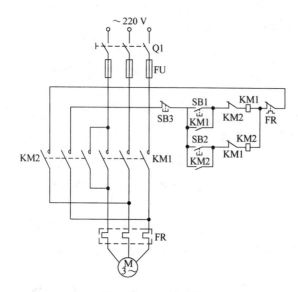

图 3.108　电气互锁

（1）按控制屏启动按钮，接通 220 V 三相交流电源。

（2）按正向启动按钮 SB1，电动机正向启动，观察电动机的转向及接触器的动作情况。按停止按钮 SB3，使电动机停转。

（3）按反向启动按钮 SB2，电动机反向启动，观察电动机的转向及接触器的动作情况。按停止按钮 SB3，使电动机停转。

（4）按正向（或反向）启动按钮，电动机启动后，再去按反向（或正向）启动按钮，观察有何情况发生？

（5）电动机停稳后，同时按正、反两只启动按钮，观察有何情况发生？

（6）失压与欠压保护

a.按启动按钮 SB1（或 SB2）电动机启动后，按控制屏停止按钮，断开实验线路三相电源，模拟电动机失压（或零压）状态，观察电动机与接触器的动作情况，随后，再按控制屏上启动按钮，接通三相电源，但不按 SB1（或 SB2），观察电动机能否自行启动。

b.重新启动电动机后，逐渐减小三相自耦调压器的输出电压，直至接触器释放，观察电动机是否自行停转。

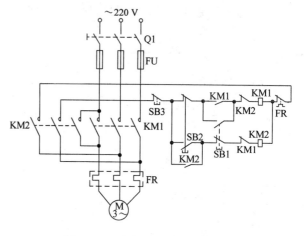

图 3.109　电气和机械双重互锁

（7）过载保护。

打开热继电器的后盖，当电动机启动后，人为地拨动双金属片模拟电动机过载情况，观察电机、电器动作情况。

注意：此项内容，较难操作且危险，有条件可由指导教师作示范操作。

实验完毕，将自耦调压器调回零位，按控制屏停止按钮，切断实验线路电源。

四、故障分析

（1）接通电源后，按启动按钮（SB1 或 SB2），接触器吸合，但电动机不转且发出"嗡嗡"声响；或者虽能启动，但转速很慢。这种故障大多是主回路一相断线或电源缺相。

（2）接通电源后，按启动按钮（SB1 或 SB2），若接触器通断频繁，且发出连续的劈啪声或吸合不牢，发出颤动声，此类故障原因可能是：

①线路接错，将接触器线圈与自身的动断触头串在一条回路上了；

②自锁触头接触不良,时通时断;

③接触器铁芯上的短路环脱落或断裂;

④电源电压过低或与接触器线圈电压等级不匹配。

五、预习思考题

(1)在电动机正、反转控制线路中,为什么必须保证两个接触器不能同时工作? 采用哪些措施可解决此问题,这些方法有何利弊,最佳方案是什么?

(2)线路中,短路、过载、失、欠压保护等功能是如何实现的? 在实际运行过程中,这几种保护有何意义?

小 结

(1)电动机是利用电磁感应原理,把电能转换成机械能的装置。电动机的种类繁多,其中异步电动机最为典型。异步电动机的定子由机座、圆筒形铁芯及定子绕组组成,是电动机的电路部分,它的作用是产生旋转磁场;转子是异步电动机的转动部分,由转轴、转子铁芯和转子绕组三部分组成,它的作用是输出机械转矩。

(2)三相异步电动机旋转磁场的转速取决于交流电的频率和磁极对数,即 $n_0 = \dfrac{60f}{p}$。而磁极对数又取决于三相绕组的排列。

(3)异步电动机工作的必要条件是:电动机的转速略小于旋转磁场的转速,它们之间的相差程度用转差率表示,即

$$S = \frac{n_0 - n}{n_0} \times 100\%$$

或 $\qquad n = (1-S)n_0$

(4)单相异步电动机接通单相交流电时,产生脉动磁场,脉动磁场启动转矩为零。采用电容分相可使单相异步电动机启动。

思考与练习

[习题 23] 简述电动机的分类。

[习题 24] 三相异步电动机的主要构成和各部分作用是什么?

[习题 25] 三相异步电动机的旋转磁场的转速由什么决定? 对于工频下的 1、2、3、4、5、6 对磁极的电动机,其旋转磁场的转速各位多少?

[习题 26] 简述电动机铭牌的含义。

[习题 27] 三相电动机有几种启动方式? 不同的方式使用于什么情况?

[习题 28] 在什么情况下必须选用绕线式三相异步电动机? 转子电路中接入变阻器的作用是什么?

[习题 29] 同步电动机与异步电动机主要区别是什么?

[习题 30] 什么叫异步电动机的最大转矩和启动转矩?

[习题 31] 三相异步电动机有几种制动方式? 不同的方法适用于什么情况?

[习题 32] 一台三相异步电动机,磁极对数为 3,接工频(50 Hz)电源,其额定转差率为 3%,试求电动机的额定转速。

[**习题33**] 在电源电压不变的情况下,如果电动机的三角形连接错接成星形连接,或者星形连接错接成三角形连接,后果如何?

检查与评价

检查项目	配分	评价标准	得分
基础知识的掌握	50	(1)掌握电动机的分类 (2)掌握三相异步电动机的构造,转动原理,旋转磁场的产生原理,三相异步电动机的转差率 (3)能看懂电动机的铭牌 (4)掌握三相异步电动机的启动、调速、制动原理 (5)掌握单相异步电动机的结构和工作原理	
电动机在工农业生产中的重要作用	20	认识电动机在工农业生产的作用	
实验的掌握	30	(1)三相异步电动机顺序控制 ①掌握各种不同顺序控制的接线和特殊要求机床控制线路的连接 ②动手能力和理解能力,理论知识和实际经验进行有效的结合的能力 (2)三相鼠笼式异步电动机正反转控制 ①掌握三相鼠笼式异步电动机正反转控制线路的安装接线,掌握由电气原理图接成实际操作电路的方法 ②掌握电气控制系统各种保护、自锁、互锁等环节 (3)分析、排除继电—接触控制线路故障	

参 考 文 献

[1]张仁醒.电工基本技能实训[M].2版.北京:机械工业出版社,2008.

[2]邱关源,罗先觉.电路[M].5版.北京:高等教育出版社,2006.

[3]周守昌.电路原理(上、下册)[M].2版.北京:高等教育出版社,2004.

[4]李瀚荪.电路分析基础[M].北京:高等教育出版社,2006.

[5]顾仲圻.电工技术基础及应用[M].北京:高等教育出版社,2006.

[6]文春帆.电工仪表与测量[M].北京:高等教育出版社,2004.

[7]陈勃红,李俊圣.电弧炉炼钢电气控制技术[M].沈阳:东北大学出版社,2002.

[8]冯捷,张红文.转炉炼钢生产[M].北京:冶金工业出版社,2006.

[9]冯捷.连续铸钢生产[M].北京:冶金工业出版社,2007.